森林科学

佐々木惠彦・木平勇吉・鈴木和夫 編

文永堂出版

表紙デザイン：中山康子（株式会社ワイクリエイティブ）
表紙イラスト：磯野宏夫『エメラルドの森』,『エメラルドの夢』より

序文

　森林を見る社会の目は大きくかわった．まず，森林に関心を持ち，この分野の研究に興味を持つ人々が増えている．興味の対象はさまざまで，植物や動物の生態，水や土の循環，地域社会，地球環境，バイオマス資源，体と心の健康などに関わっている．それらを学ぶ人々の専門分野も農学，生命，環境，工学，医学，社会学など多岐にわたっている．

　この変化を象徴するのが「林学」に対して「森林科学 forest science」という新しい用語の出現である．今，森林への興味の広がりに応えて新しい科学の体系の構築が進んでおり，森林研究はこれまでに比べて格段に面白くなり始めたといえる．

　用語「森林科学」の出現を1990年とするなら，この本の執筆者は林学から始め，その後，森林科学を学んだことになり，2つの研究の世界を体験した世代である．その変化する現場を肌で感じたといえる．そのような感覚で森林研究のこれからの方向を考えて纏めたのがこの本である．

　森林科学の特徴の1つは森林を俯瞰的に調べることである．俯瞰的とは広い範囲を見渡すという空間的な意味だけではなく，そこに関わる多くの要素を関連付けて統合する考え方である．さらに，形や機能が移りかわる様子を時間的に観察することである．森林は樹木が生い茂った広い土地のことで，多くの動植物が生息および生育し，水や土や大気が動いている．その分布と循環と相互関係の変化を調べることにより生態系の仕組みが見えてくるので，長く，広いスケールで俯瞰的に調べなければならない．生態学を基礎にしながら多くの境界領域が重なるスケールの大きな学際的な研究に森林科学の特徴がある．

第2に，森林と人間との歴史的な関わり合いについて考えることが，森林科学にとってきわめて重要である．われわれと同様な人類が10万年ほど前には存在し，数万年前には石器や骨製の道具を使って種子や植物の採取，ハンティングや漁労が行われ，1万年前には畑で根菜類が，数千年後にはイネの栽培が行われるようになった．こうした農耕の発展によって森林は農地に転換されてきた．現在の農牧地は約50億haで，元は森林であったところである．これは残っている現在の森林の面積より大きい．このように，人間活動による森林の転換には大きな問題が含まれている．世界の人口は2050年には90億になると予測され，この人口を維持するための農地の拡大は大きな課題である．しかし，新しく開発された農地には問題土壌が多く，土地生産力が乏しく地域住民は貧困にあえいでいる．森林科学は森林と人間活動との関わりの問題に取り組んでいかなければならない．

第3の特徴は，森林の価値の多様さを社会科学的な視点から調べることである．森林がもたらすさまざまな恵みは社会全体が共通して必要とするものが多いので，個人，地域，国，地球のレベルで保護と利用についての矛盾を解決する方策を見出す責任が課されている．利害関係者の多くの相反する価値観の衝突をどのように解くかについて，社会科学の役割が大きくなっている．人間社会の中での森林の価値の課題を研究するのが森林科学の特徴である．

これからの森林科学の時代を担うには，これまでの林学で蓄積された知識を土台にして，どのように森林研究の新しい体系を組み立てるかが問われている．これらの特徴を意識してこの本は構成されている．この本の目次は編者の考えで作られてはいるが，各章の内容は担当した執筆者により自由にまとめられたものである．したがって，この本は森林について基礎的な知識を概論として説明したものではなく，森林科学研究の方向性を示唆するものである．森林研究の面白さを見つける契機になることを期待している．

最後に，多忙な日程の中で原稿を纏めた執筆者と，それらを整理して出版にこぎつけた文永堂出版の鈴木康弘氏のご努力に感謝したい．

2007年10月　　　　　　　　　　　　　　　　　　　　　　　編集者一同

編集者および執筆者

編 集 者

佐々木　惠　彦　　日本大学総合科学研究所教授
木　平　勇　吉　　東京農工大学名誉教授
鈴　木　和　夫　　東京大学名誉教授

執筆者（執筆順）

佐々木　惠　彦　　前　掲
中　静　　　透　　東北大学大学院生命科学研究科教授
吉　川　　　賢　　岡山大学大学院環境学研究科教授
鈴　木　和　夫　　前　掲
太　田　誠　一　　京都大学大学院農学研究科教授
鈴　木　雅　一　　東京大学大学院農学生命科学研究科教授
石　川　芳　治　　東京農工大学大学院共生科学技術研究院教授
田　中　和　博　　京都府立大学大学院農学研究科教授
桜　井　尚　武　　日本大学生物資源科学部教授
吉　田　茂二郎　　九州大学大学院農学研究院教授
熊　崎　　　実　　岐阜県立森林文化アカデミー学長
中　村　太　士　　北海道大学大学院農学研究院教授
井　上　　　真　　東京大学大学院農学生命科学研究科教授
谷田貝　光　克　　秋田県立大学木材高度加工研究所教授
永　田　　　信　　東京大学大学院農学生命科学研究科教授
天　野　正　博　　早稲田大学人間科学学術院教授
木　平　勇　吉　　前　掲

目次

第1章 はじめに －生物圏における森林の役割－ ……（佐々木惠彦）… 1
1. 光合成が生物圏の形成に与えた影響………………………………… 1
2. 樹木の特性 ……………………………………………………………… 7
3. バイオマスとしての樹木……………………………………………… 8
4. 森林の環境と生物の多様性…………………………………………… 10
5. 生態系間の相互作用…………………………………………………… 15

第2章 森林の生態 …………………………………………………… 17
1. 生態系と生態学…………………………………………（中静 透）…17
    1) 生態系とは ………………………………………………………… 17
    2) 森林生態系の構造………………………………………………… 18
    3) 森林生態系の機能………………………………………………… 22
    4) 森林生態系の動態………………………………………………… 27
    5) 生態系サービス…………………………………………………… 29
2. 森林と樹木の生活史……………………………………（吉川 賢）…30
    1) 生 活 史…………………………………………………………… 30
    2) 展 葉……………………………………………………………… 34
    3) 開 花……………………………………………………………… 37
    4) 種 子……………………………………………………………… 39
    5) 成 長……………………………………………………………… 44
3. 森林, 樹木の健全性……………………………………（鈴木和夫）…46

1）森林の健全性とは何か……………………………………… 47
　2）森林，樹木の生理的健全性 ………………………………… 49
　3）持続可能な森林管理………………………………………… 53
　4）多面的機能を持つ森林，樹木　－生態系サービス－……… 55

第3章　森林の多面的な機能………………………………… 59
1．有機物の循環 ………………………………（太田誠一）…59
　1）地球の炭素循環……………………………………………… 59
　2）有機物の生産 ……………………………………………… 64
　3）有機物の分解と腐植物質の生成…………………………… 75
2．水　の　循　環…………………………………（鈴木雅一）…81
　1）ハゲ山の流出が示すもの…………………………………… 81
　2）森林伐採が流出に与える影響……………………………… 84
　3）森林の蒸発散量……………………………………………… 86
　4）直接流出と基底流出………………………………………… 89
　5）渓流水の水質 ……………………………………………… 92
　6）森林の水源涵養機能と森林機能の階層性………………… 96
3．土　壌　と　土　砂 ………………………………（石川芳治）…97
　1）土砂移動現象と森林の防災機能…………………………… 98
　2）森林の土壌侵食防止機能…………………………………… 100
　3）森林の斜面崩壊抑制機能…………………………………… 107
　4）森林の崩壊土砂流下・土石流抑制機能 ………………… 111
　5）森林の落石防止・抑制機能 ……………………………… 114
　6）森林の土砂流出抑制機能…………………………………… 115
　7）森林の飛砂抑制機能………………………………………… 116

第4章　森林の管理技術…………………………………… 119
1．生産物の採取と利用……………………………（田中和博）…119

1）森林の恵みを賢く利用するには……………………………………… 119
　　2）薪炭林による燃材の生産　―広葉樹の特性を活かした森の利用法―　… 120
　　3）区画輪伐法　―最も古く，最も単純な収穫規整法―………………… 122
　　4）同齢単純林による用材の生産　―針葉樹の特性を活かした人工林の造成― 123
　　5）材積平分法と面積平分法　―問われる実践性―……………………… 124
　　6）線形計画法を応用した収穫規整法　―方程式で解く最適伐採計画―… 126
　　7）同齢単純林の弊害　―生態学的視点の必要性―……………………… 129
　　8）木材の伐採・搬出方法　―効率化と安全性の追究―………………… 131
　　9）GIS による森林ゾーニング　―経済林と環境林の区分―…………… 134
　　10）木質材料への加工　―木材の欠点を取り除き，よさを残す―……… 139
　　11）森林を賢く利用するための知恵　―まとめ―………………………… 140
　2．森林の造成と保護………………………………………（桜井尚武）…142
　　1）森　林　の　種　類…………………………………………………… 142
　　2）人手をかけてはいけない林と人手をかけないといけない林……… 145
　　3）森林管理への関わり方………………………………………………… 150
　3．持続可能な森林経営……………………………………（吉田茂二郎）…154
　　1）「持続可能な森林経営」とは何か…………………………………… 155
　　2）持続可能な森林経営の起源…………………………………………… 156
　　3）持続可能な森林経営の必要性　―その誕生の背景―………………… 157
　　4）森林の定義　―多様な森林の存在―…………………………………… 159
　　5）森林経営の違い………………………………………………………… 161
　　6）択伐と皆伐作業に見る持続的な森林経営の本質…………………… 162
　　7）持続可能な森林経営の動き…………………………………………… 165
　　8）最後に　―日本の森林を持続可能な状態に―………………………… 166

第5章　人間社会と森林……………………………………………………… 169
　1．人間の歴史と森林………………………………………（熊崎　実）…169
　　1）は　じ　め　に………………………………………………………… 169

2）原始の森 －薄らぐ記憶－ ……………………………………… 170
3）第1のインパクト －農耕の開始－ ………………………… 171
4）ヨーロッパの森林荒廃 ………………………………………… 173
5）第2のインパクト －産業革命－ …………………………… 175
6）育成林業の展開 ………………………………………………… 177
7）アメリカの森林破壊と保全運動 ……………………………… 179
8）1960年代から顕著になった「国際化」の流れ …………… 180
9）国際化の衝撃 …………………………………………………… 182
10）予想される第三のインパクト －持続可能な社会への回帰－ ……… 184
2．流域社会と森林 …………………………………（中村太士）… 185
1）水源地の森林管理 －人工林の荒廃と水源税，川上・川下問題－ ……… 187
2）河川生態系の問題 －知床世界自然遺産区域におけるサケとダム－ …… 191
3）湿地生態系の問題 －釧路湿原における自然再生－ ……………… 195
3．思想形成と森林 …………………………………（井上　真）… 200
1）はじめに －個人的な思索－ ………………………………… 200
2）宗教的自然観の対立を超える ………………………………… 202
3）専門家の思想に学ぶ …………………………………………… 205
4）専門家と非専門家との新しい関係性を築く ………………… 207
5）新しい思想を創る ……………………………………………… 210
6）有志が公共性を担う …………………………………………… 212
7）お わ り に ……………………………………………………… 214

第6章　これからの森林の役割 ……………………………………… 215

1．再生可能な生物資源 ……………………………（谷田貝光克）… 215
1）森林バイオマスの成分利用 …………………………………… 215
2）新しい使い方を広げる森林バイオマスの物理的利用 ……… 231
3）再生可能な生物資源を持続的に利用するために …………… 232
2．社会的共通資本としての森林 …………………（永田　信）… 236

1）宇沢弘文のいう社会的共通資本……………………………… 236
　　2）経済学から見た社会的共通資本の吟味……………………… 238
　　3）公共財の理論 …………………………………………… 241
　　4）社会的共通資本の政策………………………………………… 245
　3．地球環境と国際協調………………………………（天野正博）…250
　　1）森林分野における国際協調の歴史…………………………… 250
　　2）持続的な森林管理を目指した国際協調・基準と指標 ……… 253
　　3）気候変動枠組み条約における森林の取扱い………………… 255
　　4）ま　と　め…………………………………………………… 260

第7章　おわりに　－森林科学の体系と課題－……………（木平勇吉）…265
　1．定着し始めた用語「森林科学」……………………………… 265
　2．森林科学の体系を構成する3つの研究領域 ………………… 266
　3．森林の維持および更新の機構………………………………… 266
　4．森林を利用し管理する技術…………………………………… 269
　5．森林を評価する人間の価値観………………………………… 271
　6．森林科学の課題………………………………………………… 271
　7．問題の広域複合化の例　－丹沢自然再生－………………… 275
　8．大学教育における森林科学の意義…………………………… 278

参　考　図　書…………………………………………………………… 281

索　　　引………………………………………………………………… 287

第1章

はじめに
－生物圏における森林の役割－

1. 光合成が生物圏の形成に与えた影響

　太陽エネルギーを捕獲する光合成機能を持つ植物に，地球上のすべての生物が依存している．

　地球の歴史は46億年といわれ，地球誕生の初期には，大気中の二酸化炭素が非常に多く，酸素はほとんどなかった．初期の地球には数多くの小惑星が衝突し，爆発を起こし，高熱になり，二酸化炭素，水，そのほかの揮発性物質がガス化した．これらのガスが地球を覆い，温室効果を起こして，高熱が地球上に封じ込まれ，このため，地表は融解し，溶岩の海となり，誕生当初の地球は，生物が生存できる環境ではなかった．小惑星の衝突の減少とともに，地球の温度が低下し，大量の雨となって，地表を冷やし，しかも，雨に溶けた二酸化炭素がカルシウムと結合し，大量の石灰岩として海底に沈殿し，蓄積した．したがって，大気中の二酸化炭素の減少は地球創生紀の大量の雨によるところが大きいといわれている．しかし，その後の二酸化炭素の循環と大気組成の安定は，微生物から高等植物に至る植物の光合成によって行われている．

　地球上の最初の生命は海の中で誕生したと考えられている．その理由として，生物の体の組成と海水の組成が似ていることと，海の中での紫外線や乾燥に対する保護作用があることなどがあげられている．酸素がなく，二酸化炭素や硫化水素などのガスの中では，嫌気性菌の発生が最初であったといわれている．しかし，光合成機能を持った生物が出現するにつれて，次第に好気的な条件を好む生物が誕生し，陸上に生息範囲を広げた．しかも，光合成によって，酸素

表1-1 地質時代と生物

Cenozoicera（Cainzoic era）新生代
Quaternary 第四紀
Recent 10,000
Pleistocene 更新世（洪積世）統，最新世
　1,900,000　　欧州，アメリカの温帯林の属が消滅，氷河期により植物群落の前進，後退．大陸および大山脈の上昇
Tertiary 第三紀
Pliocene 鮮新世，鮮新統
　5,100,000　　草原の拡大，温帯の気候変化により地域的に絶滅，稀少化する植物種，ネコ，マストドンアンデスの上昇，大陸上昇
Miocene 中新世，中新統
　25,000,000　　森林群落の近代化，次第に気候の寒冷化が進み常緑広葉樹の分布減少，アルプスの上昇開始，陸の上昇，寒冷化
Oligocene 漸新世，漸新統
　38,000,000　　中緯度地帯に温帯林の出現，アメリカ南西部の乾燥，齧歯類，ネコ，イヌ，サイなど
Eocene 始新世，始新統
　55,000,000　　南北の温帯で森林が発達，近代種に非常に近いが絶滅木本被子植物が発達，陸地の水没，原始的ウマの出現
Paleocene 暁新世
　65,000,000　　温暖な気候 Metasequoia，Cercidiphyllum など現在残存種が繁茂，高緯度においても気候温暖

Mesozoic era 中生代
Cretaceous 白亜紀
　144,000,000　　被子植物が有占，この後期に Magnolia, Liriodendron, Quercus, Persea など，Pinus が発達，哺乳動物の発達および拡大，恐竜の最後．ロッキー山脈など上昇開始，大陸の浸水による気温の平均化
Jurassic ジュラ紀
　213,000,000　　被子植物の最初？イチョウ類，針葉樹類の分布世界的，ソテツの時代，世界的に植物種が一様に分布，高等昆虫類，鳥類の進化，恐竜の発達増加
Triassic 三畳紀
　248,000,000　　ソテツ類，現存シダ類の出現，古生代の祖先から針葉樹が増加，恐竜の出現，哺乳動物の出現，サバンナ型気候の拡大

Paleozoicera 古生代
Permian 二畳記（ペルム紀）
　286,000,000　　針葉樹類の出現，南半球に草本のヒカゲノカズラ，スギナ類などが残存，石炭記の植物の漸次消滅，は虫類の拡大，アパラチア山脈の上昇，定温・乾燥気候，南半球の氷河化

（次ページへ続く）

Carboniferous 石炭紀		
Pennsylvanian		
	320,000,000	森林と泥炭湿地の発達，シダ種子植物，スギナ，カラマイト，シダ類，ヒカゲノカズラ類，コケ類，は虫類の出現，昆虫の出現，南半球の氷河化，外洋の発達，温暖な平均的気候，石炭層の形成
Mississippian		
	360,000,000	シダ種子植物の出現，ヒカゲノカズラ，スギナ，カラマイト，両生類の発達，サメ類．外洋の拡大，石灰岩の形成
Devonian デボン紀		
	408,000,000	最初の種子植物，ヒカゲノカズラ類の出現，Rhynia, Horneophyton, Asteroxylon, 原始的なスギナ類・原始的なシダ類・原始裸子植物・魚類の増加，腹足類の発達，三葉虫の減少
Silurian シルリア紀		
	438,000,000	単純な維管束植物 Cooksonia，菌類，節足動物，ウニ
Ordovician オルドビシア紀		
	505,000,000	藻類の繁茂，細菌類，魚に似た動物，珊瑚，腕足類
Cambrian カンブリア紀		
	590,000,000	多細胞海洋性藻類，細菌類，三葉虫多数，海洋性無脊椎類
Precambrian and earlier periods カンブリア紀以前		
	3,400,000,000	光合成を行う藻類，原核生物の藻類
	3,500,000,000	嫌気性細菌類の存在証拠，不明確な無脊椎動物の化石
	3,800,000,000	地球の地殻，海など地球の構造，嫌気性生物の誕生？
	4,000,000,000	海の形成が始まる
	4,600,000,000	地球の誕生

が発生し，一部が上空でオゾン層を形成した．このオゾン層が地表に照射する紫外線を減少させたことも，地上に生物が生存できるようになった原因といわれている．

　光合成生物の存在は34億年前の岩石に見られるという説がある．光合成生物の起源にはいろいろな説があり，27億年という説もある．しかし，海岸の岩石の中に見られる痕跡などから，30数億年前には，海に光合成微生物が出現していたと推測される．海洋においては，栄養源が少なく，微生物の繁殖は限られている．したがって，次第に栄養源が多い陸地に向かって，生物が移動していく．陸地には太陽光も十分あり，陸地を生息地とすることによって，さらに光合成生物は進化し続けた（表 1-1）．

　最初に，雨によって，二酸化炭素が石灰岩として固定化され，大気中の二酸

化炭素が減少したと説明した．しかし，地球の大気組成を変化させたのは，雨による二酸化炭素の減少ばかりでなく，植物の光合成が大気中の酸素濃度を増加させ，二酸化炭素を安定循環させ，生物圏を発達させてきたことによる．さらに，生物進化の長い道程の中で，光合成によって蓄積した有機物は地球上の全生物に恩恵を与えていることも重要である．

現在，二酸化炭素による地球温暖化が問題になっているため，植物による二酸化炭素の吸収が注目されている．しかも，大気中の二酸化炭素の濃度は，0.03％ときわめて低く，些細な二酸化炭素の変化によって，ほかの環境要因が大きく変化する．このため，現在，地球温暖化対策として，二酸化炭素の排出量を削減することが大きな課題になっている．一方，光合成によって作られる酸素は大気中に21％もあり，多少の酸素変化では大気組成に影響を及ぼさないため，光合成による酸素の供給はあまり問題視されていない．しかし，地球の歴史と生物圏の形成を考えると，植物の光合成が大気中に酸素を供給したことが重要な意味を持っている．無酸素状態から酸素の増加が20億年前から顕著になり，急速に濃度を21％以上に上昇させたのは光合成植物の拡大，すなわち，植物生態系の発達によると考えられている．生物が海から陸地に上陸し，酸化的な環境に適応し，さらに，生物が酸素を用いてエネルギーを得るようになってきたことと，大気中に酸素が増加したこととが時代的に一致する．地球上の生物の多くは，酸素によって有機物を酸化することによって，エネルギーを得ているが，これは酸素に反応性があり，化学的に不安定であるためである．この反応性の高い酸素が20億年近い長期にわたって，地球の大気の組成として，21％も存在していることは不思議な事象である．おそらく，光合成によって，常に大気の酸素が補充されているため，大気中の酸素が一定の濃度に保たれているのだろう．酸素の存在しない時代には，古い生物は硫黄を利用し，エネルギーを確保していた．現在でも，深海の火山活動で起こっている熱水噴出孔チムニーに生息する海底の生物には，酸素のかわりに硫化水素や硫酸塩を利用する生物が存在している．生物の進化の歴史の中で，硫黄から酸素への変換は，生物にとって，きわめて大きな事象であったと思われる．

光合成を行う藍藻類が葉緑体として，葉の中に取り込まれ，葉緑体として，植物の光合成機能を効率化した．まず，4億3,000万年前に，維管束植物が出現したことによって，光合成機能が効率化し，有機物の蓄積を効率的にできるようになった（表1-2）．維管束とは高等植物の体内にあり，水を運ぶ道管（または仮道管）と糖などの物質を運ぶ師管（または師管細胞）の管が束になったものであり，若い茎では円周上に並んでいる．維管束植物の特徴は幹の発達であり，幹には大量の有機物を蓄積することができる．特に，道管の細胞壁はセルロースが沈着して肥厚している．このセルロースは光合成産物であり，茎や幹は光合成産物の重要な貯蔵場所である．さらに，植物におけるリグニン合成機能の発達が幹を発達させた．リグニンは接着剤としての役割を持ち，維管束を固め，幹が直立することを可能にした．特に，木本植物の木部にはリグニンが30％程度含まれているので，有機物量としても大きな量である．

　初期の維管束植物，*Rhynia*や*Cooksonia*には，幹に維管束が存在したが，小葉もなく，幹と頂芽に胞子嚢があるだけの植物であり，現在は存在しない．これらの植物の幹は二叉分枝をしているが，葉は進化していない．二叉分枝とは，左右同じように分枝していくことで，原始的な植物の分枝に見られる．そ

表1-2　世界の植物の現存量と純生産量

大生態系群	面積 ($10^6 km^2$)	現存量（乾重）		生産量（乾重）	
		平均 (t/ha)	総量 (10^9t)	平均 (t/ha/yr)	総量 (10^9t/hr)
熱帯多雨林	17.0	450	765	22	37.4
熱帯季節林	7.5	350	260	16	12.0
温帯常緑林	5.0	350	175	13	6.5
温帯落葉林	7.0	300	210	12	8.4
亜寒帯林	12.0	200	240	8	9.6
森林小計	48.5	340	1,650	14	73.9
疎林，草原，砂漠	82.0	27	142	2.8	27.7
農耕地	14.0	11	14	6.5	9.1
湿原	2.0	150	30	30	6.0
陸水	2.5	0.2	0.05	5	0.8
全陸地小計	149.0	123	1,836	7.8	117.5
海洋	361	0.01	3.9	1.6	55.0
総計	510	3.61	1,841	3.4	172.5

の後に発達した植物，マツバランは現在でも存在し，二叉分枝をし，葉に似た幹の小さな付属物として小葉が存在している．小葉は，未発達の光合成器官であった．原始的な小葉には，維管束が発達していなかった．したがって，光合成産物の転流や水の通導は現在の植物に比較して，きわめて非効率的であった．

約3億9,000万年前，大葉を持った植物が発達した．大葉とは大きな葉という意味であり，維管束が葉の柔細胞に挿入されていることが特徴である．初期の大葉は二叉分枝した末端の小枝と小枝との間に柔細胞が発達し，平面を形成し，葉となったものであった．しかし，現在の高等植物の葉には維管束が網目のように発達し，葉脈となっている．この葉脈の発達によって，大型の葉の形が定まった．葉脈が葉の柔細胞間を網目のように縫っているため，葉脈の発達の違いによって，葉の骨格が異なり，種特有の葉形となる．こうした大葉の発達によって，高等植物は光合成機能を飛躍的に増大した．

3億8,000万年前のデボン紀に，関連のないいろいろな植物群が二次分裂組織である形成層を発達させた．葉の葉原基でできた維管束が幹に挿入されると，周囲の柔細胞を活性化して，分裂組織に変化する．この分裂組織が融合したものが形成層になる．形成層は柔細胞が分裂組織として再活性化するため，二次分裂組織ともいわれている．この形成層は木部を形成し，形成層の分裂によって，木本植物は肥大成長を行うことが可能になった．

植物生態系の中で，林木は永年性であり，しかも腐朽しにくいため，その集合体である森林は大量のバイオマスを蓄積している．したがって，森林バイオマスは地球上で最大の有機物資源であり，地球を維持保全するために，重大な役割を担っている．特に，21世紀は持続的な社会への転換が求められているが，この転換には，有機物資源の利用が必要であり，森林は最も重要な資源であり，環境である．

もう1つ，植物の進化の過程で，重要な進化は種子の形成である．最初の種子植物はシダ種子植物で，約3億5,000万年前に出現したが，現在は生存していない．現在，生存している種子植物の最も古いものはソテツ類であり，三畳紀の2億2,500万年前に出現した．同様の時期に針葉樹が発達して

いる．さらに，1億9,000万年前には，被子植物が発達した．種子の発達は生態系の更新，拡大に大きく貢献したものと考えられる．種子植物の進化を見ても，3億5,000万年前のシダ種子植物から現代の被子植物に至るまで，種子の形態は大きな進化を示している．ソテツ，イチョウ，針葉樹などは母樹の半数世代の組織が胚の栄養を供給しているのに対して，被子植物では，胚に養分を供給する胚乳や子葉は2倍体の子供の組織である．このように，同じような形をしていても，起源の異なる組織でできているものがあり，繁殖効率がかわってくる．種子植物の出現とともに，種子を栄養源とする生物の繁殖が多くなり，種の多様性が確保されている．昆虫の発達と種子植物の発達が一致しているのも種子の持つ栄養価値によっているのかもしれない．このように，植物の進化を見てみると，他の生物が植物のさまざまな恩恵を受けていることがわかる．地球は光合成機能を持つさまざまな植物生態系を発達させ，有機物の形で太陽のエネルギーを貯蔵してきた．

2．樹木の特性

　地球上の植物生態系の中で，最大のバイオマスを持つのが森林である．地球上のバイオマスの90％以上が森林に存在している．このように，森林が最大のバイオマスを構成しているのは，樹木の形態学的および生理学的特性によるものである．樹木には，形成層という二次分裂組織が発達し，肥大成長を可能にした．形成層の機能をさらに補強したのは，リグニンの生成である．リグニンの出現によって，幹の中に存在する維管束がリグニンの糊としての作用によって，維管束が固められ，強固になり，直立できるようになった．このため，幹の上部に重い樹冠を支えることができるだけではなく，樹高も数十mになり，大きな空間を優占する．また，頂芽から根端まで形成層によって，分裂組織で連結しているため，木本植物では，分裂組織が植物体全体を包んでいるのが特徴である．頂芽が葉原基を形成するとき，葉原基に維管束が形成され，これが若い幹の柔細胞に挿入される．各新葉にできた維管束が融合して，新しい

幹の形成層となる．根端の分裂組織も同じように維管束を作り，融合して形成層となる．しかも，頂芽，根端，形成層の分裂組織がつながっていて，新しい組織は常に樹皮に近い外側に存在する．細胞分裂をすると，分裂してできた細胞を残し，分裂組織は外側に移動する．頂芽の分裂細胞は上方に移動し，形成層は外側に移動し，分裂してできた細胞を内側に残す．同様に，根端の分裂組織では，上方に新しくできた細胞を残し，分裂組織は下方に移動する．樹木の幹には，最も内側に心材があり，死んだ細胞群で，充填物が詰まっている．その外側には辺材があり，ここには水の通導組織と生きている放射柔細胞がある．その外側には，分裂してできた新しい細胞が形成層につながっている．さらにその外側には，師部の生きた細胞がある．その外側はコルク形成層から内樹皮，樹皮へとつながっている．このように，樹木の成長は上下左右に広がり，内部に古い細胞を残していくため，生きている部分は外側だけである．分裂組織が常に外に向かって移動するため，どこまでも成長できる仕組みを持っている．しかも，死んだ組織と生きている組織が混じり合うことがない．木本植物においては，このような分裂組織の形態が永年性にする基礎となっている．

3．バイオマスとしての樹木

　通導組織を形成するとき，道管や仮道管の細胞壁にセルロースが沈着して肥厚し，木部に大量に光合成産物を蓄積しているのが樹木の特徴である．したがって，木材は光合成産物の重要な貯蔵器官である．

　地球上のバイオマス量を推定した古い報告がある．しかし，毎年1,000万ha以上の熱帯林減少が続いているため，明確な統計とはならないが，森林の重要性は読み取ることができる．地球全体のバイオマスは1兆8,000億t，そのうち森林のバイオマスは1兆6,500万tで，全バイオマスの90％になる．この全バイオマスの90％が森林バイオマスであるというのは，現在でもかわらない．バイオマスは有機物資源の中でも最大量であり，もし，森林バイオマスを全量焼却すると，地球上の二酸化炭素量は現在の2倍になる．また，森

林バイオマスをエネルギー換算すると，石油の究極埋蔵量の数倍になり，森林の年間の成長量は世界の石油使用量の数倍になる．わかりやすい例として，千葉県にある清澄寺の大スギのバイオマスについて考えてみる（図1-1）．このスギの体積は340m^{3}なので，おおよそ340tの二酸化炭素を吸収して成長したものである．これだけの二酸化炭素を放出するためには，1Lで10km走る車が地球を20回以上回るときに出す二酸化炭素量になる．このように森林バイオマスは大きい．しかし，「それでは，その大スギは何年間でそれだけの二酸化炭素を吸収したのか」という質問を受ける．何年かかったかはわからないが，もし，この木を

図1-1 千葉県清澄寺の大スギ

燃やしてしまうと，340tの二酸化炭素を放出することは確かである．それだけの二酸化炭素を貯留していることを注目すべきである．21世紀を持続的な社会にするためには，カーボンニュートラルな物質の利用とか，ゼロエミッション技術の開発を可能にする有機物を利用しなければならない．そのためには，森林バイオマスが重要な資源である．森林バイオマスの技術は資源の造成から収穫，搬出および輸送，加工，化学的変換に至るいろいろな技術の進歩が必要である．特に，エネルギー利用分野で，バイオ燃料アルコールが脚光を浴びているが，森林バイオマスを利用するためには，集約的超短伐期林の開発造成と木質資源をアルコール化するための強力なセルラーゼの開発が必要である．しかし，森林バイオマスの利用には，直接燃料化するような短絡的な計画を立て

ることなく,まず,プラスチックなどのケミカル的な利用や木質としての利用を行い,最終的に燃焼エネルギーとすることを計画するべきである.

4. 森林の環境と生物の多様性

生物界には,自らが光合成を行うことによって,エネルギーを確保する植物が存在する.ほかの生物は直接的に,または間接的に,植物が作った有機物を食物として利用してエネルギーと成長のための物質を得ている.しかし,植物は光合成を行う生物と定義すると,幅が広く,光合成を行う藍藻類,緑藻類などを含めて蘚苔類,シダ類など種子を作らない植物から種子を作るソテツ類,イチョウ,針葉樹などの裸子植物,さらに被子植物などの高等植物まで,さまざまな植物が地球上に存在する.特に,種子の発達は植物とそのほかの生物との共生関係を発達させた.こうした植物を起点とした食物連鎖が生物の多様性を確保する重要な役割を持っている.森林の内部には,いろいろな生物が生息し,林木や林床の植物を分解,腐朽する微生物や寄生植物,食虫植物(図1-2)などがあり,さらに,分解物や分解者を利用する生物が存在する.熱帯雨林では,雨上がりの日なたにチョウチョが集団で,道路脇の湿った場所にとまって,林からしみ出している養分を吸っている(図1-3).ときには,チョウチョの大集団となって,色とりどりになり,お花畑のようになる.

図1-2 熱帯の湿地に生息しているウツボカズラ
このつぼは葉の先端が変形してできたもの.ふたがあり,ふたの裏側には鋭い針がある.つぼの中には水が入っていて,飛んで来た昆虫を溺死させる.

植物の残渣が土壌中に取り込まれ,微生物によって分解されると,微生物の呼吸によって炭酸ガスが出る.この炭酸ガスによって,土壌中

に孔隙が発達する．さらに，植物の根系が発達することによっても孔隙ができる．こうした孔隙に貯留される水は重要な働きを持っている．例えば，中国南部に広西荘族自治区には，石灰岩の急峻な山が連立し，漏斗状の地形を形

図1-3　熱帯雨林の雨上がりの日なたに集まるチョウチョの集団

図1-4　弄までの山の道路
石灰岩地帯．中国・広西チワン族自治区．

図 1-5　最も大きい弄
底に集落が見える．石灰岩地帯にできた巨大なドリーネの底が集落．中国・広西チワン族自治区．

成している．その底部のカルスト地形が侵食され，深い穴倉状になった地形が数多くあり，その底地に少数民族の瑤族が 400 年以上生活している（図 1-4, 1-5）．このような，きわめて特殊な穴倉環境を「弄」と呼んでいる．内部には，流出する河川もなく，周囲の森林が太陽の光で光合成を行っている以外は，エネルギー的には，閉鎖系に近い．周囲の山壁に森林が存在することによって，有機物や無機養分が供給され，底地にわき水ができ，比較的生産力のある耕作地となっていた．森林が維持されていた 1940 年代には，森林には野生動物が多く，狩猟も行われていた．特に，トラやオオカミが生息できる土地であった．トラやオオカミは食物連鎖の頂点に位置し，森林に植物を食べる小動物が存在することで，肉食動物の生存が可能になる．したがって，食物連鎖の頂点にある肉食動物が生息していることは，生物生産が豊かであることを意味している．
しかし，戦後の 1958 年当時の鉄の需要拡大，さらに，1980 年代の極端な農業政策などによって，大量に森林が伐採され，森林被覆率が 6.6 % まで低下した．また，徹底した狩猟を行ったこともあって，トラやオオカミはほぼ絶滅し

たといわれているばかりでなく，現在では，イノシシも見られなくなった．また，貨幣経済が徐々に広がってきたことによって，現金収入を得るために，ヤギやヒツジの過放牧が起こり，そのために消失した森林も多い．森林伐採のために，わき水の涸渇したところが多く，住民に飲料水の不足が深刻化し，底地のトウモロコシの生産が1960年代には不可能となったといわれている．このような半閉鎖系の世界では，植物の光合成機能を確保することがきわめて重要であることがわかる．特に，人間生活は周囲の森林の生産力に依存しているため，過度に森林を利用することなく，森林を適切に管理することによって自らの生存が可能になる．もし，地球の環境がさらに劣化し，地球全体の森林が極度に減少することになれば，地球全体を閉鎖系として考える必要があるかもしれない．

　また，中国の黄土高原では，耕作のために，山頂まで耕し，有機物の補給を行っていないため，生産力は極度に低下している（図1-6）．中国の科学院の研究の成果として，小さな谷の流域を閉鎖し，自然植生の回復をさせた実例がある．この実験地では，森林が成立し，生物の多様性が拡大し，生産性が向上

図 1-6　黄土高原の不毛の地
樹木を切り払い，山頂まで耕した中国黄土高原．

図 1-7　アメリカにおける伐採跡地
枯木や切り株を残して，動物や昆虫の生息場とする．

した．

　森林の環境は立体的にも重要である．森林生態系の主要なメンバーは樹木であり，平面的にも，立体的にも数十 m の高さを持ち，内部環境に明らかな違いがある．上下の高さ，森林の縁から深い内部にかけて，光，温度，湿度，土壌，そのほか種々の環境因子に違いが見られる．森林の生物はそれぞれの生息する環境に適した場所を選択する．熱帯の天然林は 50～70m の高さがあり，樹冠層に住む動物や昆虫は，湿潤な熱帯林でありながら水のない乾燥した環境に住んでいる．したがって，種の多様性は立体的にも考慮しなければならない．生物の多様性は人工林においても，計画的に考慮しなければならない．単一樹種を広大な面積に植栽することは，多様性を減少させる．したがって，人工林拡大計画においては，渓谷，小河川，湖沼などの現地の地形的な条件に基づいて，渓流沿いの幅 50～100m 程度の森林を自然植生として保存し，動物の回廊とするなど，また，動物の生息場所を確保するため，人工林内の倒木，折れた木，中空になった枯れ木などを残すことが生物の多様性を確保することになる（図 1-7）．

5. 生態系間の相互作用

　森林，汽水域，耕地，淡水，沿岸域など，いろいろな生態系が相互に影響していることが理解されるようになってきた．そうした例の1つとして，沿岸の水産関係者が河口から上流にある林地に植林して，漁獲量の確保と水産物の質の向上を願っている．こうした問題は少しずつ研究されるようになってきたが，さらに，科学的なアプローチが必要である．

　良好な状態の森林から流出する河川の水はきわめて透明であり，土砂の混入が少ない．例えば，熱帯の河川は泥と砂を大量に含み，茶色に濁っているという印象を持っている人が多い．しかし，熱帯の河川においても，良好な状態の森林から流出する水は日本の河川と同じように澄んでいる（図1-8）．こうした現象は林床の土壌中に存在する孔隙によると考えられる．林床に降った雨が土壌中に浸入すると，孔隙によって濾過される．さらに，孔隙の内部表面に付着するイオンや分子量の小さな物質もある．したがって，この図に示したよう

図1-8　良好な森林から流れ出る川
水は透明である．

な森林には，孔隙の多い土壌があり，川に出てくる粘土量も少なく，沿岸域に到達する粘土量は少ない．一方，濁った川の水が沿岸域に流入すると，海水の塩分によって，粘土の沈殿が促進される．この結果，海草の繁茂が妨げられ，また，泥の流入によって，光合成を行う植物プランクトンにも影響を与え，魚介類に対する餌が減少することなどが考えられる．いずれにしても，透明で，きれいな水が河川から沿岸に流れることが沿岸の生態系に必要である．

　森林から流出する河川の水が水田や畑で利用される場合，森林から浸出する有機物やイオン類がどのような経路で流れ，水田や畑の生物生産システムにどのように影響しているかを調査しなければならない．分解物や付随する塩類を含め，有機物の流れを把握することによって，生態系の相互間の関係を明らかにすることができる．山の森林から流れてくる灌漑用水には，有機物や無機イオンが含まれ，雨水とは水の質に違いがある．河川が上流の森林から有機物と無機養分を運び，ほかの生態系に影響を与え，持続的な生物生産の重要な鍵となっていることは明らかである．

第2章 森林の生態

1．生態系と生態学

　生態学的に森林を見ることは，森林生態系の構造と動きを知り，そのメカニズムと機能を理解することといってよい．この節では，森林生態系の特徴をまず概観したあと，その構造，機能，動態とそれらの相互関係について解説する．さらに，生態系によって人間にもたらされる生態系サービスとの関係についても述べる．

1）生態系とは

　ここでは，森林生態系の特徴を概観する．森林生態系はほかの生態系とは異なる特徴を持っていると同時に，いろいろなバリエーションも持っている．

(1) 生態系の定義

　生物は水や栄養塩，あるいは生物そのものなどを資源として利用することで，自らの体や個体群を形成し，呼吸や枯死死亡した生物体の分解などによって無機物質を環境に放出する．その過程で，温度，水分条件，土壌などの環境の影響を受ける．このように，ある空間に生息する生物の集団（生物群集）とそれが利用する資源や周囲の無機的環境によって形成される相互作用システムを生態系という．森林だけでなく，海洋生態系，湖沼生態系，草地生態系，農耕地生態系などのように，生物群集のタイプによって生態系のタイプも分類される．

(2) 森林生態系の特徴

　森林生態系は，陸上の生態系の中でも温度条件および水分条件の豊かな場所に成立する生態系であり，面積当たりの生物体量（現存量，バイオマス）が大きい．その大部分を樹木という大きな構造を持ち，寿命の長い生物が占めている．

　森林生態系の中には，森林の高さが100m以上に及ぶ場合もあり，ほかの生態系に比べて複雑な構造を持っている．そのことは，ほかの生物に多様な生息環境を提供することになり，機能としてもほかの生態系に比べて複雑である．樹木が二次成長の結果として形成する材は，分解しにくい物質でできている．その成分の大部分はセルロースやリグニンという炭素をベースとする物質であり，大気中の炭素を固定するうえで大きな役割を担っている．

(3) 森林生態系の種類

　地球上には多様な森林生態系があるが，その特徴と分布は，気候条件や地形および土壌などの環境条件と，生態系を構成する生物（特に樹木）によって分類される．気候帯によって熱帯林，温帯林，寒帯林，あるいは山地地形での垂直分布帯によって低地林，山地林，亜高山帯林というように，異なった森林生態系が成立しているほか，乾燥の傾度によっても多雨林，季節林などの森林生態系が区分される．また，森林生態系を構成する樹木の相観によって常緑林，落葉林，あるいは広葉樹林，針葉樹林などが区分される．これらの組合せで，熱帯降雨林生態系，温帯落葉広葉樹林生態系などというように用いられる．また，優先する樹木によってフタバガキ林，ブナ林などと呼ばれる場合もある．これらの生態系の分布は，主として気候条件によっている（図2-1）．

2）森林生態系の構造

　森林生態系の構造は，大きく物理的構造と生物的構造に分けて考える．物理的構造は，森林の3次元構造や物質の分布を指し，生物構造はそれらを形成

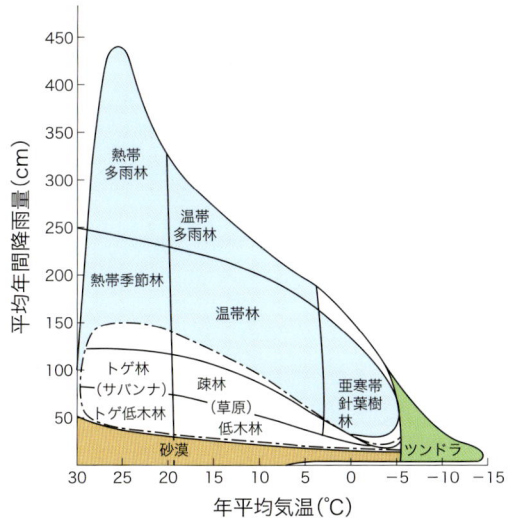

図2-1 生態系の分布と気候条件
青色の部分は湿潤な植生で，森林が成立する．（Whittaker, R. H.：Communities and Ecosystem 2nd ed., The Macmillan Company, New York, 1995 より Whittaker, 1970 を一部改変）

する生物間の相互関係を指す．

(1) 物理的構造

　森林生態系では，樹木が骨格生物となり，物理的構造が形成されている．湿潤な森林生態系では連続した林冠を持ち，林冠高も高いが，乾燥の程度が強くなるにつれ林冠高は低くなり，不連続な林冠になる．また，山地では，標高が高くなったり風が強くなったりすることで，林冠高が低下したり平滑な林冠を持ったりするようになる．これらの構造は，生態系の持つ現存量と関係がある．水平的な構造としては，過去の撹乱や更新過程に由来するモザイク構造がある．安定な立地に成立する熱帯降雨林や温帯広葉樹林では，林冠ギャップでの更新に由来する小林分のモザイク（再生複合体）を形成するが，大規模な風倒や山火事などの大規模撹乱が起こる生態系では，よりスケールの大きなモザイク構

20　第2章　森林の生態

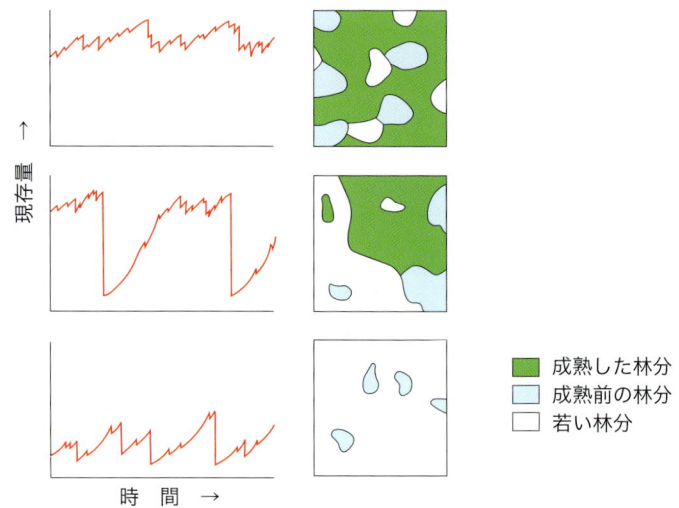

図2-2　生態系のモザイク構造
撹乱の頻度および規模によって森林の変動パターンとモザイク構造がかわる．
上：小規模で頻繁な撹乱（林冠ギャップなど）の起こる森林．高い現存量が比較的小さな変動で維持される．緩斜面の広葉樹林など．
中：大規模でまれな撹乱と小規模な撹乱の起こる森林．亜高山・亜寒帯の針葉樹林など．
下：大規模な撹乱が頻繁に起こる森林．現存量は低いまま変動する．河川敷の森林など．

造が形成される（図 2-2）．

(2) 生物的構造

　一方，生態系には，生物間の相互作用や食物連鎖を反映した生物的構造があり，物質やエネルギーの流れに反映されている．多くの植物は，光合成によって炭水化物を合成し，それをエネルギーとして生活するので，一次生産者（生産者）であり，植物が合成した炭水化物を使って自分の体を作り生活する生物は二次生産者（消費者）である．森林生態系の場合，主として樹木が一次生産者の大部分を占め，それを食べる植物食者（植食者）は一次消費者，さらに植物食者を食べる動物食者（捕食者）は二次消費者と呼ばれる．生態系には，このような食物連鎖を通じた栄養段階がある．この場合のように生きた生物でつ

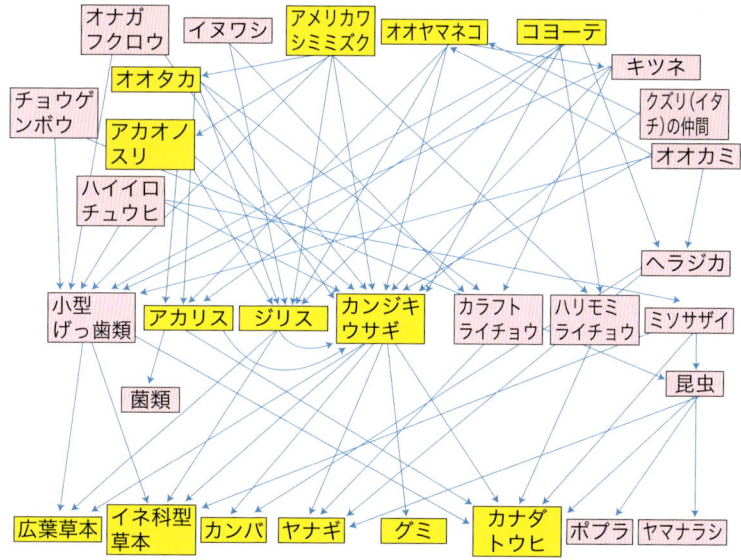

図2-3 北方針葉樹における食物網の例
黄色は量的に多い種を示す．(Krebs, C. J.：Ecology, Benjamin Cummings, San Fransisco. P.464, Fig 23.4, 2001 より一部改変)

ながっている食物連鎖を生食連鎖という．一方，枯死した植物や死亡した動物，あるいは動物の排泄物などを分解する生物がおり，分解者と呼ばれ，別な食物連鎖がある．これを腐食連鎖という．生態系には，食物やエネルギー源として利用する関係が網の目状に形成されており，これを食物網と呼ぶ（図2-3）．食物網の中で，その一種を排除すると，生態系全体が大きく変化してしまう場合が知られている．強力な捕食者が乱獲などで絶滅してしまうと，草食の動物が大量に殖え，その結果として特定の植物も減少してしまうなどといった例が知られている．このように，生態系全体に影響を及ぼす種をキーストン種と呼ぶ．

(3) 生 物 多 様 性

生態系を構成する生物は，このような生態系の構造の中に生活の場所を得て

自らの個体群を維持している．生態系の物理的構造あるいは生物的構造におけるその生物の位置を生態的地位（ニッチェ）と呼ぶ．似たような生態的地位を持つ生物群をギルドという．ギルドは必ずしも同じ分類群の生物で構成されるとは限らない．個々の生物種はこうしたニッチェを占めながら全体として群集を構成しており，群集あるいは生態系を構成する種の数や量的な組成が種多様性の尺度として用いられる．特定の生態系でキーストン種が何かを見極めるのは難しく，その種が絶滅したり極端に個体数が少なくなったりした場合に，初めてキーストン種であることがわかる場合が多い．

(4) 生態系とランドスケープ

　生物の中には，複数の生態系にまたがって生活するものがある．森林に巣を持ちながら，河川や草原で採餌する動物や，生活史の一部を河川で過ごす森林昆虫などがその例である．したがって，森林生態系も閉じたシステムではなく，ほかの生態系と相互作用を持つ場合が多い．また，人間活動によって複数の生態系が複雑なモザイクを形成する地域も増えており，森林や生物多様性の管理のためには，複数の生態系を含む構造（ランドスケープ）を対象とせざるを得ない場合が増えている．ランドスケープは日本語で「景観」という語で使われているが，「けしき」，「風景」という意味ではなく，このような複数の生態系にまたがる現象の解明のために必要な概念である．

3）森林生態系の機能

　森林生態系の機能は，その構造と深く結び付いている．生産者である植物（特に樹木）の種類と環境条件により一次生産力が決定され，食物網の構造によって物質の循環特性が決定される．さらに，そうした物質の動きによってエネルギーの流れが決まる．

(1) 一 次 生 産

　植物が光合成で生産した総量を総生産量といい，森林の場合，一定期間当た

り，一定面積当たりの生物体乾燥重量を単位として総生産速度とも呼ぶ．総生産の一部が植物体の維持や成長のための呼吸に使われ，残りが純生産量となる．純生産の中には動物によって食べられた量（被食量）や期間内に生産されたものの枯死した量（枯死量）が含まれるが，これらを除いた残りが成長量である．現存量や一次生産速度は，気候条件や樹木の種類によって異なるが，現存量の大きな森林が必ずしも生産速度が大きいとは限らない．気温，水分条件とも十分な環境では，生産速度が大きく，低温や乾燥条件が厳しくなるほど，あるいは土壌の肥沃度が低下するほど生産速度は小さくなる（表2-1）．熱帯降雨林では，総生産速度は大きいが，気温が高く湿潤な気候が1年中続くため，植物の呼吸速度も大きく，総生産に占める純生産の割合はやや低くなる．

　一般に，成長速度の速い樹種では純生産速度も大きい．落葉広葉樹林に比べて，針葉樹の植林などでは成長速度も速く，純生産速度も大きいのが一般的である．一方，植物の一次生産により大気中から二酸化炭素が吸収されるが，消費者や分解者の呼吸により二酸化炭素が放出される．そのため，生態系全体として二酸化炭素の収支を見る場合などには，植物の純生産量からこれらを差し

表2-1　いろいろな森林生態系の現存量と生産力

森林生態系のタイプ	面積 ($10^6 km^2$)	現存量			純一次生産速度		
		範囲 (kg/m^2)	平均 (kg/m^2)	世界全体 ($10^9 t$)	範囲 ($g/m^2 yr$)	平均 ($g/m^2 yr$)	世界全体 ($10^9 t/yr$)
熱帯多雨林	17.0	6〜80	45	765	1,000〜3,500	2,200	37.4
熱帯季節林	7.5	6〜60	35	260	1,000〜2,500	1,600	12.0
温帯常緑林	5.0	6〜200	35	175	600〜2,500	1,300	6.5
温帯落葉樹林	7.0	6〜60	30	210	600〜2,500	1,200	8.4
北方針葉樹林	12.0	6〜40	20	240	400〜2,500	800	9.6
疎林と低木林	8.5	2〜20	6	50	250〜1,200	700	6.0

(Whittaker, R. H. and Likens, G. E., 1973 より)

引いた生産量で考える必要がある．これを純生態系生産という．

(2) 物 質 循 環

　生物の体は各種の元素を含んでおり，食物連鎖の経路に従って，これらの元素も循環するが，元素によってその経路は異なっている．例えば，炭素は主として大気中から植物によって吸収され，呼吸や分解によって大気中に戻る．これに対して，窒素は土壌中から植物が吸収するか，大気中の窒素を窒素固定細菌が固定することで生態系内に取り込まれる．また，土壌中の環境の違いによって，異なった過程で大気中への放出や土壌からの溶脱が起こる．一方，ほかの

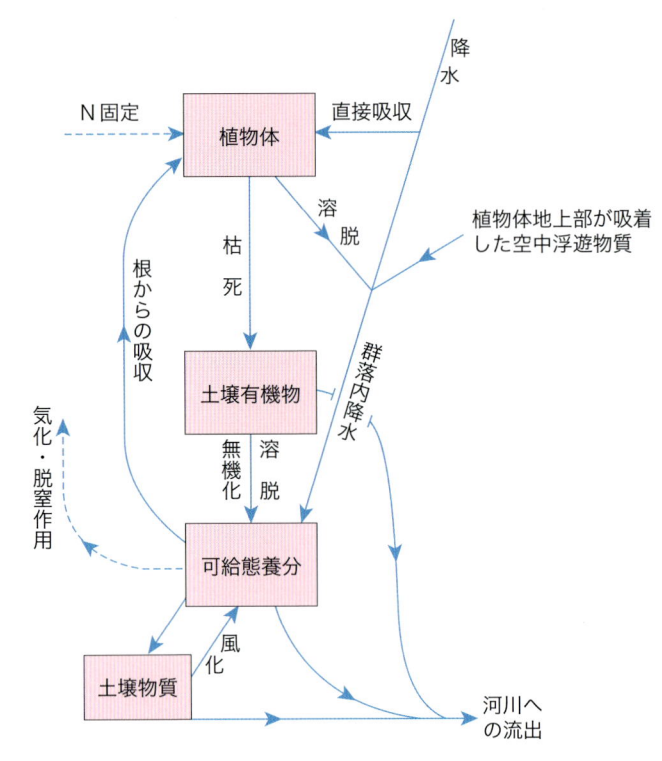

図2-4　生態系における栄養塩の循環
点線の部分は，窒素の循環の場合だけにある経路．（吉良竜夫：陸上生態系, 共立出版, P.150, 図8.4, 1976より一部改変）

栄養塩の多くは気体の形を持たないため，窒素とは異なった循環を行っている（図2-4）．その森林生態系の置かれた環境や，食物連鎖の形，生物の種類などによって，これらの物質循環の特徴は異なっている．熱帯では，全体として循環は早く，地上の植物体現存量が大きいので，その中に多くの栄養塩類が蓄積されている．温度条件が低下するに従って循環の速度は低下するが，温帯では土壌中での栄養塩の蓄積が相対的に大きく，さらに寒冷地の森林では土壌に未分解な形で蓄積されている量が大きいと考えられている．

(3) エネルギーの流れ

一次生産者である植物の多くは，太陽エネルギーを利用して炭水化物を生産する（炭素を固定する）．消費者は，生産者の作った炭水化物を食物として利

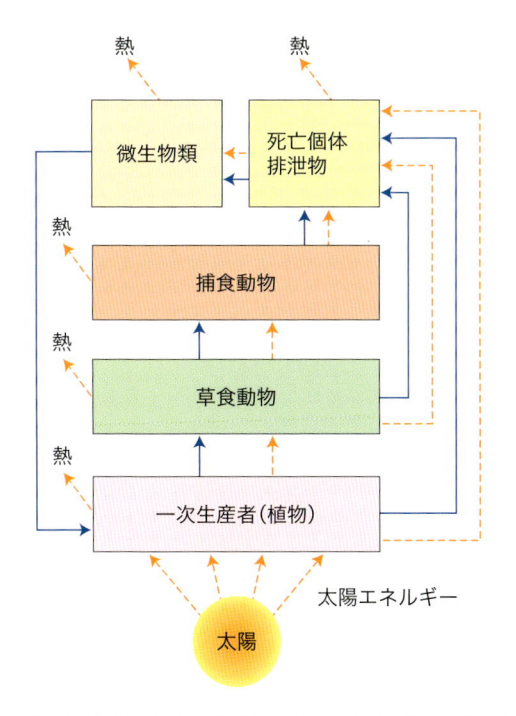

図2-5 生態系における物質（青）とエネルギー（赤）の流れ
（Krebs, C. J. : Ecology, Benjamin Cummings, San Fransisco. P.464, Fig 23.4, 2001）

用しているが，これは固定されたエネルギーを食べていることになる．分解過程も，生物が固定したエネルギーを利用している過程である．このようにして生態系をエネルギーが流れていく．熱帯雨林のように最も総生産速度の大きな生態系でも，太陽エネルギーの2～3％しか利用できていない．そのほかは，直接反射されるか，蒸発散などに伴う気化熱として大気に返されている．

　一次生産者の総生産のうち，一次生産者自身が行う呼吸はこの時点で炭水化物が消費され，熱として排出される．消費者によって食べられたもののうち，消費者の体を作った部分以外はやはり呼吸として消費される．一次生産者，消費者ともにその生物体はいずれ死亡し，分解される．この分解も分解者の体を作ると同時に呼吸消費として排出され，最終的には，生態系全体の現存量として増加（成長）していく炭水化物以外の部分のエネルギーは，生態系の外に排出されることになる．こうした流れは，生態系の各栄養段階の現存量や生産速度，栄養段階の構造によって，それぞれの生態系に特徴的なものになる（図2-5）．

（4）生物多様性と生態系の機能

　このように，生態系の構造や機能は生物の働きによって維持されている．近年，生物多様性が生態系の機能にどのように関わっているかという点が大きな関心を持たれている．これまでの研究から，一次生産者の多様性が高い生態系では，現存量や一次生産速度が大きくなることや，消費者の多様性が高いこと，生態系の安定性が保たれること，病害虫の大発生が起こりにくいこと，侵入種が定着しにくいことなどがいわれている．実験的に確認されている例も増えているが，草原生態系や淡水生態系など実験の行いやすい生態系で行われている例が多く，森林生態系では少ない．また，こうした性質が発揮されるといっても，熱帯雨林のように極度に高い多様性を持つ生態系で，同じように機能が高まるかという点に関しては疑問もある．実験結果も，必ずしも予測通りにならないケースがかなり観察されている．

　生物多様性が高いと，それらの生物が多様な役割を占めるために（機能の多

様性が高い），これらの生態系機能が高まると考えられている．また，同じ機能を持つ生物群（機能型，機能群）の中に，複数の種が存在する（リダンダンシー，機能重複）があると，仮に同じ機能型の生物が1種絶滅するようなことがあっても，ほかに機能を代替できる生物があるため，安定性などが増すと考えられている．キーストン種のような種は，こうした生態系の機能に関しても重要な役割を果たしている可能性がある．

4）森林生態系の動態

　森林生態系は常に変化している．その動きは，1日の中でかわっていくものから地球の歴史に至るまでの広いスケールにわたっているが，生態学では，最大1万年くらいの時間スケールを対象としている．森林の構造は，このような動き（動態）の結果として生じてくるが，逆に現在の構造も将来の動態に影響を及ぼしている．

(1) 季 節 変 化

　周年的な気温や降水量の変化がある生態系では，生物季節に応じて生態系も変化を繰り返す．低温期（冬）や乾燥期には，植物の活性が落ちるため，消費者や高次栄養段階の生物の活動も低下する場合が多い．
　また，植物の開葉，開花，結実時には，食葉性の昆虫や送粉者，種子食者などが一時的に出現し，食物網の構造も変化する場合がある．東南アジアの熱帯雨林では，こうした季節変化が明瞭でなく，数年に1回という超年性の変化を示す場合もある．

(2) 遷 移 と 更 新

　自然あるいは人為的な撹乱を受けたあと，樹木の更新と急速な成長が起こり，現存量が急速に回復される．この過程では，生育する植物や樹木の種類が変化していく場合があって植生遷移と呼ばれる．例えば，日本の冷温帯では，伐採や山火事のあと，ススキなどの草本群落を経てシラカンバなどの先駆樹種から

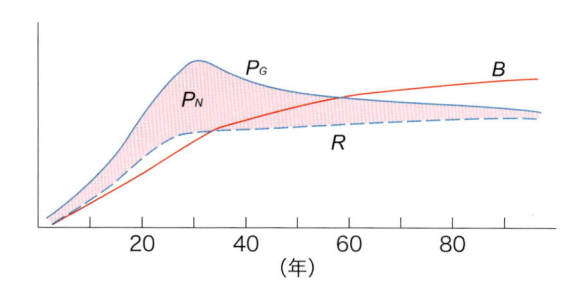

図2-6 森林生態系の遷移過程における現存量(B),総生産速度(P_G),純生産速度(P_N),呼吸速度(R)の変化
(Kira, T. and Shidei, T., 1967 を改変)

なる森林が成立し,次第にブナのような極相樹種へ変化する.

　遷移に伴い葉の量が増えて総生産速度も高くなっていくが,現存量が増えるとそれに比例する形で呼吸量も増加していくため,純生産量は撹乱後一定の時間を経た時点で最大となり,その後は一定量に近づくと考えられている(図2-6).生態系の発達に伴って,植物以外の生物相やその量も豊富になっていく(生態系の遷移).したがって,遷移に伴って,食物網や物質循環の経路も複雑になっていくほか,これらの動物や分解者による呼吸量も増加する.よく発達した森林では,純生態系生産はほとんどゼロに近づくと考えられている.

(3) 撹乱の役割

　森林生態系の構造を破壊する撹乱の種類や性質は,その後の動態に大きな影響を及ぼす.撹乱の性質としては,その規模や頻度,予測性などが重要である.一般に安定と考えられている極相林でも,その構成種は1～数本の林冠木が枯死したり倒れたりすることでできる林冠ギャップに依存している.さらに,規模が大きな山火事や大規模風倒,河川撹乱などでは,それぞれの撹乱に対応した生活史を持つ樹木が回復過程で登場する.大規模で頻度の低い撹乱が起こる地域では,先駆性の樹木でも長い寿命を持つ場合がある.人間の引き起こす撹乱(人為撹乱)は,規模や頻度,特定の生物が影響を受けるなど,自然撹乱とは異なった性質を持っており,人為撹乱を受けた場所では自然条件では形成

されない生態系が発達する.

　純一次生産速度は撹乱後の一定の時間で最大となり，その後低下するため，撹乱が何度か繰り返される場合には，撹乱の頻度によって長期平均の純生産速度が異なる．長期の純一次生産が最大となる撹乱頻度が存在すると考えられており，林業は，そのような撹乱頻度を設定して利用しているともいえる（☞図 2-2）.

(3) 気候変動と動態

　数千年以上の時間スケールでは，気候変化も生態系変化の要因となりうる．この場合には，生態系を構成する生物もその気候に適したものに変化すると考えられている．最近の気候変化では，最終氷期が約 1 万 2,000 年前に終了したあと，急速に温暖化する．これに伴って植生は一斉に北上したと考えられているが，約 6,000 年前には現在より約 2℃ほど気温の高い時期があり，その後やや気温が低下して，約 4,000 年前には，ほぼ現在の気候や生態系分布に至ったと考えられている．寿命の長い樹木の中には，2,000 年以上に及ぶものがあり，気候変化の数千年という時間スケールでは，数世代の更新しかしていない生態系もあると考えられている．その意味では，極相林といっても数百世代も更新を続けているものは少ない.

　現在，人間活動の結果引き起こされている温暖化や気候変化は，こうした地史的な気候変化よりずっと速い速度で起こっているうえ，人間の土地利用によって自然の生態系の分布が分断されているため，気候変化の影響は大きいと考えられている.

5）生態系サービス

　人間は生態系が持つ機能の一部を利用したり，無意識のうちにその恩恵を受けたりしている．このような生態系のもたらす利益を生態系サービスと呼ぶ.

(1) 生態系サービスの考え方（森林の多面的機能）

　生態系サービスは，資源供給（木材，薬，水など），調節（気候の調節，二酸化炭素の吸収，病害虫の制御，水質の浄化など），文化的サービス（教育，信仰，意匠など）に分けて考えられており，「森林の多面的機能」と呼ぶものとほぼ同じものである．資源供給サービスの一部は経済的価値を持っているのに対して，調節サービス，文化的サービスは森林の持つ「公益的機能」という捉え方をされてきた．これらを支えるのが生態系機能であり，生態系がこれらのサービスを失わないように管理することが，広い意味で森林の持続的管理として重要視されている．しかし，二酸化炭素吸収機能の優れた（一次生産速度の大きい）森林は必ずしも生物的多様性が高くないなど，1つの生態系サービスを優先させると，ほかのサービスが失われる場合もある．

2．森林と樹木の生活史

　環境は時々刻々と変化するが，植物はその変化に合わせて成長し，繁殖を繰り返している．では，なぜある植物は一斉に開葉し，またある植物は1年中新しい葉を作り続けているのだろうか．あるいは，ドングリのように大きな種子を作る樹木がある一方で，ポプラの種子は風に舞っている．このように，樹木の生活の様式は変化に富み，多彩である．そして，そのすべてが，樹木が生き残りをかけて進化させてきた戦略である．ここでは，それらの生活史を展葉，開花，成長に分けて見てみる．

1）生　活　史

(1) 樹木の成長段階

　樹木の成長段階は種子，実生，幼木，成木に分けられる．結実した種子はさまざまな方法で親個体から離れて，新しい環境に達する．種子から生育した幼植物が実生である．実生はさらに成長して幼木となる．この時期はまだ開花，

結実しない．幼木の期間は発芽した場所の状態により，1年以内の場合もあれば，数年あるいは100年を超える場合もある．その間，幼木はほとんど大きさが変化しないので，個体サイズと樹齢は相関しない．幼木の時期を過ぎると成熟し，開花と種子生産が始まる．なかには地下茎や萌芽を出し始めるものもいる．樹種によって長短はあるが，樹木はこの時期が何年も続き，おおむね長寿である．ブナの1世代の長さは200年から300年もある．こうした生活の過程が生活史である．そのすべてが与えられた生育環境の中で個体の適応度を最大にするように進化してきた結果であり，そこに見られる生活史の特性が生活史戦略である．

(2) 生 活 史 戦 略

　植物は発芽した場所から移動することはできないので，環境の変化に対しては耐えるしかない．より高い耐性を得るためには，資源の効率的な獲得と利用のための生活史戦略が必要となる．

　森林は火事や台風などの「撹乱」を受けるが，その頻度は場所によってさまざまである．また，樹木は成長に光や水を必要とするが，それが不足すると「環境ストレス」を受ける．これも場所によって強さが違う．そこで，撹乱と環境ストレスの強さによって次のような3つの生活史戦略が考えられる．

　撹乱は起こらず，資源も十分にある場所へは多くの植物が侵入定着しようとするので，個体間で激しい競争が起こる．そうした場所では，早く大きくなってほかの植物を被圧するような強い競争力を持つこと（競争戦略）が有利である．

　ある種の植物は特定のストレスに顕著な適応を遂げている．例えば，中国半乾燥地の流砂地帯に生育する臭柏は，強い水ストレスのもとで，蒸散を抑制しながら，高温耐性を示す（図2-7）．また，林床で生涯を過ごす低木類は弱い光でも十分な光合成速度を維持できる．このように撹乱は起こらないが，ストレスの強い環境では，ストレスに応じて特異な特性を発達させること（ストレス耐性戦略）が必要である．

図 2-7 中国半乾燥地の流砂地帯に生育する臭柏
ヒノキ科低木.

撹乱が起こるとこれまでの生態系が破壊されるため，光と水をめぐって新たな競争がスタートする．頻繁に撹乱は受けるが，その後の環境ストレスは弱い撹乱跡地を利用するためには，いち早く撹乱跡地に到着し，生育を始める戦略（撹乱依存戦略）が有利である．

発芽のあと，早く成長するためには大きな種子でなければならず，大きな種子は遠くには運ばれない．また，ストレス耐性を高くすると，良好な生育条件の下での成長速度が犠牲になる．したがって，植物は前記の3つの戦略を同時に達成することはできず，どれかに専門化することになる．

(3) 林床での生活史戦略

森林には多くの種類の植物が林冠から林床までさまざまなサイズで生育している．林冠を構成する高木種も，成長していく過程では，低木と同じ環境で生活しなければならない．それらの幼木は成長できる機会が巡ってくるまで，暗い林内で待機している．倒木などによって林冠が疎開する（ギャップ形成）と林床の光条件が好転し，それらの幼木（前生稚樹）は一斉に成長を始める（図

図 2-8　アカマツ林の林床で生育する常緑広葉樹の前生稚樹

2-8)．すべての高木種の幼木はこうしたギャップに遭遇して初めて林冠層まで成長できる．林冠が疎開したのち速やかに成長できるように，現在の成長を犠牲にしてギャップの発生を待つ戦略では，現在の暗い環境では長く生きられない．そのうえ撹乱は予測できないので，常に種子の供給や幼木個体群の更新が行われていなければならない．

　一方，森林内に生育する低木種は暗い林床で生きるために高い耐陰性が必要である．ただし，ギャップができても成長速度を急に速くすることはできないので，明るい環境では競争に勝てない．冷温帯林や熱帯雨林の低木の中には，耐陰性が低いため，林冠が疎開するのを待って，短期間に大量の果実を生産する樹種がある．しかし，照葉樹林の低木はいずれも高い耐陰性を備えており，ギャップ発生を待つ先駆性低木は少ない．これは，照葉樹林が冷温帯林や熱帯雨林と比べて林冠が均一で，林床の環境が好転する頻度が低いためである．

2）展　　　葉

(1) 開　　　葉

　開葉の仕方にも樹種による違いがあり，アカマツやブナのようにすべての葉が一斉に開葉するものと，イチョウやユーカリのように枝を伸ばしながら，季節が進むにつれて順次開葉するものとがある．また，中央ユーラシアのオアシスに生育する胡楊のように，1個体の中に広葉と細葉を持ち，広葉は樹冠の上部で一斉に開葉し，細葉は樹冠の下部でその年の水分条件に応じて順次開葉する（図2-9）．蒸散特性も異なり，広葉はどれも蒸散抑制型であるが，細葉は生育環境に合わせて盛んに蒸散するものや，抑制的なものなどいろいろである．

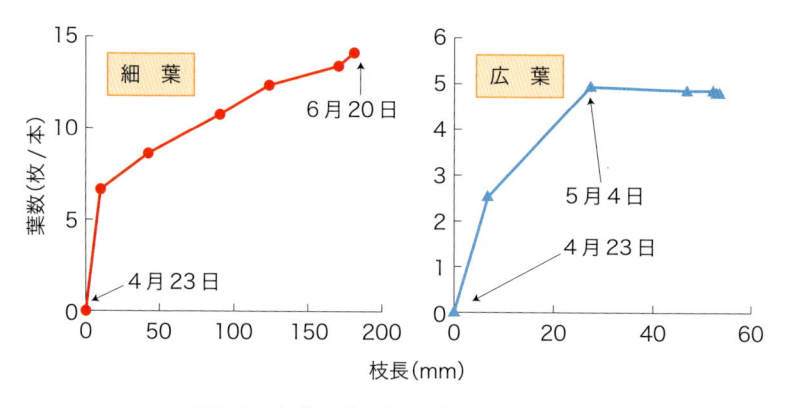

図2-9　胡楊の枝の伸長成長に伴う葉数の変化

(2) 葉 の 寿 命

　樹木は葉を付けかえるときに，落葉させる葉の中の養分の一部を樹体内へ取り戻して，新しい葉の生産に用いる．しかし，多くの養分は落葉とともに樹体から失われるので，葉の付けかえをする前に少なくとも葉の製造と維持コストを回収しておく必要がある．したがって，葉の寿命はコストを回収するために必要な時間で決まる．頑丈で長持ちのする葉は製造コストが高くなり，その回

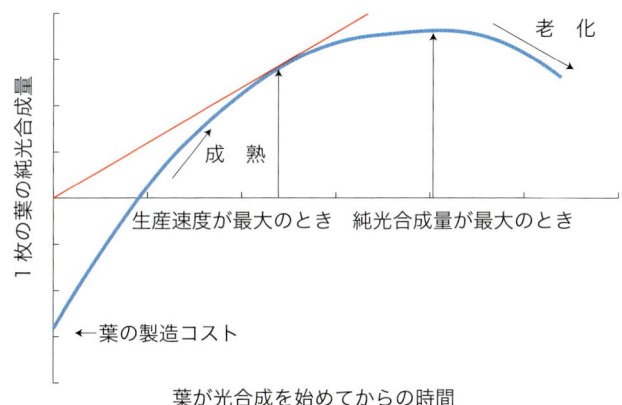

図2-10 葉齢と光合成量の関係

収には長い時間が必要である．ただし，光合成速度が速くなればその時間は短くなる．

図2-10に示すように，1枚の葉は生産された時点ではその製造コストの分だけ樹体内養分を消費している．光合成を行うことによって負債が減り，ついには収支がプラスとなる．しかし，光合成効率は葉が古くなると低下するので，青い線はピーク（1枚の葉の純光合成量が最大となるとき）を過ぎると下がり始める．葉に投資した養分の利用効率は葉が作られてからの時間当たりの純生産量（生産速度）で表される．それぞれの時点での生産速度は原点から曲線に向かって引いた直線の傾きである．図に示すように，直線が曲線と接するときに傾きは最大となり，1枚の葉の生産速度は最大となる．ここまで葉を維持し，ここで落葉させることで樹体内養分の利用が最も効率的となる．この最適な葉の寿命が1年より短く，そのため光合成に不適な期間は葉を落としてしまうのが落葉樹で，最適な葉の寿命が1年より長いのが常緑樹である．

(3) 常緑と落葉

同じ気候帯や同じ森林内でさえ，常緑樹と落葉樹が共存するので，落葉するかしないかは温度や湿度の季節変化だけで決まるものではない．それでも1

年中光合成ができれば，葉の寿命の長短にかかわらず，樹木は常に葉を着けていられる．照葉樹林で常緑広葉樹が優占するのは，冬の低温が厳しくないので休眠する必要がないためである．しかし，温帯の冬や熱帯の乾期は光合成を効率的に行えないので成長に適さない．そこで，成長に不適な季節の間も生き残れるような丈夫な葉を持つより，製造コストの安い葉を作って，厳しい季節がやってくる前にすべての葉を落として，翌年また葉を付けかえる方が経済的である．そのため，季節が明瞭な熱帯から温帯までの地域では，落葉樹林が優占する．しかし，寒帯の北方林や高山帯のように環境の厳しいところでは，モミやトウヒのような常緑樹が出現する．これは夏の生育期間が短いため，葉を生産したコストを取り返すまでに1年以上の長い期間を要するためである．また，低木にとっては，カンバ類やカラマツ類のような落葉の高木が葉を落としている早春や晩秋に光を有効に利用するためである（図2-11）．

図 2-11 カラマツ林の下のハイマツ
シベリア，山岳タイガ林．

3）開　　　花

(1) 開花する齢と花の量

　春になると，サクラやコブシの花が咲く．花が咲いているのは，すべて成木である．ユーカリは1年目に開花することもあるが，花が咲き始めるのはスギで20年以上，ブナは40～50年，アカマツは15～20年といわれている．開花し，種子生産をするためには，光合成産物を使わなければならないので，その分だけ成長が犠牲になる．すなわち，個体の成長と繁殖に配分される光合成産物の割合は，一方を増やせば他方が減るというトレードオフの関係にある．開花し，繁殖を行うか，自分自身の生存を確実にするかの選択の結果，開花する齢が決まる．そのため，熱帯降雨林で林冠を構成する樹種は林冠に達するまで開花しないし，極相種のように長命な樹木は森林内で優占することにまず投資するので，開花齢は遅くなる．一方，森林の林床で一生を過ごす低木や先駆樹種は比較的若い段階で開花する（図2-12）．

　スギは早春，マツは晩春というように，温帯の樹木の多くが1年に一度，

図 2-12　植栽4年目で開花して天然更新を始めた梭梭（アカザ科，落葉低木）林
中国，新疆．

決まった時期に開花する．それらの花は，前年の夏の後半から秋に形成され，休眠する．ナギのように春に花芽分化が起こる樹種もある．あるいはユーカリ類では，開花の2年以上前から花芽の準備が行われている．

　一般的には，花芽が形成されるときの条件が良好であれば，花の数が多くなる．逆にストレスが花芽分化を促進する場合もある．例えば，スギやカラマツは高温で乾燥した年の翌年に多くの花を着けるし，北海道のトドマツは気温の低い年の翌年が豊作になる．

(2) 一　斉　開　花

　ところで，気温が年中一定している熱帯では，毎年花が咲くとは限らず，パパイヤのように常時開花するものから，数年に一度開花するものまで樹種によって開花の間隔がさまざまである．そんな中で，マレー半島やボルネオ島の赤道付近（非季節性熱帯）の混交フタバガキ林では，数年に一度，フタバガキ科をはじめ多くの林冠構成種が一斉に開花する（一斉開花）．ボルネオ島での報告によると257種のうち，85％の種が一斉開花期間中に開花し，約1/3が一斉開花のときにしか開花しないものであった．

　同種の他個体と開花を同調させるのは他家受粉のために必要だが，近縁の他種と同時に咲くと，花粉媒介者をめぐる競争が激しくなり，雑種形成や花粉ロスなどによって正常な種子数が減って適応度も低下する．そのため，種内では高い同調性を示すが，近縁種間では，少しずつ開花期がずれている（図2-13）．

　一斉開花のきっかけとなる要因として現在最も有力なものは，日最低気温の落込み（低温パルス）である．ボルネオ島で一斉開花の始まる約2ヵ月前に，普段23℃前後の日最低気温が，数日間20℃以下になり，それが一斉開花の引き金になったというものである．

　非季節性熱帯では，開花の引き金として使える要因はたまに起こる低温や干ばつなど，ごく限られたものしかない．どの要因が実際に作用しているのかは今後の課題であるが，多くの種が同じ要因を開花の引き金として利用しなけれ

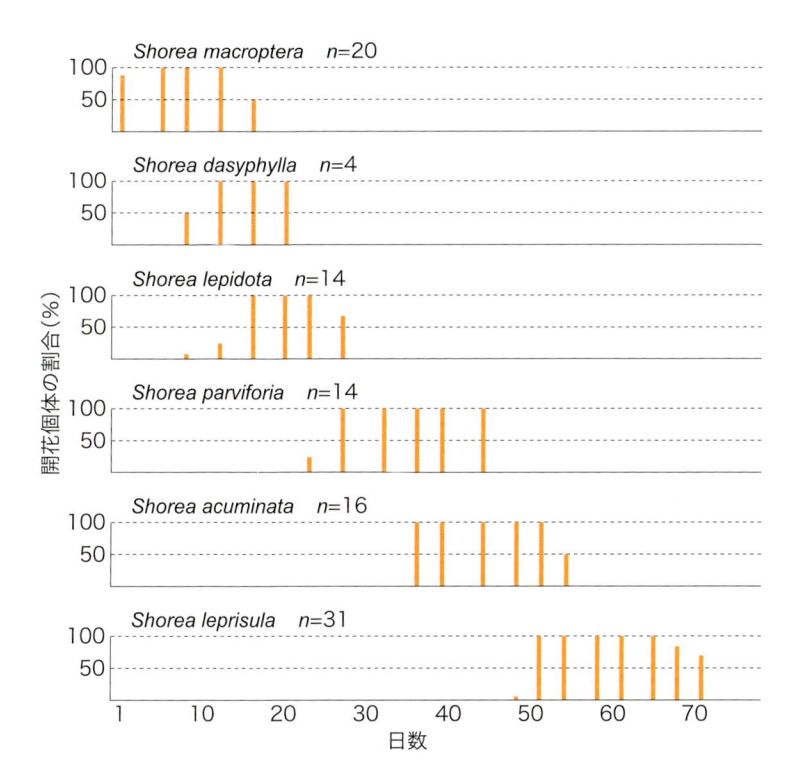

図2-13 マレーシアにおけるフタバガキ科 *Shorea* 属6樹種の順々に続く開花

横軸は初めて開花が認められた3月14日からの日数．n はそれぞれの樹種で開花が見られた個体数．縦軸は n 個体のうちそれぞれの日に開花していた個体の割合．（熊崎　実ら(訳)：トーマス・樹木学，築地書館，2001より）

ばならないとすれば，一斉に開花することに適応的な意味はなくとも，開花が種間で同調することになる．

4）種　　　　子

(1) 結　　実

　植物は非常に多くの花を着けるが，結実する花の割合は90％を越えるものから数％以下のものまでばらつきが大きい．これは，受粉から種子成熟までの

過程でいろいろな制限が働くためである．まず，花粉量が不足することによる受粉の失敗があげられる（花粉制限）．例えば，ブナ林で伐採によって母樹密度が低下するとシイナ種子の割合が増加する．虫媒花では送粉昆虫の量も関係する．また，光や養分が不足して，繁殖のための十分な資源が生産できない場合がある（資源制限）．ヒサカキは自然状態では林内と林外で結果率に差はないが，人工受粉をすると，林内ではかわらないが，林外では結果率が顕著に増加する．つまり，林外では花粉制限により結果率が抑えられており，林内では資源制限（光の不足）によって，花粉が十分に供給されても結果率は高くならない．

(2) 種 子 散 布

イタヤカエデの実生は親木の下で発芽すると，親木の樹冠から降りてきたイタヤハムシの幼虫に食われやすいので，樹冠から離れた位置にある実生よりも死亡率が高い．ミズナラでも同様の虫害が報告されており，親木の周りの特異的な死亡要因から逃れるためには，遠くへ種子を散布させる必要がある．また，植物はいったん発芽したあとは移動できないので，新しい立地へは種子の段階でしか侵入できない．そこで，樹木はさまざまな種子散布の方法を進化させている．

　カエデやカンバ，シデ類は種子の周りに 1 枚のプロペラのような翼を持ち，落下する際にはヘリコプターのように回転しながら，ゆっくりと落ちるので，その間に風にあおられて遠くへ散布される（風散布）．ユーカリ類の種子はゴミのように小さく，ポプラ類は毛のある種子が風に運ばれる（図 2-14）．風による種子散布は比較的開けた場所に生育する先駆樹種に多く，たいていはできるだけ種子が遠くに飛べるように，葉のないときに種子を落とす．また，果実が弾けて種子が飛び散ったりする（自動散布）．一方，水辺に生育する樹木は水の流れに乗って種子を散布する（水散布）．ヒルギダマシ（マングローブの一種，図 2-15）は種子が水に浮くように木質の果皮を持っているので，海に落ちたあとしばらくは波間を漂い，果皮が水を吸って割れると種子が水底に落

図 2-14　オアシスに生育する胡楊（ポプラの一種）の種子
中国，額済納旗．

図 2-15　海岸に生育するヒルギダマシ（マングローブの一種）の種子
オマーン．

ちて発芽する.

　そのほかに，動物によって運ばれる（動物散布）．ミズキやサクラの種子はまわりの果肉が鳥に食われたのち，糞とともに排出されて散布される（被食散布）．鳥によって散布される果実は熟しても落下せず，小さくて派手な色をしている．夏はナナカマドのように赤い果実が，秋は黒い果実が目立つ．一方，ほ乳類は主として匂いに引き寄せられる．例えば，ドリアンやマンゴーはオランウータンに食べられることで種子が散布される．動物が多く生息している熱帯林では，林冠上部の風の強いところに生育する樹木でさえ，風散布の樹種は半分ほどで，残りは動物散布の戦略をとっている．コナラやブナのドングリ（堅果）は，林床に落ちたあと（重力散布），リスやネズミが食料として貯蔵し，一部は食われるが，一部は発芽できて，結果的には動物により散布される（貯食散布）．

図 2-16　地かきした林床に現れたマツの稚樹
マツは種子が小さいため，林床にリターがあると根が土壌に届かないので生き残れない．

(3) 種子サイズ

　種子は大きいほど丈夫な実生を作ることができるので，食害や菌に対する防御力も強くなり，実生の生存率は高まる．しかし，種子生産に投資できる資源には限りがあるので，種子のサイズを大きくすれば生産できる数が減る．一方，種子は小さいほど遠くへ飛ぶし，大量に生産することができるので，広域に散布できて定着の確率が高くなる．ただし，種子が小さいと貯蔵養分が少ないため，リター層の上で発芽しても根が浅いため乾燥して定着できないなど，実生が定着できる環境が限ら

れてしまう．そこで，裸地を好む先駆樹種のカンバ類やハンノキ類は小さな種子をたくさん作り，リターの溜まった林床で発芽する極相種のトチノキは 10g 以上もある大きな種子を作る（図 2-16）．

(4) 発　　芽

　散布された種子のすべてがすぐに発芽するとは限らない．立地環境の微妙な違いや種子自身の状態によって，たいていは数週間から数ヵ月かけて発芽する．シラカンバは休眠しない種子と休眠する種子を同時に生産し（種子異型性），その年の秋と翌年の春の 2 回発芽する．シラカンバのように大規模な撹乱で更新が起こる樹種にとって，休眠種子と非休眠種子を持つことは発芽時期を時間的に分散させることになり，不確実な環境変動に対して有利となる．多くの種子は，林冠の疎開や地表の撹乱によって不足していた光や水，酸素が供給されるようになるまで，散布された場所で休眠する（埋土種子）．そうして土壌に蓄えられた種子をシードバンク（休眠種子集団）という．

　種子は，発芽後の成長が保証されるような条件が満たされているかどうかを感知する生理機構を持っている．例えば，ギャップや裸地を好む低木類は日中の温度変化を感知して発芽する．また，胚にフィトクロム（色素タンパク）を持つハルニレは赤色光（660nm）で発芽が促進され，遠赤色光（700～760nm）で休眠が誘導されて発芽が阻害される．林床に届く光は厚い葉群を透過してくる間に光合成に有効な赤色光が吸収されて，遠赤色光の割合が多くなるため，林床では種子の発芽が抑制される（緑陰効果）．林床は光が不足しており，発芽したあとの生育が妨げられる恐れがあるので，種子の休眠が誘導されることで埋土種子となってシードバンク形成が促されるため，更新戦略として有効である．

(5) シードバンク

　シードバンクがあれば，種子生産に豊凶があっても，実生の発生数の年変動を小さくすることができる．また，遷移初期の先駆樹種にとって，シードバン

図 2-17 カナダトウヒの稚樹バンク
アメリカ合衆国，アラスカ．

クはできるだけ早くギャップに侵入定着するためにも有効である．

埋土種子の寿命はそれぞれの休眠の仕方や発芽特性で決まる．暗い林冠下に散布されることが多いキハダ，ナナカマドなどの鳥散布種子や，風散布のカンバ類は3年以上も土中で発芽力を維持できる．ミズキの場合，散布の翌年の春に発芽する種子もあるが，一部は長く休眠して，恒久的なシードバンクをつくる．ハリギリは，鳥散布で果肉が除去されると翌年発芽するが，果肉が付いたままではシードバンクを形成し，発芽は翌々年以降になる．

一方，貯食散布型のブナやトチノキの種子は散布された翌春にはほとんどが発芽するため，シードバンクを形成しない．ブナのような陰樹は種子よりも幼木になっている方が長く林床で生きられるので，前生稚樹個体群からなる「稚樹バンク」を形成する方が更新に有利となる（図 2-17）．

5）成　　　長

(1) 萌　　芽

豪雪地や火災多発地のように撹乱が頻発する環境では，多くの個体で幹の地

際付近に多数の萌芽が認められる．北海道の針広混交林では25%の樹種が萌芽を持っていた．安定している極相林でもギャップができて急に環境がかわると萌芽が発生する（図2-18）．

そうした萌芽は幹の中の定芽が，傷などで樹体が弱ったり，急に強い光が当たることで活性化し，二次的に形成するシュートである．萌芽を発生させるためには養分が必要であり，なかには現在の成長を犠牲にしても，撹乱後の萌芽再生に備えるものもいる．北米に分布するアカガシワ（コナラ属）は光合成産物の根への配分割合が高いため，地上部の成長が遅く，他種との光をめぐる競争には不利である．しかし，地上部が刈り取られたり，焼失したときに，地下部の養分を使ってすみやかに萌芽を発生させることができるので，火災や伐採の頻度が高い地域ほど優占度が高くなる．

撹乱が起こる前に撹乱後の再生に備えるため，保険的に多くの萌芽を発生させる場合もある．例えば，イヌブナのように幹に多数の萌芽を持つ場合，萌芽は幹の死亡に備えた稚樹バンクの1形態とみなせる．実生の定着の機会の少

図 2-18　火事のあとで萌芽を出し始めているシラカンバ
カザフスタン．

ない渓畔などに生育する樹種にも，こうした萌芽特性を持つものが多い．
　そのほかに，ドロノキやポプラ類は根からシュート（根萌芽）を出してクローン個体を発生させる．立地の撹乱の有無と関係なく萌芽が順次発生し続けるので，無性繁殖の一種である．種子での更新が困難な場所へ分布域を拡大するのに有利な特性であり，数 ha の土地に生育する数千本の樹木がすべて 1 つのクローンである場合もある．

(2) 樹　　　形

　下層に生育し，耐陰性の高い低木は横に広い樹冠を持っている．これは林床の暗い環境で光を獲得するのに適した樹形であるが，横に広い樹冠を支えるためには，枝を太くしなければならず，その分呼吸消費も増えてしまう．広葉樹は針葉樹よりも材の比重が大きく，機械的支持力の強さが広葉樹の横に広がった樹形を可能にしている．
　一方，林冠構成種は高さ方向の成長が重要となる．ドイツトウヒの場合，樹冠が狭いほど枝が小さく，小さな枝で多くの葉を保持できるため，幹へ多くの生産物を投資でき，樹高成長，直径成長が旺盛となる．つまり，樹冠拡大と幹の成長の間にトレードオフの関係がある．そこで，極相種のサトウカエデの場合，暗い環境下では分枝が少なく，樹高成長が促進され，より早くほかの個体より有利な位置を占めるのに適した樹冠形を示す．しかし，林冠層に達して十分に光が当たると，樹高成長が抑制されるとともに，分枝が盛んに起こり，樹冠が広がる．

3．森林，樹木の健全性

　植物は，地球上で唯一太陽エネルギーを利用して光合成を行い，無機物から有機物を作り出すことのできる生物である．故に，生産者と呼ばれる．この生産者が作り出した有機物に依存して生活しているのが動物などの消費者で，また，有機物を分解して再び無機物とするのが菌類などの分解者である．生物圏

表 2-2 地球上のバイオマス

バイオーム	面積（億 ha）	バイオマス（億 t）
森 林	(48.5)	(16,500)
熱帯・亜熱帯多雨林	17.0	7,650
熱帯・亜熱帯雨緑林	7.5	2,650
温帯常緑林	5.0	1,750
温帯落葉林	7.0	2,100
亜寒帯林	12.0	2,400
陸 地	(149.0)	(18,366)
森 林	48.5	16,500
疎林，草原	40.5	1,290
砂漠，岩石，雪氷地	42.0	135
農耕地	14.0	140
湿原，湖沼，河川	4.0	301
海 洋	(361.0)	(39)
外 洋	332.0	10
大陸棚	26.6	3
珊瑚礁，入り江	2.4	26
全地球合計	510.0	18,405

では，生物はこのように生態系における役割によって，生産者，消費者，分解者に分けて考えることができる．地球上のバイオマス（biomass，生物体量）は，動植物を含めて1.8兆t（乾重）で，このバイオマスの90％は森林に存在している（表2-2）．このことは，地球生物圏における森林，樹木が健全であることの重要性を示している．

1）森林の健全性とは何か

　植物である樹木は，葉の気孔から二酸化炭素を吸収し，根から水と無機養分を供給し，クロロフィルで光エネルギーを利用して有機物生産を行う．この過程は，二酸化炭素の濃度，水のポテンシャル，光の強さ，そして温度の影響を受ける．二酸化炭素は大気中に十分に存在するので，気孔からの吸収に異常がない限り阻害されることはない．水は根から吸収されるが，自然界ではほとんどの植物の根は菌類との共生系で，菌根を形成している．共生菌類は土壌中の

窒素，リン，カリウムなどの無機養分と水分を効率よく吸収して植物に与え，植物から光合成によって得た有機物を得ている．このように，森林，樹木の健全性とは，これらの機能が環境条件に適応して正常に行われていることを指す．

従来，森林における有機物（木材）の生産は，永続的に繰り返し行えるという考え方があった．最近では，さらに生産の永続性を超えて，森林生態系そのものの持続可能性（sustainability）が求められるようになった．これが，持続可能な森林管理（sustainable forest management, SFM）という考え方である．日本，アメリカ合衆国，カナダ，ロシア，中国など温帯林諸国では，持続可能な森林管理の基準（criteria）が，生物多様性の保全，森林生態系の健全性や生産力の維持を軸とし，モントリオールプロセス（Montreal Process）として合意されている（1995年）．

国連ミレニアム宣言（2000年）では，21世紀に世界が共有すべき基本的価値の1つとして，自然の尊重を取り上げている．自然とは，人間の力を超えた森羅万象であり，わが国は国土の67％が森林で，自然と森林は重層している．近年，森林は人間の生存基盤であるとする社会的共通資本としての認識が広がっている．このような背景から，2001年に政府への日本学術会議答申「地球環境・人間生活にかかわる農業及び森林の多面的な機能の評価について」では，森林の価値とは何かについて提言した．したがって，近年の森林，樹木の健全性は，木材生産機能のみならず，生態系（生物多様性），文化（人との関わり）など，すなわち環境財としての外部経済[注1)]の観点からの認識も不可欠となってきている．

健全な森林，樹木とは何か，について明快に答えることは困難な場合が多い．森林研究の唯一の国際的な機関である国際森林研究機関連合（International Union of Forest Research Organizations, IUFRO；1892年創設）には，8つの研究領域がある（表2-3）．森林，樹木の健全性を広義に捉えると，これらの

注1）お金をもらうことなく利益を与えたり，お金を払うことなく不利益を与えたりすることを指し，前者を外部経済，後者を外部不経済という．外部不経済の代表的な例は，大気汚染，酸性雨などの環境問題である．

表2-3 IUFROの8つの領域

Division 1. Silviculture
Division 2. Physiology and Genetics
Division 3. Forest Operations and Techniques
Division 4. Inventory, Growth, Yield, Quantitative and Management Sciences
Division 5. Forest Products
Division 6. Social, Economic, Information and Policy Sciences
Division 7. Forest Health
Division 8. Forest Environment

領域に何らかの異常が現れて初めて健全性とは何かを知る契機となる．もちろん狭義には，8つの研究領域の1つであるForest Health（森林の健全性）とそれに密接な関係を持つSilviculture（育林）およびPhysiology and Genetics（生理および遺伝）に関する異常である．本節では，森林，樹木の健全性とは何かについて，森林，樹木の生理生態，持続可能な森林管理，多面的機能を持つ森林，樹木の観点から論述する．

2）森林，樹木の生理的健全性

マクロレベルで見ると，森林，樹木の生理的健全性を支配する主な要因は温度環境と水分環境である．ミクロレベルで見ると，エネルギー面から光合成産物量と呼吸量のバランスと，これらの生命現象に不可欠な水分環境があげられる．

(1) 光　合　成

植物の有機物生産は，光エネルギーを利用して葉緑体で行われる．葉緑体で行われる光合成では，まず光を必要とし二酸化炭素は不用な明反応が起こり，次に，光は不用で二酸化炭素を必要とする暗反応が起こる．光合成は次の反応式でまとめられる．

$$6CO_2 + 12H_2O + 光エネルギー \rightarrow C_6H_{12}O_6 + 6O_2 + 6H_2O$$

葉緑体は直径5〜10μmの緑色の小粒で，チラコイドと呼ばれる平たい袋

状の構造が積み重なってグラナと呼ばれる膜系構造をつくっている．チラコイドには同化色素[注2)]と呼ばれるクロロフィルやカロテノイド色素が埋め込まれていて，光エネルギーを吸収する光化学反応が行われる．クロロフィルには緑青色のクロロフィルaと緑色のクロロフィルbの2種類があり，ほぼ3：1の割合で存在している．カロテノイドには，赤黄色のカロテンと黄色のキサントフィルがある．明反応では同化色素に光エネルギーが吸収され，吸収された光エネルギーによって水が分解される．水（H_2O）の水素イオン（H^+）と電子（e^-）が取り出され，残った酸素分子（O_2）が放出される．この反応式は $12H_2O \rightarrow 24H + 6O_2$ と表される．水素イオンはチラコイド膜の中に蓄積され，電子は電子伝達系を経て最終的には水素イオンと結合して還元型補酵素 $NADPH_2$（ニコチンアミドアデニンジヌクレオチドリン酸）をつくる．この電子伝達に共役して，ADP（アデノシン二リン酸）から ATP（アデノシン三リン酸）が合成される．このように，明反応では，光エネルギーの吸収（光化学反応），そのエネルギーによる水の分解と還元型補酵素の生成，ATP 生成（光リン酸化反応）が行われる．

　暗反応は，葉緑体のチラコイド以外のストロマと呼ばれる間質の部分で行われる．明反応でつくられた ATP と $NADPH_2$ によって，二酸化炭素からグルコースなどの有機物が合成される．この反応式は

$$6CO_2 + 18ATP + 12NADPH_2 \rightarrow C_6H_{12}O_6 + 18ADP + 12NADP + 6H_2O$$

と表される．この反応では，CO_2 はまず五炭素化合物のリブロースビスリン酸（C_5）と結合して六炭素化合物（C_6）になり，この分子はすぐに2つに分かれて2分子のホスホグリセリン酸（C_3）になる．そして，ホスホグリセリン酸は炭素数の異なる数種類の化合物を経て，リブロースビスリン酸（C_5）を再生する．この反応で6分子の CO_2 が取り込まれると1分子のグルコースが生成される．そして，この反応を進めるために18分子の ATP と12分子の $NADPH_2$ が使われる．

　前記のように，光合成は

　注2）光合成生物に存在し，光合成のエネルギー源として光を吸収する色素の総称．

$$6CO_2 + 12H_2O + 光エネルギー \rightarrow C_6H_{12}O_6 + 6O_2 + 6H_2O$$

で表されるので，264gの二酸化炭素，216gの水，688kcalの光エネルギーを用いて，180gのグルコースが生産され，このときに192gの酸素と108gの水が放出される．

　光合成の健全性評価は，葉における二酸化炭素の収支（光合成速度），水分の利用状況（蒸散速度），クロロフィル量，クロロフィル蛍光反応[注3]などによって行うことができる．

(2) 水　分　環　境

　水は植物体内に大量に存在し，生体内において各種生体物質の理想的溶媒として，また生化学反応の反応物質として重要な役割を果たしており，原形質の重要な成分である．一般に，植物組織は80～90％の水分を含有している．水の大部分は根から吸収され，樹体内を移動したのち，ほとんどが蒸散によって失われる．植物の水分代謝は，光合成などのような複雑な酵素化学反応を伴うものではなく，熱力学的に土壌-植物-大気連続系（soil-plant-atmosphere continuum，SPAC）の考え方に基づいて扱われる．すなわち，水は，熱力学上は化学ポテンシャルの高い相から低い相へと移動するので，通常，大気では最も水ポテンシャルが低く，次いで，植物，土壌の順である．このようにして，水は重力に逆らって，土壌から植物を経由して大気へと移動する．

　このような水は，まず，葉から大気への水蒸気の拡散（蒸散）として，葉を挿入したチャンバー内の水蒸気量で計測される．これらの装置の1つが，気孔の開閉度を知るためのポロメーターである．また，樹幹内にパルス熱を与えて樹幹内の熱の移動速度を測定するヒートパルス法によって，樹木の蒸散流速度を測定することができる．一般に，樹木は，日中，蒸散量が吸水量を上回る

　注3）葉緑体に光を照射すると蛍光が発せられる．このクロロフィル蛍光は明反応光化学系Ⅱの反応中心に由来している．反応中心の機能が低下すると，吸収した光エネルギーは光化学エネルギーに伝達されずに熱や蛍光として失われる．このことから，クロロフィル蛍光の測定によって光合成活性を調べることができる．

ので，樹幹内の水分は低下して最適値よりも低い値となる．これが水ストレスの発生である．このような水ストレスは，プレッシャーチャンバーを用いて水ポテンシャルとして簡便に測定が可能である．また，プレッシャーチャンバーで測定されるP-V曲線（pressure-volume curve）によって，水ポテンシャル各要素（圧ポテンシャル，浸透ポテンシャル），細胞の初発原形質分離点（萎凋点），細胞の体積弾性率（ε）などの値から，樹木の水分生理状態を知ることができる．

樹木は，自然環境下で水分の欠乏状態と過剰状態に繰り返しさらされる場合が多いので，水分環境の異常は樹木に大きな影響を及ぼしている．

樹体内の水が欠乏すると水ストレスが生じ，諸代謝の障害と成長の低下を引き起こす．旱ばつ時には，水ストレスによる典型的な例が見られる．このような水分の欠乏状態は樹木に脱水と加熱を生じ，萎凋，葉変色，枝枯および胴枯，形成層障害などを引き起こす．

一方，土壌水分の過剰は，地下水の上昇，排水不良土壌における停滞水，洪水などによって引き起こされる．土壌水分の過剰に対する樹木の反応は複雑であるが，顕著な変化は根圏において現れる．根圏では湛水状態のために通気ができなくなり，その結果，二酸化炭素濃度が高まる．この変化は，樹木の根に影響を及ぼすだけでなく，土壌の化学性や根圏微生物にも影響を与える．水分過剰の症状としては，多くの場合に葉に黄化現象（chlorosis）を引き起こし，次第に褐変し，落葉する．

水は樹体内で冷却機能を果たしているので，樹木の水分生理状態を鋭敏に反映する指標として，樹体の表面温度があげられる．樹体各部の温度は，植物体と大気とのエネルギー収支の結果として決まるものであるが，水分の欠乏状態は樹体に加熱を生じるので，この樹体温度測定に，サーマルカメラがきわめて有効である．近年，サーマルカメラの大幅な小型化，軽量化が実現され，野外における樹木の温度計測が簡便に行えるようになった．

3）持続可能な森林管理

わが国では，従来，収穫の保続が至上の概念とされて，一定の収穫を保続的に行える林業経営が目標とされた．この概念には森林環境機能の保全は含まれていない．森林管理の持続可能性が話題にされ始めたのは，熱帯林の減少などが契機となった1990年代以降のことである．これには森林環境の持続可能性の概念が含まれる．用語としての保続生産（sustainable yield）も持続可能性（susutainability）もほぼ同じ意味であるが，わが国では歴史的に異なる概念として用いられている．

近年，モントリオールプロセスで合意された持続可能な森林管理（SFM）では，生物多様性の保全，森林生態系の生産力の維持，森林生態系の健全性と活力の維持などの7つの基準が取り決められている（表2-4）．すなわち，森林からの収穫の保続ではなく，森林生態系を損なうことのない森林管理が求められている．ここで基準の基盤となるのが，地球サミット（1992年，第2回国連人間環境会議としてリオデジャネイロで開かれた）以来主要な地球環境問題として捉えられるようになった生物多様性の保全である．

属地性の高い森林および林業は，20世紀には世界の各地でそれぞれ定義の異なる多様な言語で語られてきた．そのため，森林の定義すら合意をみることがなかった[注4]．しかし，21世紀にはグローバルな観点から，定義された用語で科学的に語る必要がある．これらの事典が，わが国では『森林・林業百科事典』（丸善，2001年），『森林の百科』（朝倉書店，2003年）であり，世界的

注4）森林は，一般的には樹木の密生しているところと考えられるが，より専門的には「ある程度以上の高さの樹木が，ある程度以上密生して，ある程度以上まとまった面積を占めている」場所である．私たちが森林を思い浮かべるとき，「ある程度」とは，4～5mの高さの樹木が，その樹冠によって土地の40％以上を覆う，とみなすあたりが妥当である．しかし，地球規模で見た場合には，気候的に生育環境が著しく異なり，また，文化的にも経済的にもその取扱いが大きく異なっている．したがって，森林の定義は，国によって大きく異なる．国連の森林に関する政府間パネル（IPF）では，森林の定義を，従来，温帯林や北方林で用いられていた「ある程度」を20％から10％として扱うことが合意され，国連食糧農業機関（FAO）の森林資源評価（FRA，2000年）から用いられている．

表2-4 モントリオールプロセスの7つの基準

1. 生物多様性の保全
2. 森林生態系の生産力の維持
3. 森林生態系の健全性と活力の維持
4. 土壌および水資源の保全と維持
5. 地球的炭素循環への森林の寄与の維持
6. 社会の要望を満たす長期的, 多面的な社会・経済的便益の維持および増進
7. 森林の保全と持続可能な経営のための法的, 制度的および経済的枠組み

には "The Dictionary of Forestry"（Society of American Foresters, 1998年）, "Encyclopedia of Forest Sciences"（Elsevier, 2004年）である.

このような科学のグローバリゼーションの方向とは別に, 生物多様性は, 30数億年前に海中で最初の生物が出現してから現在に至る, また, 今から3億5,000万年前に地上で最初の森林が木生シダなどによって造られてから現在に至る, 地球上での生物の多様な営みの現れである.

生物多様性は, 種内多様性（遺伝的多様性）, 種間多様性（種多様性）, 生態系多様性の3つのレベルからなる階層性を備えている. 森林生態系は構成する多様な生物によって, 複雑な相互作用のネットワークを形成し, 多様な機能が発揮されている. 遺伝的多様性とは遺伝子数であり, DNAに書き込まれている遺伝情報である. 種多様性は, 地球上に現存する生物の種数であり, 現在約150万種が記載されている（表2-5）. しかし, 実際にはその数十倍の生物種の存在が推測されている. 生態系多様性は, 「ところかわれば植物がかわる」のである. 地形や気候などによって生育環境がかわればそれに応じて植物もか

表2-5 これまでに知られている生物の種数

生物界	種　数
原核生物	2,000
真核生物	
原生生物	2万
菌　類	8万
植　物	30万
動　物	114万

わり，なかでも決定的な要因となっているのは温度環境と水分環境である．こうした生物多様性が保たれた森林は，生態系サービスの発揮に最も優れていると考えられているが，その内容の詳細は十分に説明されていない．

4）多面的機能を持つ森林，樹木 −生態系サービス−

わが国の国内総生産 GDP（gross domestic product）は，1996 年に 500 兆円を超えた．その中で森林について見ると，木材の生産額が 3,000 億円台できのこ類の生産額を合わせても 6,000 億円台で，GDP の 1％にはるかに及ばない．

地球上の生態系サービス（ecosystem service）の外部経済評価がイギリスの科学雑誌 "Nature"（1997 年）に掲載されて話題を呼んだ．海洋，沿岸，陸上，森林，湿地など 16 のバイオームの生態系サービスの総額は，世界の国民総生産 GNP（gross national product）18 兆 US$ を大きく上回り，約 2 倍の 33 兆 US$ に達した．この試算では，森林は 4 兆 7,000 億 US$ で地球上の生態系サービスの 14％を占めた．これらの生態系サービスの内容は，17 に分けられたカテゴリーのうち，養分循環機能が最大で，次いで温暖化緩和機能，物質生産機能で，これらの機能は合わせて森林生態系サービスの 70％を占めている．しかし，これらの評価手法の詳細は明示されていない．

多面的機能の具体的な評価法として，環境経済学の分野では，評価する機能を市場によって代替させる間接的非市場評価法（代替法，replacement cost method），アンケートを用いて人々の支払意志額を尋ねる直接的非市場評価法（仮想評価法，contingent valuation method, CVM），レクリエーションなどのために支出する旅行費用と時間費用の合計によって評価するトラベルコスト法（travel cost method, TC），外部経済評価が土地（地代）やサービス（賃金）の価格に反映されるというヘドニック法（Hedonic price method）などがある．今後，これらの評価法を用いて具体的例が提示され，国民に理解される多面的な機能が評価されることが望まれる．

一方，国民総生産 GNP などの経済指標は，天然資源の枯渇や環境の負荷の

影響を受けないことから,環境政策と経済政策とを両立させる統合された環境・経済勘定システム,いわゆるグリーンGDP(環境・経済統合勘定)について国連などで検討が進められている.これは,環境の見地から環境悪化を貨幣評価換算して国内純生産から差し引いたもので,環境調整済国内純生産(eco domestic product, EDP)と呼ばれる.

　人間は,有機物という食料のみならず,地球上の生態系サービスなしには生きていくことができない.それにもかかわらず,これらの生態系サービスは市場価格が付けられない外部経済であったために,今までこのような機能について社会に十分に認識されてこなかった.森林のこのような機能は,従来,公益的な機能[注5]と呼ばれ,自然環境保全,生活環境保全,教育・文化機能,生物

表 2-6　森林の多面的機能

自然環境保全
気候緩和,温暖化緩和
水源涵養
土壌保全
自然災害防止
生活環境保全
大気浄化
水質浄化
潮害防止,飛砂・風害防止,雪害防止
保健休養
教育,文化
教　育
風致保全
保健休養
レクリエーション
文　化
生物多様性保全
遺伝子保全
生物種保全
生態系保全

　注5)　林業経済学分野では林業生産活動に伴って生じる外部経済を公益的な機能と呼んできた.

多様性保全などの機能があげられている（表2-6）.

　21世紀に世界が共有すべき基本的な価値の1つとして，自然の尊重があげられる．自然の系であるエコロジーと人工の系であるエコノミーとの調和なくしては地球生物圏の持続的な発展は考えられない．「もの」の豊かさから「こころ」の豊かさを重視する21世紀の新しい価値観が高まる中で，国民に対して多面的な機能を持つ森林の客観的な評価法を提案すること，そして，多面的な機能を持つ森林を充実させて次世代に引き継ぐことが，われわれの義務であろう．

第3章

森林の多面的な機能

1. 有機物の循環

　森林中の生物を含む地球上のあらゆる生命体を構成する有機物の約50％は炭素から成り立っている．したがって，有機物循環の中心的概念は炭素の循環にほかならない．森林を構成する樹木は，光合成反応を通じてエネルギーを有機物の形に変換する．生産された有機物は，樹木自身の生命維持と成長を支え，さらに，自然生態系における食物連鎖ばかりでなく，人類圏の維持に必要なエネルギーや物質を供与している．有機物は森林生態系そのものを形作ると同時に，森林生態系内ならびにそれに連結した河川生態系，ひいては海洋の物質循環を駆動する燃料でもある．このため，森林の成立や維持，ならびに環境変動への応答とフィードバックを理解するためには，森林を巡る炭素循環を理解することが不可欠である．本章では地球全体の炭素循環とその中での森林の位置付けとともに，森林における有機物生産とその配分の特徴を環境要因や資源量との関連の下に解説し，さらに，枯死有機物の土壌における分解ならびに安定な炭素プールとしての土壌腐植の形成プロセスについて述べる．

1）地球の炭素循環

(1) 陸域における有機物の分布

　地球上の炭素プールは大きくは大気圏，陸域生物圏，土壌圏，水圏，岩石圏の5つに区分される．現在，各プールに貯留されている炭素の推定値を図3-1に示した．地球上の5つのプールに全体で約4万8,000～5万2,000PgC（Pg，

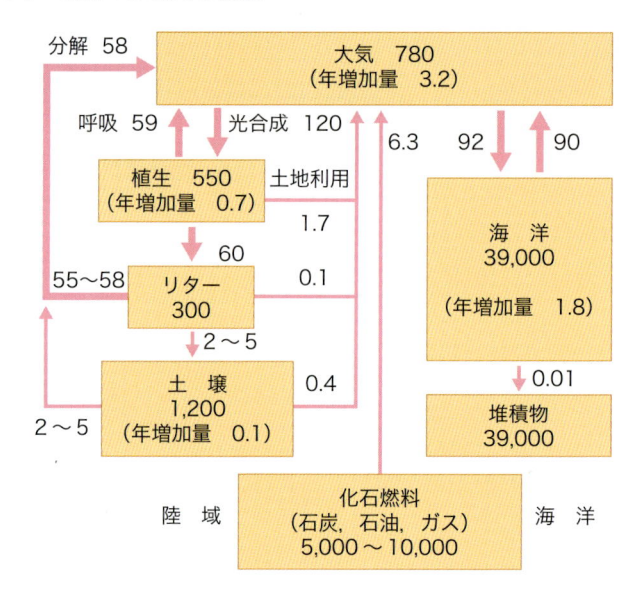

図3-1 地球上の主要な炭素のプールと動き
PgCもしくはPgC/年炭素.

ペタグラム；$1Pg = 10^{15}g = 10^9 t$）の炭素が存在し，大気圏にCO_2の形で存在する炭素プールは約780PgCほどだが，人類活動の拡大に伴い現在毎年3.2PgCずつが増加している．一方，生物圏と土壌圏からなる陸域生態系は大気圏の約3倍の2,300PgC弱の有機炭素を貯留し，このうち生物圏が550PgCを占める．陸域生物圏炭素のほぼすべてが植生で占められ，ヒトを含む動物の生体炭素は全体の0.1％に満たない．陸域生態系の残り3/4弱に相当する1,500PgCはリターと深さ1mの土壌中に有機炭素として存在し，土壌は陸域で最大の炭素貯留の場である．森林面積は陸地の30％に過ぎないが，生物体としての有機炭素の約75％が森林に分布し，森林土壌中の炭素を加えれば陸域生態系の約半分が森林に存在する．陸域生態系は毎年，光合成と呼吸を通じ約120PgCを大気と交換している．

表3-1に地球上の代表的な生態系における植生バイオマスと，土壌タイプごとの炭素貯留量の推定値を示した．バイオマスとして蓄積される炭素量は全球

レベルで見れば植物成長を制御する温度と水分の傾度に沿って変化し，熱帯林（図 3-2）で最も大きく，温帯林から北方林（図 3-3），ツンドラへ減少し，同時に，サバンナから草原を経て砂漠へ減少する．一方，土壌中の有機炭素プールは植物遺体（リター）の供給とその分解のバランスで決まる．熱帯林ではリター供

表 3-1 陸域の主要なバイオームにおける炭素貯留量と NPP

バイオーム（生態群系）	面積(10^9ha)	全球炭素貯留量(PgC)			単位面積当たり炭素貯留量(MgC/ha)		NPP(PgC/年)
		植生	土壌	合計	植生	土壌	
熱帯林	1.75	340	214	554	194	122	21.9
温帯林	1.04	139	153	292	134	147	8.1
北方林	1.37	57	338	395	42	247	2.6
熱帯サバンナ/草原	2.76	79	247	326	29	90	14.9
温帯草原/灌木林	1.78	23	176	199	13	99	7.0
砂漠/半砂漠	2.77	10	159	169	4	57	3.5
ツンドラ	0.56	2	115	117	4	206	0.5
農耕地	1.35	4	165	169	3	122	4.1
合計	14.93	654	1,567	2,221			62.6

（Houghton, R. A., 2003 を一部改変）

図 3-2 地球で最大の生態系，熱帯降雨林
ボルネオ島．陸域で最も多くの有機物がここに貯留されている．

図 3-3　永久凍土の上に成立したカラマツ林
シベリア．北方林の土壌中には多量の有機炭素が貯留されている．（写真提供：大澤　晃）

給は大きいが，高温，多湿な環境下でリターは速やかに分解され，土壌有機炭素プールはバイオマス炭素に比べ相対的に小さくなる．逆に，亜寒帯林ではリター供給量は少ないが，低温により分解は抑制され土壌有機炭素プールは相対的に大きくなる．

(2) 森林での炭素循環

　森林での有機物の循環は光合成に始まる（図 3-4）．CO_2 のグルコースへの還元により，太陽エネルギーの一部が有機化合物の化学結合の形へ変換される．グルコース，セルロースなど炭水化物，タンパク質，脂質などすべての有機物は光合成に由来する．植物と一部の微生物だけが CO_2 を還元して有機物を生産できる．合成された有機物は呼吸と燃焼によって酸化され，その過程でエネルギーが解放される．呼吸は成長と生命維持に必要なエネルギーを有機物から獲得する生物プロセスであり，あらゆる生物は有機物を酸化し CO_2 を大気へ戻している．

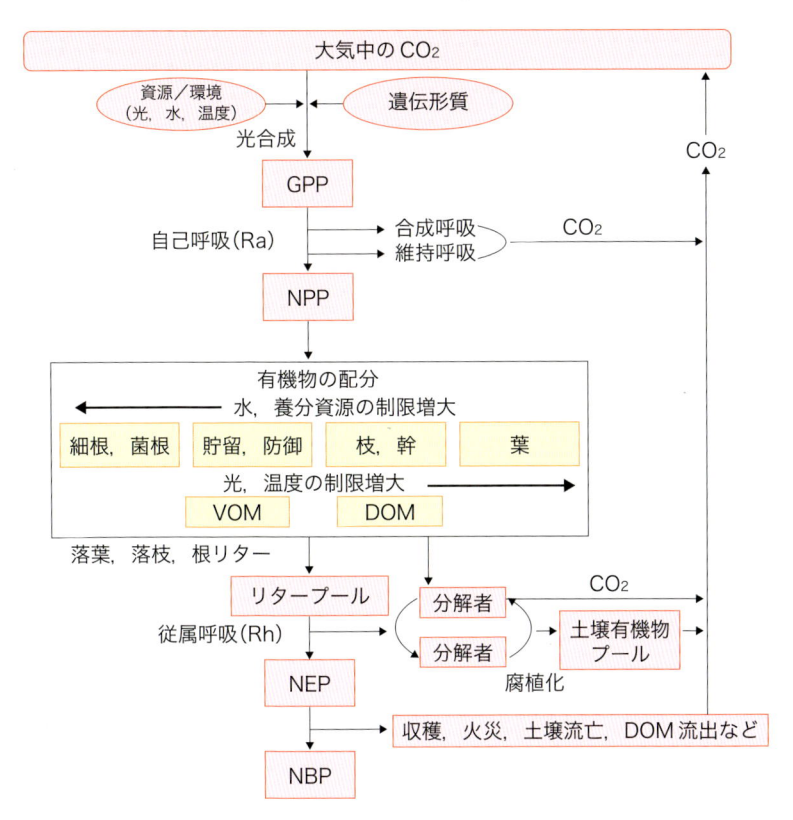

図3-4 森林生態系における有機物循環モデル

　植生が一定期間に光合成で固定する炭素を総一次生産（gross primary production, GPP）と呼ぶ. 通常, GPP の約半分は葉, 枝, 幹, 根, 繁殖器官など新たな組織の形成に使われ, 残りの半分は植物自身の細胞の再生および維持のための呼吸（autotrophic respiration, Ra）で消費される. GPP から Ra を差し引いた量（GPP-Ra）が植物成長であり, 純一次生産（net primary production, NPP）と呼ぶ. 地球全体の NPP は約 56.4〜62.6PgC/ 年と推定されている. NPP の大部分は, 最終的に植物組織の枯死および脱落によりリターと土壌有機物プールへ加わり, 細菌, 菌類など分解者の従属呼吸（heterotrophic respiration, Rh）により比較的速やかに消費される. 一方, NPP の一部は土壌中

で難分解性の腐植物質へ変換され，また一部は燃焼により酸化される．燃焼によるNPPの消失量は地球全体で2～5PgC/年ほどであるが，近年の人間活動の拡大により特に熱帯域や北半球高緯度域での森林火災の頻度が増加している．土壌中で難分解性を獲得した腐植物質と火災時に生成した炭化物が「不活性」の土壌炭素プールを形成し，陸域生物圏で最もゆっくり分解される．0.4PgC/年が大気から植物を経由して土壌へ供給されているが，数千年オーダーで見ればこの量は河川中への可溶性有機物（dissolved organic matter, DOM）の流出とほぼ釣り合っている．水圏に流入したDOCは呼吸によりCO_2として大気へ戻る．このように，NPPは最終的にすべて，従属呼吸と燃焼のいずれかを経てCO_2へ戻される．有機物はエネルギー輸送者であり，NPPは生態系へ流入するエネルギーにほかならない．食物連鎖，動物群集，養分の再循環に関わる分解者など，生態系内のあらゆる生物プロセスを駆動するためのすべてのエネルギーを有機物が提供している．

　NPPからRhを差し引いた炭素量が，炭素消失を伴う火災などの撹乱のない条件下で生態系が獲得する炭素量で，純生態系生産（net ecosystem production, NEP）と呼ぶ．一般に，若い森林は大きなNEPを示し，非撹乱の老齢成熟林のNEPは小さい．全球のNEPは約10PgC/年と推定されている．さらに，そのほかの炭素の損失，例えば収穫，火災，土壌流亡，水圏へのDOM流失などを差し引いた炭素獲得量を純バイオーム生産（NBP）と呼び，これが最終的な炭素吸収量となる．

2）有機物の生産

(1) 光　合　成

　陸上生物圏のあらゆる生命体は，その成長と生存に必要なエネルギーを直接，間接に光合成に依存する．光合成は，光エネルギーによって水分子を分解して高エネルギー分子を作る光反応（光リン酸化）と，CO_2を還元して炭水化物へ変換する暗反応（CO_2固定）の2つの反応からなる．クロロプラスト（葉緑体）中のクロロフィルは太陽光を吸収して一部が酸化され，一連の電子伝達タンパ

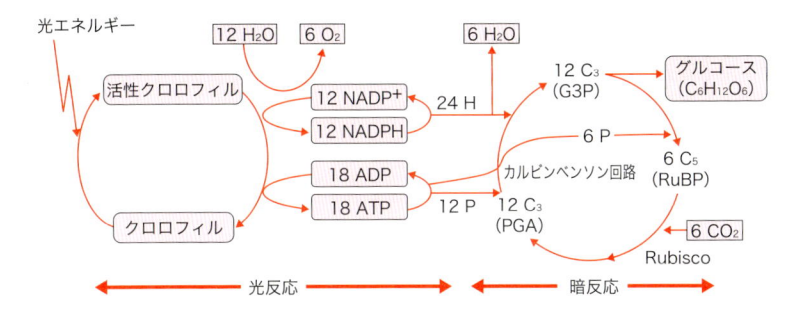

図3-5 光合成の反応過程
全体の反応は　$6CO_2 + 12H_2O + 光エネルギー \rightarrow C_6H_{12}O_6 + 6H_2O + 6O_2$

ク質に電子を受け渡し，NADP$^+$を高エネルギー化合物であるNADPHへ還元する．これらクロロフィル分子は分解された水分子から，再び電子を獲得する．この反応が大気中の酸素の起源である．NADPHとクロロプラスト内で合成されたもう1つの高エネルギー化合物ATPは，カルビンサイクルにおける炭水化物合成エネルギーとして使われる．C_3植物における反応では，Rubisco（リブロース2リン酸カルボキシラーゼ/オキシゲナーゼ）が触媒するカルボキシル化反応により，5個の炭素からなるリブロース2リン酸（RuBP）へCO_2が付加され，3個の炭素からなるホスホグリセリン酸（PGA）2分子が生産される．PGAはATPとNADPHを使いグリセルアルデヒド3リン酸（G3P）へ合成され，その一部がグルコース合成などに使われる．残りのG3PからはATPを使ってRuBPが再生され，再びカルボキシル化反応に加わる（図3-5）．C_3植物の樹木では，前記が唯一の有機物合成経路であり，地球上のバイオマスのほとんどと純一次生産（NPP）の約80％がC_3植物で占められる．

(2) 光合成と資源制約

　光合成のためのCO_2を取り込む気孔の開度（気孔導通性）は光合成速度とともに，水の大気への拡散速度を決める．一方，CO_2の還元には，窒素を含む光合成酵素群が獲得した化学エネルギーが使われる．これらのプロセスは相互に関連し，光合成は光，CO_2，水，窒素の利用性に敏感に応答する．

a. 光環境

　光合成速度は RuBP や CO_2 が制限されるまで光強度に比例して増加し，最大光合成速度（Amax）へ漸近する（図3-6）．これを光飽和と呼ぶ．短期的環境変動に対し，葉は気孔導通性と光合成能力を調節し，光による制限を最少化する．気孔導通性は強光下で CO_2 需要が大きければ上昇し，弱光下で CO_2 需要が小さいと低下する結果，葉内 CO_2 濃度は比較的一定に保たれる．日から月に及ぶ長期的光利用性の変動に対しては，植物は光合成特性の異なる葉を作ることで順化（光順化）を行う．強い太陽光下の葉（陽葉）は，日陰の葉（陰葉）よりも多くの細胞層が厚く発達し Amax が高い（図3-6）．遺伝的適応も基本的には順化と同様であり，強光条件に適応した種は耐陰性の種よりも単位葉面積あるいは重量当たりの光合成速度が大きい．植生はこのように広範な光環境の変動に対し，さまざまな順化と適応を行うことで光利用性の幅を拡大し，結果として環境負荷のない弱光下での吸収可視光の相対光利用効率はすべての C_3 植物でほぼ一定（約6％）となる．

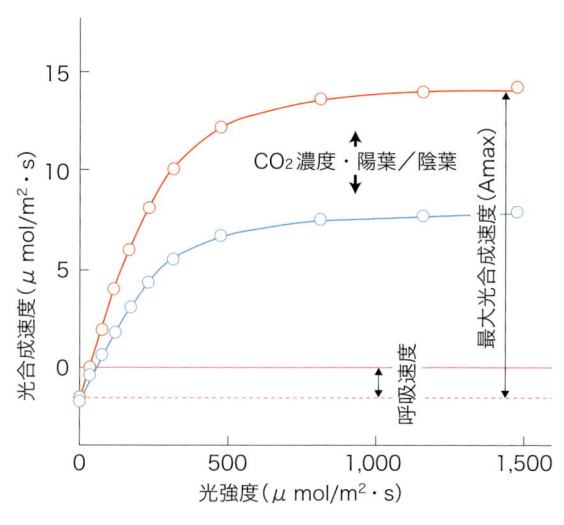

図3-6　模式的な光-光合成曲線

b. CO_2 濃度

CO_2 が唯一の制限の場合，光合成速度はほかの資源制限によって飽和するまで，CO_2 濃度に比例して増加する．大気中の CO_2 濃度が上昇すれば（「CO_2 施肥」）Amax が上昇し，生態系による炭素獲得は全体としては増加する可能性があるが，その効果が長期持続するかどうかは明らかではない．落葉樹が CO_2 濃度上昇に対して順化し光合成能と気孔導通性を低下させることなどから，CO_2 濃度上昇への光合成の実際の応答は CO_2 - 光合成曲線からの予測よりもより小さい可能性がある．「CO_2 施肥」はさらに長期的には，光合成への直接影響だけでなく，水や窒素の利用性に間接的に影響し，植物の構造的・生理的変化を招き，さらには「CO_2 施肥」への種による応答の違いのために，植物間の競争や分布に影響を及ぼす可能性がある．

c. 温度

光合成の最適温度は種によって異なり，また光合成効率や葉内 CO_2 濃度の変化により変化する．一般に，葉内 CO_2 濃度が上昇すれば光呼吸が減少して最適温度は上昇する．しかし，40℃を超えると総光合成速度は急激に低下し，55℃でタンパク質が変性する．その結果，光合成速度は最適温度まで徐々に上昇し，最大許容温度に近づくにつれ急激に低下する．光合成の最適温度の幅は広く，季節による変動も可能なため，平均温度よりも極端な温度環境の頻度と継続時間が重要となる．零下の気温に数時間暴露されるだけで樹木の光利用効率は大幅に低下し，高温への短時間の暴露も植物体を損傷する．温暖化は，低温が光合成の制限である生態系では生育期間と日成長サイクル拡大によって光合成増につながるが，水の不足する生態系では水の損失増のため減少すると予測される．

d. 水資源

植物は細胞壁の弾性や膜透過性，細胞中の溶質を変化させることで，含水率低下の影響を解消する結果，日中における葉の含水率変化は飽和時の 5 ～ 10％程度に過ぎない．葉は水を失い続けると気孔を閉じ，葉中への CO_2 の拡散速度と光合成は低下もしくは停止する．乾燥が長引けば Rubisco の一部は破

壊され，光合成システムの生化学機能は低下し，クロロフィルやほかの光化学反応色素も減少する．水分欠乏の光合成に対する最大の影響は，気孔導通性の低下に起因する．気孔が開けば，CO_2 の葉内への拡散が増大する一方，水の大気への拡散も増大するというトレードオフが存在する．

e. 窒 素 資 源

　窒素以外の制限のない条件下で，単位葉重量当たりの光合成速度は葉中の窒素濃度と正の相関を示す．窒素の利用性は Rubisco など葉中酵素濃度を規定し，結果として光合成速度を律速するためである．また，種によっては葉中リン濃度も光合成速度を制限する．さまざまな生態的要因で葉中窒素濃度は変化し，窒素に富んだ富栄養立地に適応した種は一般に窒素濃度も光合成速度も高い一方，葉の寿命は短い．光合成速度と葉寿命の間にはトレードオフが存在する．貧栄養立地に生育する種は，養分不足により速い葉の回転ができず長い寿命の葉を生産する．寿命の長い葉は一般に窒素濃度も光合成能も低い．一方，長寿命の葉は，乾燥や脱水に対する高い構造的強度を必要とし，また草食動物や病原体に対抗するためリグニン，タンニンなどの防御化合物に多くの光合成産物を配分し，その結果バイオマス当たりの葉面積（比葉面積）が小さくなる．富栄養立地環境下の植物は対照的に，比表面積を大きくして多くの窒素を配分することで葉の単位質量当たりの光捕捉効率を高め，十分な光の下での葉バイオマス当たりの炭素収入を最大化している．その結果，好適な光・水条件下での高い成長速度が可能な一方，乾燥などの環境ストレスに対しては脆弱となる．

(3) 自 己 呼 吸

　自己呼吸は有機物を酸化し，成長と生命システムの維持に必要な ATP と NADPH を得るプロセスであり，有機物の生産と生命維持のためのコストである．自己呼吸は新しい組織合成のためのエネルギー獲得を目的とした合成呼吸と，生体の維持ならびに養分吸収のためのエネルギーを獲得する維持呼吸からなる．植物による自己呼吸が GPP に占める割合は比較的一定であり，約 48 ～ 60％と推定されている．生体構成成分の合成に必要な呼吸量は化合物で異

なる．脂質1gの合成には3.02gのグルコースを必要とするが，1gのリグニン，タンパク質，多糖の合成に必要なグルコースはそれぞれ，1.90，2.35，1.18gである．しかし，単位重量の組織で見ればその合成に要するコストは，組織の種類，樹種，生態系間で比較的類似する．植物組織はいずれも高コスト成分をある程度含むため，例えば葉はタンパク質，タンニン，脂質を多く含む一方，構造組織はリグニンに富む．一般には合成呼吸はNPPの約25％程度であるが，特に葉のタンパク質濃度が高い落葉樹の幼木では35％に達する．水分環境や温度が好適ならばNPPも合成呼吸も増大するが，合成呼吸のNPPに占める割合は一定に維持される．

あらゆる細胞は維持呼吸により基礎代謝エネルギーを獲得する．維持呼吸で得たATPは植物体内でのイオン転流や，タンパク質，膜，そのほかの修復入替えのエネルギーとして使われる．特に，タンパク質の入替えには多くのエネルギーを要し，非成長組織のタンパク質含量と呼吸量の間には強い相関がある．したがって，窒素濃度が高くバイオマス量が大きい生態系ほど維持呼吸は大きい．樹木は樹齢とともに通導組織ならびに貯留組織を増加させるため，その維持コストも増加する．樹齢に伴う成長速度の低下は，維持コストの増加による．ただし，通導組織が分布する辺材中の生きた細胞は少なく，窒素濃度も代謝量も低い結果，成木辺材の維持コストは一般にGPPの10％を超えない．温度上昇によりタンパク質，膜の脂質の回転が早まるため，維持呼吸は一般に温度に対して指数関数的に増加し，Q_{10}[注]は2.0～2.3となる．乾燥時には，浸透活性を持つ溶質合成のためのコストが必要となる．また，根による呼吸の約25～50％はイオン輸送エネルギーに使われる．窒素の吸収および利用のためのエネルギーは窒素の形態で異なり，硝酸態窒素はタンパク質やほかの化合物へ合成される前にアンモニア態窒素へ還元される必要があり，このプロセスはほかのプロセスに比べ例外的に高いコストを必要とする．

注）10℃上昇した際に呼吸が何倍になるかという値．

(4) 純一次生産 (NPP)

NPPは光合成量から呼吸量を差し引いたものであり，植物自身による新たなバイオマスの増加分，根から拡散および分泌される可溶性有機物 (DOM)，根に共生する微生物（菌根菌や窒素固定細菌など）への炭素供給，ならびに葉から揮発する揮発性有機化合物 (volatile organic compound, VOC) からなる（表3-2）．根からの滲出物の多くは根近傍の微生物によって速やかに消費される．揮発成分の測定例は多くないが，一般にはNPPの5％未満に過ぎず，地球全体で約1.15PgC/年，NPPの約2％と推定されている．NPP由来のこれら有機物は，共生微生物，草食性動物，分解者などに対してエネルギーを供与し，特に養分循環に対し強い影響を及ぼす．NPPに必要な基本要素は光合成に同じである．NPPは最も不足する資源によって制限される．その資源の利用性が改善されればNPPは増大するが，やがてほかの資源が制限される点に至り再び停止する．

表3-2 NPPの主要構成要素と割合

NPP主要構成要素	NPPに占める%
新たな植物バイオマス	40〜70
葉など繁殖器官（ファインリターフォール）	10〜30
幹の上長成長	0〜10
幹の肥大成長	0〜30
新たな根	30〜40
根からの分泌物	20〜40
滲出物	10〜30
菌根への配分	10〜30
草食動物による被食と死亡	1〜40
揮発性物質の排出	0〜5

ただし，上記の構成要素が同一調査で測定された例はほとんどない．
(Chapin, F. S. et al., 2002より作成)

a．NPPの生物地球化学

全球のNPPの推定値は45〜65PgC/年の範囲にある．NPPに対する水や

養分などの資源と環境条件の相対的な重要性は，空間スケールならびに生態系で異なる．全球のNPPは気候と関連し，バイオーム間で14倍の開きがある（表3-3）．水の潤沢な生態系では，NPPは温度とともに指数関数的に上昇する．温度環境が好適ならNPPは降水量が中庸（2,000〜3,000mm/年）の熱帯雨林で最大となり，降水量の減少に伴い森林から草地，砂漠へ減少する．降水量が極端に多い所では，嫌気条件や強度の風化による土壌ミネラル不足のためNPPは逆に低下する．陸域の大部分でNPPの最適降水量よりも実降水量が少ないためNPPの全球分布パターンは降水量の分布を強く反映する（図3-7）．養分資源は一般に地域スケール内でのNPPを制限するが，湿潤熱帯林域にはリン欠乏のNPPによる制限が，温帯林の大部分には窒素による制限が普遍的に存在する．全球でのNPPの違いを生み出す最大の原因は生育期間の長さである．生育期間中だけを見れば，日当たりNPPのバイオーム間での開きは約3.7倍まで縮小する．しかし，生育期間における葉面積当たりのNPPはバイオーム間でなお3.3倍の開きがあり，しかも気候とは一貫した関係を持たない．したがって，成熟した森林におけるNPPの違いは生育期間を決める気候と，葉面積を生産，維持する植生と立地環境の能力の組合せの結果と考えられる．

表3-3 異なるバイオームにおける日もしくは葉面積当たりの生産量

バイオーム	全NPP (g/m^2 年)	生育期間 (日)	地表面当たり日NPP (g/m^2 日)	全LAI (m^2/m^2)	葉面積当たり日NPP (g/m^2 日)
熱帯林	2,550	365	6.8	6.0	1.14
温帯林	1,550	250	6.2	6.0	1.03
亜寒帯林	380	150	2.5	3.5	0.72
地中海沿岸灌木地	1,000	200	5.0	2.0	2.50
熱帯サバンナおよび草地	1,080	200	5.4	5.0	1.08
温帯草地	750	150	5.0	3.5	1.43
砂漠	250	100	2.5	1.0	2.50
ツンドラ	180	100	1.8	1.0	1.80
値の幅	14倍	3.7倍	3.8倍	6倍	3.3倍

(Schlesinger, W. H., 2005を改変)

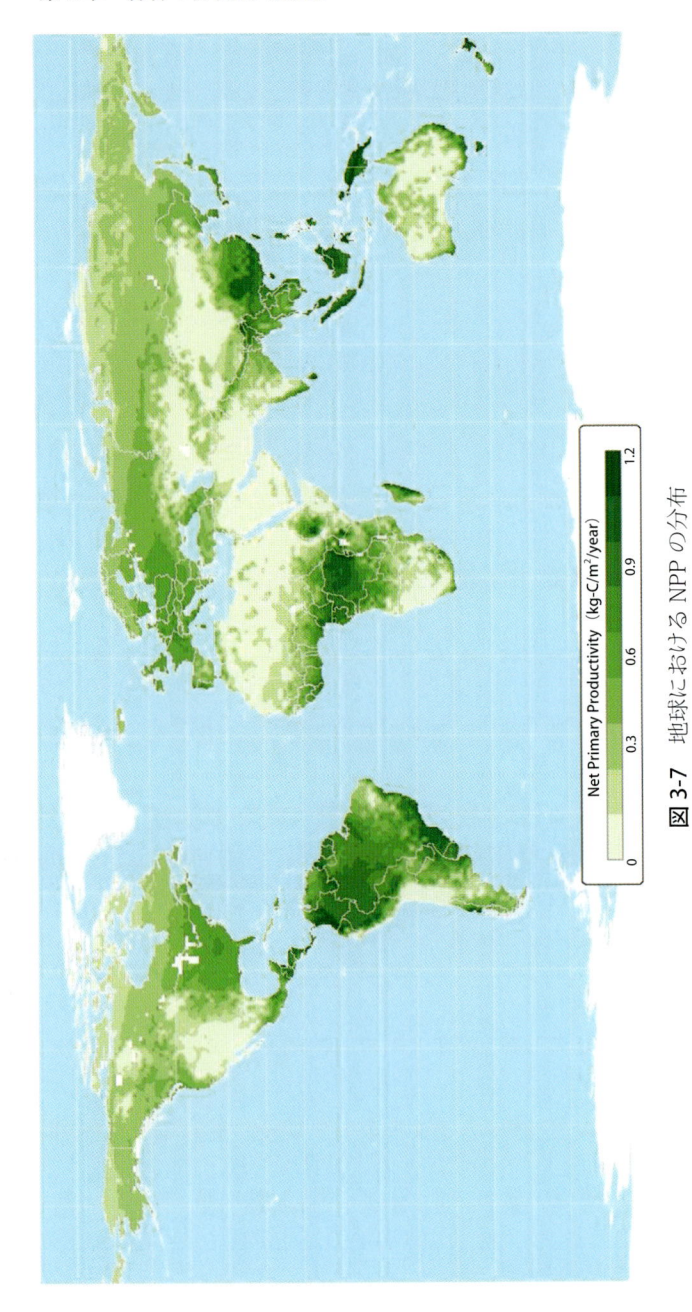

図 3-7 地球における NPP の分布

(Atlas of the Biosphere, Center for Sustainability and the Global Environment；Kucharik, C. J. et al., 2000；Foley, J. A. et al., 1996 のデータに基づく IBIS シミュレーション)

b. NPP の 配 分

　同化産物のさまざまな生産物や組織への配分とその組成は，資源の相対的な利用しやすさで決まる．一般に，植物は成長を最も制限している資源の獲得を担う植物組織へ生産物を選択的に配分する（☞ 図 3-4）．新たな同化産物は光が制限となっていればシュートへ，水や養分が制限していれば根へ配分される．植物は必要な組織のバイオマスを増加させ，各組織の単位バイオマス当たりの活性を高め，あるいはバイオマスをより長時間保持することで資源獲得を拡大するように配分を行う．植物はまた，根の形態やバイオマス量，寿命，単位根量当たりの吸収速度，菌根との共生程度などをかえ，窒素吸収を変化させる．特に，根への配分や形態変化は養分吸収に強い影響を与える．森林ではNPP の約 25 〜 30％が葉に振り向けられ，林齢とともにその割合は低下する．NPP の木部成長への配分は，熱帯林よりも亜寒帯林で大きく，亜寒帯林の方が単位葉量当たりの木部成長は大きい．植物は同化産物のかなりの部分を根に配分し，温帯林の例では，地下部への NPP の配分は 30 〜 50％に及ぶ．NPPの大きい林分の方が根の絶対成長量は大きいが，根への配分比率は土壌肥沃度が低いほど高くなる．

　植物は自身の維持に必要な閾値以下に資源が減少した時点で，老化（senescence）を通じ組織を脱落させる．老化は多くの樹木で秋もしくは乾季の初めに樹木自身の生理学的制御として行われる．植物はその生命プロセスを，多量の炭素と水，そして一定量の養分に定常的に依存しており，組織の枯死脱落によってそれら資源の要求と供給を均衡させている．例えば，バイオマスの保持には維持呼吸のための炭素の継続的供給が必要であるが，もしこの需要を満たせなければ植物（器官）は死亡する．同様に，もし植物が光合成で失われる水を補給できなければ，蒸散器官（葉）を脱落させるか死亡する．老化は資源供給の変化に対する応答であり，このプロセスを通じてのみ植物は資源減少に応答してバイオマスを減少させることが可能である．また，老化により枯死脱落した有機物は生態系の養分循環を駆動するためのエネルギーを供給しており，老化は生産同様に重要なプロセスである．また，根からの脱落・滲出物は量的

には少ないが，分解者の重要な炭素源である．根から失われる非ガス態炭素が NPP に占める割合は永年性植物で 1 〜 10％程度であるが，大部分は根圏の微生物群集によって速やかに利用され，ごく一部が土壌中の腐植物質へ取り込まれる．かくして，根からの脱落・滲出物は微生物活動を刺激し，その結果，植物にとっての必須養分元素の生物地球化学的循環を加速することで，養分の循環利用に重要な役割を演じている．

　NPP は最終的にはリター（分解者にとっての一次資源）として土壌へ受け渡される．全球で見た植物リターフォールの分布様式は NPP と同様であり，リターフォール量は熱帯林から亜寒帯林へ向け高緯度へ減少する．森林のリターフォールの約 70％は落葉で占められ，そのほかの枝，樹皮，実などの地上部リターの割合は，温帯落葉樹で 20％，針葉樹林で 20 〜 40％ほどである．天然生老齢林では，倒木など粗大木質残渣が林床堆積有機物の 40 〜 60％，ときにそれ以上を構成する．また，微生物バイオマスは全土壌有機物の 1 〜 5％を占めるに過ぎないが，この炭素プール（分解者にとっての二次資源）はタンパク質に富み，広範な動物や微生物の重要な養分供給源となっている（表 3-4）．

表 3-4　植物体ならびに微生物体を構成する主要な有機成分（％）

バイオーム（生態群系）	落葉樹葉 カシ	落葉樹葉 マツ	落葉樹 木部	細菌	菌類
脂質（エーテル可溶）	8	24	2 〜 6	10 〜 35	1 〜 42
代謝・貯留炭水化物（冷水・熱水可溶）	22	7	1 〜 2	5 〜 30	8 〜 60（キチン）
細胞膜多糖類，ヘミセルロース（アルカリ可溶）	13	19	19 〜 24	4 〜 32	2 〜 15
セルロース（強酸可溶）	16	16	45 〜 48	0	0
リグニン（抽出残渣）	21	23	17 〜 26	0	0
タンパク（Nx6.25）	9	2		50 〜 60	14 〜 52
灰分（灰化法）	6	2	0.3 〜 1.1	5 〜 15	5 〜 12

(Swift, M. J. et al., 1976 ; Lavelle, P. and Spain, A., 2001 より作成)

3）有機物の分解と腐植物質の生成

　老化の産物であるリター，その分解者とそれに連なる食物連鎖上のあらゆる生物の遺骸，あるいは土壌中の生体から分泌される有機化合物など多様な有機物が土壌へ供給される．これらは順次，土壌動物や微生物によって消費され，並行して，生体構成成分のうち難分解性有機物の一部と，微生物による分解プロセスで生産された有機物群の一部を材料として，土壌に固有の難分解有機物である腐植物質が合成される．

(1) 分　　　解

　高等植物によって合成された有機化合物は，分解者のエネルギー源として順次利用される．このプロセスを無機化という．環境と資源が整い十分な時間を経れば，生体構成有機化合物のほとんどは分解者により CO_2 と水へ無機化される．一方，一部の有機物は腐植化プロセスを経て安定な腐植物質へ変換される．ただし，腐植化プロセスへ加入する有機物量は少なく，一般に全リターの1％以下に過ぎない．地表に供給されたリターや動物遺体とその腐朽物は，A_0 層（O層，堆積有機物層）として堆積する．A_0 層は分解段階の違いに応じて新鮮で原型を維持したL層，腐朽が進み細片化しているが元組織を識別可能なF層，さらに腐朽分解が進み元の組織が識別不能な有機物粒子からなるH層に区分される（図3-8）．L層での腐朽初期には，糖やデンプンなどの易分解性有機物が土壌生物のエネルギー源として選択的に無機化される．有機物は平行して進行する細片化によりF層へ変化,移行し,糖やデンプンにかわりヘミセルロース，ペクチン，セルロースなど相対的に難分解の化合物が主に利用される．F層内での組織の崩壊と無定形化を経て有機物はH層へ移行するが，さらに無機化は進行して易分解性有機物は著しく減少する．腐朽は微生物にとっての資源価値の低下，あるいは難分解性有機物の相対的増加過程にほかならない．

　細菌，菌類，土壌動物など分解者の活動が活発であるほどリターは速やかに無機化され，F，H層の発達が抑えられる．逆に，リター供給がありながら土

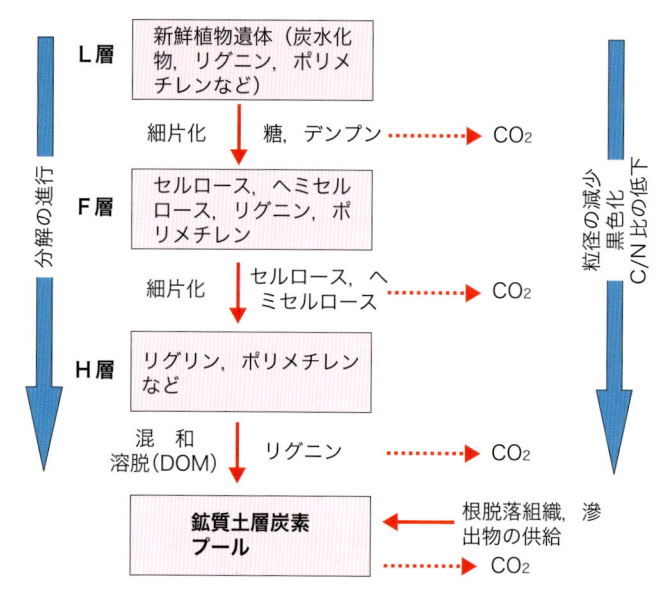

図3-8 リター分解における有機物の変化プロセスの概念図

壌生物の活動が抑制されれば,有機物分解は遅延してA_0層が厚く発達する.微生物活性はある温度範囲内で温度とともに指数関数的に高まり,リター分解のQ10は2～3の範囲にある.これを反映し,A_0層量は熱帯林で約1ha当たり1.5～2.5t程度であるが,亜寒帯林では15～50tと大きく異なる.水分条件も有機物分解に大きく影響する.乾燥は分解速度を制限し,過湿も同様に分解を抑制する.前者は分解者にとっての水分不足が,後者は酸素不足がその原因である.例えばこのため,わが国の褐色森林土では地形で異なる水分環境の違いにより斜面地形に沿ったA_0層の発達の違いがみられ(図3-9),還元環境下で分解が抑制される湿地植生下では泥炭(ピート)が保存される.

　植物リターの質もまた分解に影響する.分解は分解者による有機物からのエネルギー獲得であり,その利用しやすさが分解速度に関係する.難分解性のリグニンやタンニンなどの割合が低く,易分解性でエネルギー価値の高い糖やセルロースの割合が高いほど有機物は分解しやすい.また,菌体タンパク質

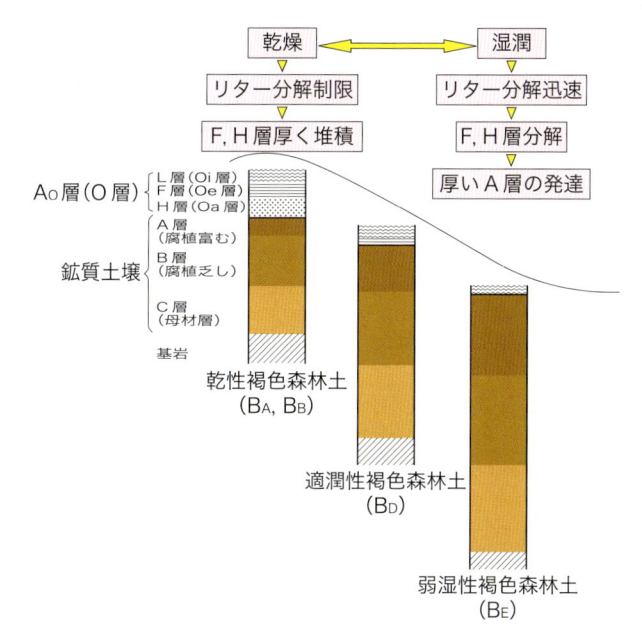

図3-9 斜面地形における褐色森林土の分布様式とA₀層発達様式の模式図

の合成には窒素が必要なため，窒素に富む有機物ほど利用価値が高く分解も早い．一般に，窒素に対するリグニンの比が低いほど分解は早くなる．樹種によってこれら成分濃度は異なるため分解速度にも幅があり，広葉樹リターの方が針葉樹より窒素に富み，資源価値が高く分解されやすい．冷温帯や亜寒帯の針葉樹林で堆積有機物層が厚く発達することに対し，湿潤熱帯の広葉樹林では特殊な場合を除きF層やH層が厚く発達することがないのは，温度とともにリターの質の違いも影響している．

(2) 鉱質土層への有機物の供給

土壌へは3つの経路で有機物が供給される．表層（A層）中の有機物のかなりの部分は，土壌動物による撹乱など物理的な混和によって取り込まれたものである．また，A層は細根密度が高く，その炭素プールのかなりの部分が根の

脱落組織や滲出物を起源としている可能性がある．有機物移行の第3のプロセスは，土壌孔隙を通じた水移動に伴う水溶性や粒子状有機物の下層土の移行である．A_0〜A層中での有機物腐朽に伴い一連の水溶性有機物（DOM）が生産され，鉱質土層へ供給される．DOM の多くは難分解性のポリフェノールやリグノセルロース様物質からなり腐植物質の前駆体である可能性が高いが，多様な有機物化合物の集合体で一定の構造を持たず，樹種や分解段階によってもその構成は大きく変化する．DOM の土壌中での移動は，主に鉱物粒子表面への非生物的な吸脱着反応により規定される．ただし，DOM は多様な有機物群からなるため土壌中での挙動もさまざまであり，表層土壌で疎水性有機物が選択的に吸着される一方，親水性有機物は吸着を免れ下層まで達し，一部は水圏へ流出する．

(3) 腐植物質の生成と安定化

　十分に長い時間と好適な環境下で土壌に供給された有機物の多くは無機化されるが，同時に一部の有機物は土壌中での生物的・化学的プロセスを経て，暗色無定型の高分子有機物である腐植物質へと再合成される．腐植物質は黒色から褐色にわたるきわめて多様な物質群から構成されており，"分子構造は規則的繰返しを持たず無定形であり，分子量は数百〜数万の中ないし高分子の酸性物質の集合体である．その分子構造の中にはさまざまな芳香族化合物を有し，多数の共役二重結合を含む．また，カルボキシル基，カルボニル基，フェノール性・アルコール性水酸基，メトキシル基などの原子団，エステルやエーテル結合も存在し，多糖類やタンパク質も分子内に取り込まれている．図3-10に腐植物質モデルの1つを示したが，ここからもその構造の複雑さを見て取ることができる．その構造の複雑さから想像されるように，腐植化のプロセスは複雑かつ多様であり，生物地球科学的な炭素循環の中で最も未知の領域として現在も残されている．しかし，近年の研究によれば，腐植物質の生成には，植物ならびに微生物起源の難分解性ポリマーの選択的な保存（選択的保存）と，分解産物や微生物の代謝産物の重縮合のプロセスが複合的に関与している．選択

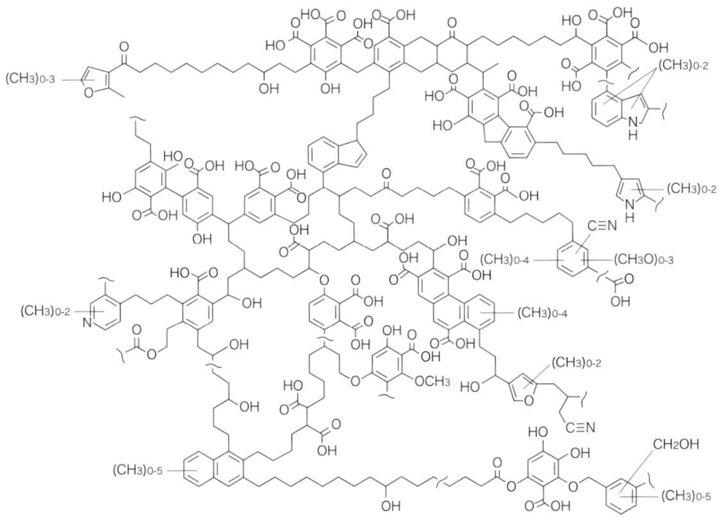

図3-10 複雑なネットワーク構造を示す腐植酸構造モデルの例
(Shulten, H. R. et al., 1993)

的保存は，植物を構成するリグニンをはじめ，難分解性分成分が比較的弱い変性を受けて安定な腐植物質へ変化するプロセスを指す．リグニンの変性で生成したカルボキシル基やフェノール性水酸基に富む物質は，ペプチドなど含窒素化合物や多糖類との縮合反応を経て次第に複雑な高分子重合体へと変化していく．また，リグニン以外に植物のクチン（クチクラの構成成分）やスベリン（コルク質），微生物起源のメラニンや蝋質など分解抵抗性の高い生体ポリマーも一部変性を受け，腐植物質の構成メンバーとして参加する．しかし，一部の菌類はリグニンを CO_2 まで完全に分解する能力を持ち，好気的環境下で，弱度に変性したリグニンも分解を免れることはない．選択的保存とは対照的に，重縮合プロセスでは有機物の部分的分解の結果生成するポリフェノールの重縮合により腐植物質が形成される．ポリフェノールはリグニンやタンニン，セルロースの分解を経て生成し，微生物もその重要な給源である．ポリフェノールは，多くの分解微生物が生産するポリフェノール酸化酵素によってキノンに酸化され，キノンはほかのキノンやアミノ化合物と重縮合して腐植物質へ変化する．

図3-11に腐植物質の生成メカニズムを示したが,土壌中の有機物は長い年月の間に部分的な分解や重縮合を重ねながら,酸化による脱水素により共役二重結合が増加して縮合環を形成し,化学的にも生物的にも安定な暗色無定形な高分子重合体の混合物としての腐植物質へと合成されていく.また,腐植物質の生成には多くの微生物プロセスが関与しており,微生物活動を妨げるいかなる養分の不足も腐植化を妨げる.土壌中で新たに生成した腐植物質は,土壌中の無機物,特に粘土鉱物粒子と結合して安定化する.これを腐植粘土複合体あるいは有機・無機複合体と呼ぶ.腐植物質と粘土鉱物との結合には物理吸着,静電結合,水素結合,架橋結合,配位子交換結合,疎水結合などさまざまな結合様式が関与している.また,腐植物質のカルボキシル基,フェノール性水酸基は粘土鉱物の金属元素,特に多価のアルミニウム,鉄,亜鉛などと錯体を作り強く結合している.粘土量はこのように土壌中の有機物の存在様式を支配するきわめて重要な要因であるため,土壌炭素変動予測のための生物地球化学モ

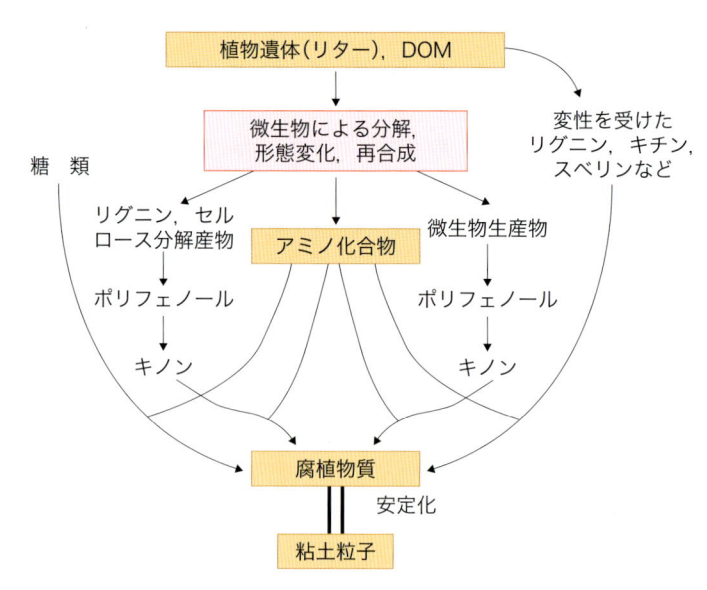

図3-11 腐植植物の生成メカニズム
(Stevenson, F. J., 1994を一部改変)

デルの多くで重要なパラメータとされる．

また，土壌有機物はさまざまな年代を持つ．例えば，森林下のチェルノーゼムのA層で2,500年，泥炭土で7,000年などの年代が得られている．しかし，土壌有機物の年代が1万年を超すことはまれで，難分解性の腐植物質もまた生物分解から免れることはできず，ゆっくりと分解されて再びCO_2として大気へ戻され，一方で新たに生成された難分解性有機物がこのプールへと加わってくる．

2. 水 の 循 環

森林の存在は，その周辺や地球規模の気候を緩和し，河川からの流出を穏やかにするなどの働きがある．森林が持つ多様な機能のうち，水に関わる機能は特に重要なものである．これらの働きを正確に理解するには，水の循環についての知識が欠かせない．

1）ハゲ山の流出が示すもの

森林が流出に与える影響は，地表の条件が対極にある荒廃した山地の流出と比較するとわかりやすい．図3-12に示す調査が典型的な例である．植生の劣化した斜面に流出調査区（斜面ライシメータという）を設定し，一方は裸地の流出区，他方は斜面を階段状に整地して樹木を植栽した流出区とし，下流で水と土砂の流出量を測定している．流出する水量の時間変化を図化したものをハイドログラフといい，図3-13に「裸地区」と「植栽区」のハイドログラフを示した．

この図で，ピーク流量が大きく，降雨に対応して流出が大きく変化する「裸地区」の流出と，流出量の増減が穏やかで降雨が終わってもゆっくり流出が続く「植栽区」の流出とは大きく異なる．図3-13の縦軸は対数目盛りで表示されており，この降雨のときのピーク流量は，「裸地区」が約30倍程度大きい．

この例で「裸地区」と「植栽区」の流出の違いは，主に地表流発生と関係し

ている．地表面から地中に降雨が浸透する量は浸透能 f と呼ばれ，降雨強度 r に対して，

　$r < f$ のとき，降雨はすべて一度地中にしみ込む．

　$r > f$ のとき，地中にしみ込めなかった水（$r - f$）が地表流となる．

　「裸地区」の浸透能は 10mm/hr 程度のことが多く，少し強い雨が降ると地表流が発生し，降雨に対応して流出が大きく変化する．一方，「植栽区」では通常生ずる降雨強度より浸透能が大きく，ほとんどの雨水は一度地中に浸透する．このように降雨強度に比べて浸透能が大きいか，小さいかが，斜面での地表流発生を決める．地表流が発生するとき，大きいピーク流量が発生し，地表の土壌侵食も活発に生ずる．

図 3-12　裸地と植栽地の水と土砂の流出を調べる斜面ライシメータ
滋賀県南部にある田上山，国土交通省琵琶湖工事事務所による調査．

　裸地における浸透能低下は，雨滴が地表に当たったときに土壌粒子を飛散させ，飛散した水滴とともに地表から浸透する際に，水がしみ込む孔隙に目詰まりを生じることによる．このようにして生じる裸地表面の浸透能の低い層は，雨撃層（または表面クラスト）と呼ばれる．

　地表面に植生があると，落葉などのリターで地表面が被覆され，地表面が直接雨滴衝撃にさらされず，土壌微生物や土壌昆虫の活動も加わって形成された土壌孔隙が維持されて浸透能が高く保たれる．また，地上高 1m 程度までの低い枝葉から滴下した水滴は土壌粒子を飛散させるエネルギーを持たないので，林内の下層植生も雨滴衝撃の軽減にリター層と同様の被覆効果を発揮する．

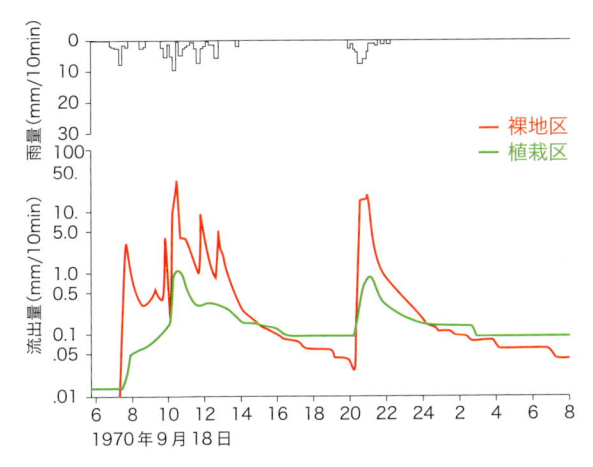

図3-13 裸地と植栽地のハイドログラフ
図3-12のライシメータ斜面からの流出.（福嶌義宏，1981）

　このように，植生は地表流発生の有無と強い関係があり，植生があると雨水を一度地中に浸透させるので，ゆっくりした流出がもたらされる．森林が水の流出の観点から流域を安定させる効果は，とても大きいものがある．

　日本では図3-12のような荒廃した山地は，長年の緑化の努力によってすでに樹木に覆われているところが多く，広い裸地斜面は活火山で新たに火山灰が積もったところなどに限られている．その一方で，手入れの遅れた人工林で林床が暗くなり下層植生が衰退している斜面や，ニホンジカなど野生動物の増加に伴う食害のために下層植生が衰退している斜面において，リターによる地表被覆もなくなると，浸透能の低下，地表流の発生，土壌侵食の活発化が見られるところが出現する．これらの場所では，新たな地表流発生と土壌侵食を防止する対策が必要となっている．

　その一方で，海外の発展途上国には未だ荒廃した山地が残されており，裸地を減少させた日本の技術を，その地域の条件に合うように修正しながら適用する場所も多くある．

2）森林伐採が流出に与える影響

　森林を伐採すると，水の流出にさまざまな影響が現れる．森林伐採がブルドーザなどを用いた集材により林床の撹乱を伴ってなされると，浸透能が低下して地表流が発生する図3-12の裸地の結果から予想されるのと同様の変化が起きる．しかし，一般の伐採作業では地上部の樹木は収穫されるが，林地の森林土壌は大きい撹乱を受けず，すぐに侵入する草などの被覆で浸透能は高いまま維持されるように注意がなされている．この場合，伐採後の水流出を裸地における水流出の結果から類推することはできない．そこで，伐採後においても地表流がほとんど生じず，雨水は一度土壌に浸透する場合について，その水の行方を考え，伐採の影響を述べる．

(1) 流域水収支という考え方

　森林における降水の行方を考えるとき，流域水収支という概念が必要である．図3-14に示すように，流域への降水量 P が出て行く先は，①水蒸気として大

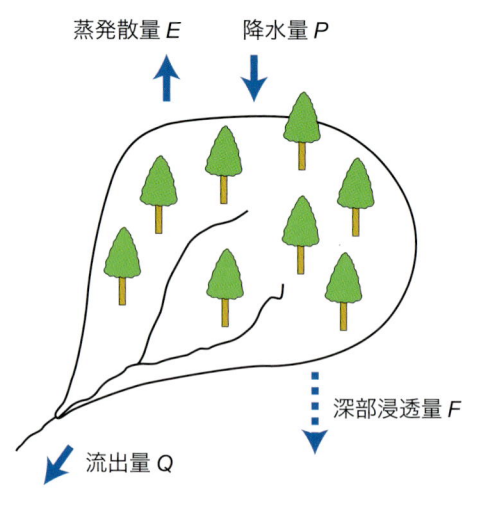

図3-14　流域水収支の各項目

気へ出る蒸発散量 E，②渓流から河川水として流出する流出量 Q，③地下深部へ浸透して地中から流域外へ流出する深部浸透量 F の3つがある．これらの量的な関係は，水収支式として示される．

$$P = E + Q + F + \Delta S$$

ここで，ΔS：流域貯留水の変動量である．

　流域貯留量は，流域内に地下水や土壌水として貯留される水の量で，降水時に増加し，降水のあとに減少する．水収支式の各項を長期間積算すると，P, E, Q, F はいずれも増加していくが，ΔS は増減するのでほかの項に比べて割合が小さくなる．例えば，1年間を積算すると，P：年降水量，E：年蒸発散量，Q：年流出量などとなるのに対し，年の始めと終わりの貯留量は大きく変化しないので，ΔS は一般には無視しうるほどの大きさとなる．

　また，一度降水が土壌に浸透しても，蒸発散に用いられなかった水のすべてが河川から流出する場合，深部浸透量 F は0となるので，水収支式の表示で F が省かれていることも多い．この水収支式の重要な点は，「左辺にある降水量 P が，右辺の各項のどれかになり，右辺各項の合計が P に等しくなる」という量的な関係を明示しているところにある．例えば，流域の土地利用や植生が変化して蒸発散量 E が増えると，その変化量だけ $Q + F$ が減る（$\Delta S \fallingdotseq 0$ として）ことがわかる．

(2) 森林伐採が流域水収支に与える影響

　流域の植生や土地利用が水収支に与える影響を評価するために，「対照流域法」という調査方法が提案され，世界各地で観測がなされてきた．複数の流域を設定し，①調査期間中に植生を変化させない流域（対照流域）を設定する，②植生を変化させる流域（処理流域）と対照流域の両者について，植生を変化させる前から観測を行い，植生変化前と後の両者の差異を調べるという手順をとる．伐採前と伐採後の流出の比較において，伐採前後を直接比べるのではなく，対照流域との差の変化を見るという厳密な方法である．伐採前後で雨の降り方などが違うと，植生がかわっていないところでも流出が変化する可能性が

あるが，対照流域法ではそのような影響をできるだけ消去しようとしている．

対照流域法によって，①森林伐採が年流出量を増加させる，②流域の一部を伐採したとき，その増加量はその流域における伐採面積におおむね比例する，③皆伐による年流出量の増加は年降水量の多いところで大きくなる傾向があるなどの結果が得られた（Bosch and Hewlett, 1982）．その後，調査事例は増加しているが，この結論はかわっていない．この結果は，「森林を造成すると年流出量が減少する」ということを意味している．

これらの結果は，森林伐採などの植生変化は蒸発散量の変化をもたらし，それが水収支式の関係によって流出量に影響を与えたと理解される．森林の蒸発散量は，伐採後や草地からの蒸発散量に比べて大きい．

3）森林の蒸発散量

蒸発散（evapotranspiration）という語句は，植物が根から吸った水を葉の気孔を通して大気に出す蒸散（transpiration）と，液体の水が水蒸気になることを意味する蒸発（evaporation）の両者を合わせた意味で用いられる．

森林からの蒸発散では，樹冠が乾いているときに生ずる「蒸散」，降水で樹冠が濡れているときに葉に付着した水が蒸発する「樹冠遮断蒸発」，林床の地面で蒸発する「林床面蒸発」（土壌面蒸発ともいう）がある．樹冠が連続した森林では「林床面蒸発」は小さく，「蒸散」と「樹冠遮断蒸発」が主要な成分である．

（1）森林の蒸発散量が大きい理由

森林伐採によって蒸発散量が低下するのは，伐採前の「樹冠遮断蒸発」と「蒸散」の合計が，伐採後の「林床面蒸発」に比べて大きいからである．さらに，伐採前の蒸散量と伐採後の林床面蒸発は同じくらいの量であることが多く，森林状態での蒸発散量が大きい主な理由は，主に森林の「樹冠遮断蒸発」によっている．対照流域法の結果で，年降水量の大きいところで伐採後の流出量増加が大きい理由も，「樹冠遮断蒸発」が関係しているからであると説明される．

蒸発散が生ずる森林の樹冠は，風がよく通る物干し台に相当するような蒸発が起こりやすい環境である．このため，森林は蒸散のときに水を節約して使うように，葉面にある気孔を開閉して蒸散で失われる水を調節している．しかし，降水で葉が濡れた場合，水は葉の表面に付いているので気孔調節による制御が働かず，大きな蒸発が生ずるので，「樹冠遮断蒸発」が大きくなる．

　一方，伐採後の地表や草地，農耕地などでは，降雨中や降雨後に葉が濡れていても，森林の樹冠のように風通しのよい環境ではなく，活発な蒸発は生じない．このように，葉が濡れているときの蒸発の差が，植生変化による水収支変化の主要因である．

　水収支観測の結果から，天然生の熱帯雨林では年蒸発散量が1,450mmから1,750mmとされており，これが伐採されて二次林や農地になると1,200mmから1,400mmくらいに減少するという結果が得られている（蔵治，1996）．また，アマゾン川流域の熱帯林が開発され牧草地や農地に変わったときに，降水量が減少するなど広域の気候に影響が生ずることが予測されているが，その原因はここに示した蒸発散量の低下である．なお，熱帯林の伐採と牧草地，農地への転換の過程で，浸透能低下が生じ地表流発生があると，蒸発散に用いられる水はさらに減り，水収支の変化は大きくなる．

(2) 蒸発散量の測定方法

　森林を対象に蒸発散量を測定する方法は，①水収支法による方法，②樹冠上微気象計測による方法，③樹液流測定による方法などがある．水収支法は，降水量と流出量を測定し，水収支式を用いて蒸発散量を推定するものである．流出量測定には正確な水量測定のために，量水堰が用いられることが多い（図3-15）．微気象測定による方法はいくつかあるが，乱流変動法が代表的なものである．3次元超音波風速計，赤外線湿度変動計を用いて樹冠上において1秒間に10回以上の短い時間間隔で水平風速，鉛直風速の変動と水蒸気濃度の変動を測定し，演算して水蒸気が上方へ輸送される量を求める方法で，大気中での乱流輸送を直接とらえる（図3-16）．また，樹液流は根から吸収された水分

図 3-15 山地流域の流出量観測に用いられる量水堰の1例
東京大学愛知演習林，白坂試験流域．

が葉から蒸散されるときに生ずる幹を上昇する水の流れであるが，幹にヒータで熱を与え熱の移動を温度計でモニターし，幹の中を移動する水の速度や水量を求める方法が開発されている．単木を対象とした測定法だが，複数の木を同時に測定し，林分の蒸散量を推定する．

各測定法にはそれぞれ長所短所があり，年間の合計値，日量，毎時の値など求めたい蒸発散量の時間間隔や流域単位，林分単位などの空間スケールの大きさによって使い分けられている．

図 3-16 超音波風速計（中央）と赤外線 CO_2/H_2O 変動計（左）
乱流変動法により樹冠上の蒸発散量，二酸化炭素吸収量が測定される．

4）直接流出と基底流出

　流域の流出量を観測しハイドログラフを描くと，降雨に対応して増減する部分と降雨後にゆっくりと低下する部分があることに気付く．山地の渓流でも，大きい流域の河川でも，ハイドログラフを眺めるとおおむね2区分できるので，それぞれ「直接流出」，「基底流出」と名付けられている．河川の流出について，洪水の問題については直接流出が，渇水時の水資源については基底流量が検討対象となる．図3-17は，ハイドログラフを直接流出と基底流出の2つの成分に分離する概念図である．

　直接流出，基底流出という区分は，地表流など特定の流出プロセスと結び付いているのではなく，あくまでハイドログラフで定性的に2区分される概念である．例えば，直接流出には，浸透能より強い雨が降ったときに生ずる地表流によるものと，一度は斜面の土壌に浸透して早く流出したもの，渓流に降った雨水がそのまま流出したものなど，さまざまな経路（流出機構）によるものがある．

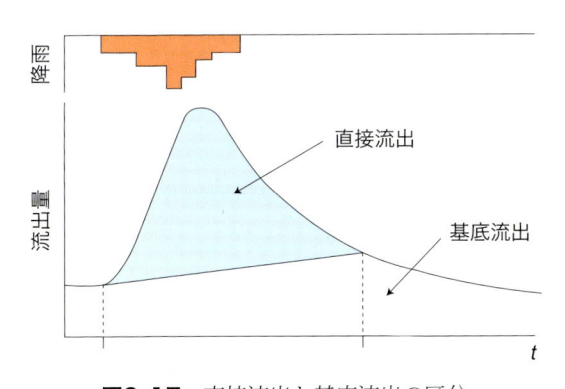

図3-17　直接流出と基底流出の区分

（1）直 接 流 出 率

降雨のうち直接流出として流出する水量の割合を，直接流出率という．浸透

能が低く地表流が発生すると，直接流出率は降雨強度と関係して変化し，降雨強度が高いときに直接流出率が大きくなる．浸透能が大きく降雨が一度浸透して流出する場合の直接流出率は，一雨の大きさでかわり，連続雨量が大きいときに大きくなる．

　流域の植生変化が直接流出率に与える影響は，斜面の地表流発生・非発生に影響を与えるものであるとき明瞭となる．それまで地表流が発生しなかった流域で，裸地が形成され，地表流が生じるようになったときなどの変化である．それに対し地表の撹乱が少なく，伐採前後とも高い浸透能が保たれるような場合，伐採前後で直接流出率はほとんど変化しない．ただし，伐採によって蒸発散が低下することの影響で，降雨開始時の土壌水分が湿潤化するので初期条件が湿潤となった分だけ直接流出量の増加が見られる場合がある．なお，裸地の発生などによる地表流発生がないとき，一雨雨量と流域ごとの直接流出量の大きさの関係は，植生の状態よりも地質や地形による差が大きいので，直接流出量，直接流出率を流域の植生だけで説明することはできない．

(2) 洪水の予測と直接流出

　下流で洪水が発生するような大雨のときに，森林土壌がどれほど水を貯留し，洪水防止に役立つかという問題がある．荒廃した山地で地表流が発生して大きいピーク流量を形成する場合についてはすでに説明したが，雨水が一度土壌に浸透したあとのピーク流出形成について述べる．

　一般的には，森林流域に降った雨が土壌に浸透しゆっくりと流出するとき，流出するまでの水は流域に貯えられており，流量調節の役目を果たしている．しかし，降り始めからの連続雨量が大きくなり，流域に貯留される水量の上限まで水が貯留されると，降った雨が100％流出する段階となる．この段階に至ると，それ以上の森林の流量調節効果は期待できないという議論がある．この限界が洪水防止の計画で想定する雨量の範囲にあるか，ずっと大きい値になるのかが問題となる．この限界値は，連続雨量と直接流出量の関係を図に描き，直接流出率が100％となる雨量によって示されることになる（図3-18）．

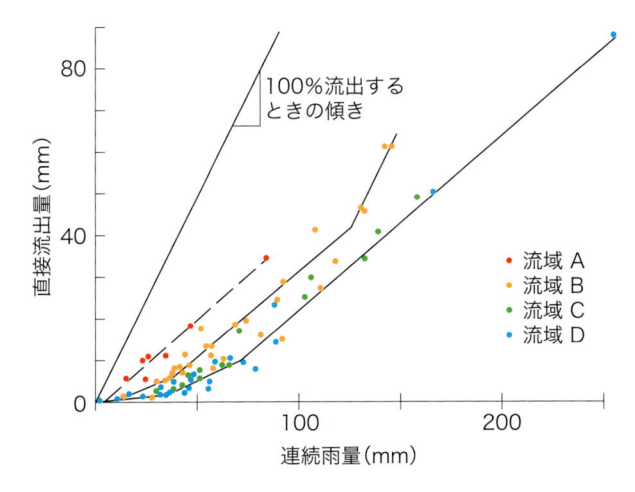

図3-18 山地小流域における連続雨量と直接流出量の関係
流域A〜D：流域面積10ha以下の風化花崗岩山地にある流域．流域A：植生が少なく土壌層も発達していない流域で，直接流出率が高い．流域B，C，D：森林流域で，流域Aより直接流出率が低い．流域B：連続雨量130mmを越えると直接流出率が100％になる関係が現れている．（福嶌義宏，1993）

　この限界値は主に地質（とそれに対応した傾斜や土壌の深さ，深部浸透量の割合など）によっていると考えられ，樹種や林齢など森林の属性による影響は少ない．いくつかの観測から，第三紀層や中古生層の地質である流域では流出率が100％になる連続雨量が比較的小さく，風化花崗岩流域ではその限界がより大きいといった結果が得られている．

　また，流出率が100％に達した大雨の状態での洪水流量は，降雨強度が強いときほど大きい．ただし，この洪水に関わる降雨強度は，流出に要する時間で平均した降雨強度で，瞬間の強さではない．地表流がもたらす洪水ではより短時間の降雨強度によってピーク流量が決まるが，一度浸透して流出する出水ではより長い時間で平均した平均降雨強度と対応する．降雨強度は強弱の変動を伴うので，同じ降雨波形に対しても平均時間を長く取ると平均降雨強度は低くなるのが一般的であり，ゆっくり流出する流出機構があると，洪水の最大流量は低くなる．降った雨が100％流出する段階でも，降雨が土壌に浸透し流

出に時間がかかる森林流域では，降雨強度平均時間の長さの効果で洪水流量が低くなっている可能性がある．

大きい出水では流量観測の精度が低下するなどのために，なかなか良好な観測事例が増加しないこともあって，極端に大きい降雨事例で流域の貯留機能が上限になったときの森林機能評価は，なおさまざまな意見がある．

(3) 基 底 流 出

降雨のあとに直接流出が終了すると，ゆっくりと流量が下がっていく基底流出の段階になる．土壌中を不飽和浸透で移動した水や土壌の下にある基岩の割れ目に貯えられた水が，基底流出を形成している．浸透能が低い地表面状態で表面流が発生すると基底流出は低くなる．降水のほとんどが一度，土壌にしみ込む一般の森林に覆われた流域の場合，基底流出量の大きさは直接流出量が多い第三紀層や中古生層の地質で低く，風化花崗岩流域では比較的大きい．また，地中深く水がしみ込む新しい火山性の地質の場合は，さらに安定した基底流出が生じることが多い．

5）渓流水の水質

日本の森林流域から流出する水の水質は一般に，①濁りがなく澄んでいる，②火山地帯の酸性河川を除きpHが中性に近い，③汚染物質である窒素とリンをわずかしか含まないという特徴がある．これらの特徴には，森林に覆われた流域での水の移動機構が深く関わっている．

(1) 濁りのない渓流水

濁りがないのは，山地流域の多くが森林をはじめとする植生で覆われているからである．流域に崩壊地が存在したり，宅地の造成や道路建設などの際に露出した地表面が形成されると，著しく濁った水が流出する．一方，森林伐採が行われても，架線集材などで林地を撹乱しないように注意を払うと，濁りが増えないという調査事例も報告されている（Hottaら，2007）．

(2) 中性に近い渓流水

　降水の多くは pH4 ～ 5.5 で酸性を示す．大気中に約 400ppm ある二酸化炭素が水に溶け込むと pH5.6 になり，これに工場や火山から排出される NO_x や SO_x の酸性物質が加わるからである．pH3 以下の酸性雨は，樹木や土壌に直接悪影響をもたらす恐れがあり，酸性雨問題となる．一般の降水は，そこまで強い酸性を示すことは少ないが，森林に酸性の雨が降り続いてきたことにかわりはない．その酸性の雨水が森林を通り抜けて，渓流から流出すると pH6.5 くらいになる（図 3-19）．

　森林流域で pH が調整される機構は，①土壌の pH 緩衝作用，②土壌鉱物の化学風化による H^+ の減少，③土壌中の二酸化炭素濃度による pH 変化の3つである．土壌に浸透した水にある H^+ イオンが土壌粒子表面に吸着され，かわりに吸着されていたカルシウムイオンなどの陽イオンが浸透水中に加わるイオン交換が，pH 緩衝作用である．次に，土壌鉱物の化学風化では，土壌鉱物，水，二酸化炭素が反応して土壌鉱物が二次鉱物に変化するときに，重炭酸，珪酸とナトリウムなどの陽イオンが生ずる．そして，浸透水に重炭酸とナトリウ

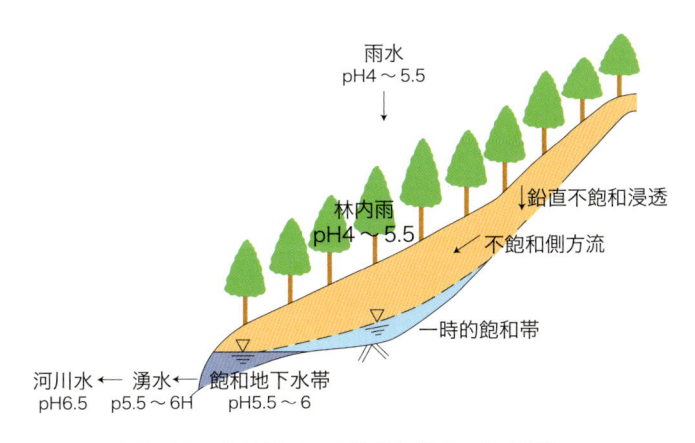

図3-19 森林斜面の水移動に伴う pH の変化
pH の低い水が斜面を流下し，中性に近い渓流水となる様子．（Ohte, ●. et al, 1995 より作成）

ムなどの陽イオンが加わると，H^+イオンが減少するのである．一方で，森林土壌中では二酸化炭素濃度が高く，浸透水に二酸化炭素がさらに溶け込むのでH^+濃度は増えることになるが，土壌鉱物の化学風化の影響によるH^+の減少が勝り，pHは増大する方向に動く[注]．

また，水に溶け込んだ二酸化炭素の影響は浸透した雨水が渓流に湧き出すときに現れる．湧水として地表に出てくると土壌中よりも低い二酸化炭素濃度の環境下になるため，渓流を流れながら溶存していた二酸化炭素が大気に放出され，pHがさらに上昇する．

このように，森林の土壌環境の中を水が浸透して通り抜けるプロセスに，酸性の雨が降っていても中性に近い渓流水が流出する仕組みが存在している．またそこには，単なる化学反応のプロセスだけではなく，森林土壌中で二酸化炭素濃度が高いという森林生態系の営みも関わっている．

(3) 窒素濃度が低い渓流水

河川水に溶存する窒素やリンが多いと，下流の河川，湖沼や沿岸の水質富栄養化をもたらし，赤潮などの被害をもたらすが，山地の森林から流出する水には，窒素，リンの濃度が低いという特徴がある．窒素，リンは樹木の成長に重要な養分であり，一般に森林土壌には十分な量が存在しているが，そこを通り抜けた水にはわずかしか含まれないことから，森林の水質浄化機能といわれる．ここでは，渓流水の窒素濃度が低い理由を説明する．

森林土壌中の有機物に含まれる窒素は，無機化されるとまずアンモニア態窒素（$NH_4\text{-}N$）になる．アンモニア態窒素からさらに硝酸態窒素（$NO_3\text{-}N$）が形成される．この過程はアンモニア化成菌，硝化菌により行われる．硝化菌は湿潤なところで活発なので，斜面上部の比較的乾燥したところの土壌水にはアンモニア態窒素が多く，斜面下部の湿潤なところの土壌には硝酸態窒素が多く含

注）北欧スカンジナビア半島や北米東北部などの土壌は，1億年以上の地質年代を通して土壌鉱物の二次鉱物化が進んでいるため，土壌鉱物風化によるpH調整の能力が低く，酸性雨が河川や湖沼のpH低下をもたらすという問題が生じている．

まれる．また，樹木は水に溶けたアンモニア態窒素，硝酸態窒素を養分として吸収する．窒素の浄化は，これらの土壌水が斜面を浸透して流下し，渓流に湧き出す少し前に生じる脱窒作用によっている．脱窒作用は硝酸態窒素から窒素ガス（N_2）が作られることをいう．硝酸態窒素を窒素ガスに変えるのは，脱窒菌という微生物の働きである．浸透水が渓流に湧き出すところには地下水が貯まっており，地下の水溜りである飽和した地下水帯は酸素が少ない還元条件となっており，そこで脱窒菌が働くのである．山腹斜面には，森林土壌に養分としての窒素を存在させながら，窒素を減らして流出するメカニズムが備わっている．（図3-20）

なお，森林が伐採されると養分としての樹木による吸収が止まり，飽和地下水帯に到達する窒素が増えるので，脱窒作用の限界を超えて渓流水の硝酸態窒素濃度が上昇する．また，アメリカの北東部など工業地帯起源の窒素が降水で多く供給され浄化機能の限界を超え，渓流水の硝酸態窒素濃度が上昇していく現象を，「流域の窒素飽和」と呼ぶ．日本においても，関東平野の周辺山地から流出する渓流の硝酸態窒素濃度はそのほかの山地の渓流に比べて高く，窒素飽和の可能性が論じられるようになっている．

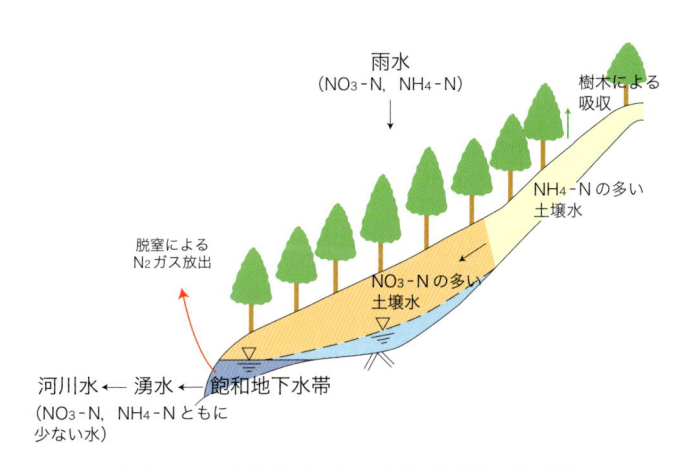

図3-20 森林斜面における窒素循環の模式図
飽和地下水で生ずる脱窒現象で，窒素が除去される．

このほかに水質汚染のレベルを比較する指標として，COD（化学的酸素要求量），BOD（生物的酸素要求量）が一般的に用いられている．これらは，下水や工場廃水などによる有機物の汚染に対する指標であり，それらの流入のない源流域の森林から流出する水ではその値は低い．

6）森林の水源涵養機能と森林機能の階層性

(1) 水源涵養機能

「森林を造成すると年流出量が減少する」という説明を受けると，「水源涵養機能とは何か」という疑問があらためて生じ，さまざまな議論があるので著者の考えを述べる．

表面流が生じない土壌条件がもたらされているとき，「その森林をさらに成長させて，水源涵養機能をさらに強化する」という期待や，「森林伐採がただちに水源涵養機能の劣化につながる」という心配に対して，どちらについても「そうなるときもあるし，はっきりした影響がないこともある」という観測結果が存在している．森林土壌が保全されているという前提のうえで考えると，森林の変化によって何らかの流出の増減は生ずるが，前述のようにその変化量は地形，地質や年々の降雨条件などの変動がもたらす影響の大きさに比べて，大きいとはいえない．したがって，森林の水源涵養機能に過剰な期待を持つことはできない．

しかし，森林が荒廃して表面流発生が顕著な場合について比較すると，森林が洪水を減らし，安定した流出をもたらすことは明瞭である．この効果は「水源涵養機能」として確実に評価できる．それゆえに，荒廃地緑化と森林保全の重要さが存在している．

(2) 森林機能の階層性

水源涵養機能をはじめとする森林の持つさまざまな機能を考えるときに，それぞれの機能は重層的に重なり合って働いていることを理解する必要がある．

いわゆる「森林機能の階層性」である．これを単純な概念図で示すと，図

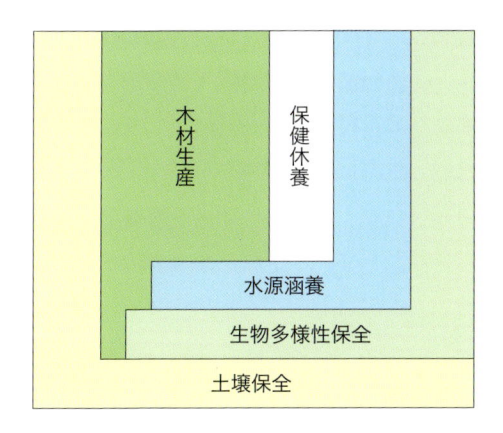

図3-21 森林機能の階層性

3-21のようになる.

　土壌が流亡する状態ではそもそも植生が成立せず，水と土砂が下流へ及ぼす影響が大きいので，土壌保全機能がこの図で一番下に置かれている．そのうえで，生物多様性が確保され，その状態の森林で水源涵養機能が発揮されるという階層性を説明している．木材生産機能に偏って森林を扱うと，水源涵養機能や生物多様性保全機能が十分発揮されない場合もないとはいえないので，木材生産機能を一部階段状に表現している．しかし，その際でも土壌保全機能を損なうことはできない.

　森林は，もともと人間社会に都合のよい機能のために存在しているわけではないので，森林の機能の限界を見きわめて役立てる必要がある．また同時に，図3-21を見ると人間社会に都合のよい機能が多くあることを改めて感じるのではないだろうか.

3．土壌と土砂

　森林は，土壌や土砂の侵食および斜面崩壊，土砂の流出を防止および軽減する機能を有している．本節では，まず①山地における土砂移動現象とそれによ

り引き起こされる災害について概説するとともに，森林の機能として重要な，②土壌侵食防止機能，③斜面崩壊抑制機能，④崩壊土砂流下・土石流抑制機能，⑤落石防止・抑制機能，⑥土砂流出抑制機能，⑦飛砂抑制機能について基礎的で重要な事項を述べる．このような森林の土壌・土砂保全機能は森林および渓流の生態系の保全のみならず土砂災害の防止・軽減効果もあり，私たちの社会生活基盤を安全にし，安心して暮らすことができる国土の形成に重要な役割を果たしている．

1) 土砂移動現象と森林の防災機能

(1) 山地における土砂移動現象

山地，丘陵地などの斜面における土砂移動の主な形態は，表3-5に示すように大きくは侵食（erosion）と斜面運動（slope movement）に区分される．侵食とは斜面上の土壌および土砂が土粒子単位で移動する現象を指し，斜面運動は斜面を形成している岩（rock），崩土（debris），土砂（earth）が岩塊および土塊の単位で移動する現象を指す．侵食は土粒子を移動させる力の原因（営力）が水による水食と風による風食に分けられる．一方，斜面運動はその運動形式より，崩落，転倒，すべり，伸展，流動，複合などに分類される（Varnes, 1958）．斜面運動の誘因（発生の引き金になる原因）としては，降雨，融雪，地震，火山噴火，人為などがある．

表3-5 山地における土砂移動現象と一般的な名称		
山地における土砂移動現象		わが国で一般的な名称
侵食（erosion）	水食（営力が水）（water erosion）	土壌侵食，土砂流出
	風食（営力が風）（wind erosion）	飛　砂
斜面運動（slope movement）	崩落（fall）	落　石
	転倒（topple）	（落石）
	すべり（slide）	地すべり，がけ崩れ
	伸展（lateralspread）	（地すべり）
	流動（flow）	土石流，泥流
	複合（complex）	（土石流）

(2) 土砂移動現象による被害および災害

わが国の国土はその約 75％が山地であり，地質は脆弱で地形は急峻である．このような素因（素質）に加えて，土砂移動現象の発生の誘因となる台風，梅雨前線に伴う豪雨が頻繁に起こり，さらに地震や火山噴火もたびたび発生する．このような国土の素因と誘因によりわが国の山地や丘陵地では土砂の移動が活発であり，さらに森林の伐採や地形の改変などの人為によっても山地において土砂移動現象が発生している．一方，山地・丘陵地周辺には多数の人が住み，産業・経済活動も活発であるので，土砂移動に伴い周辺に住む人々は表 3-6 に示すような多様な被害を受け，しばしば大きな災害が発生する．なお，がけ崩れ（斜面崩壊），地すべり，土石流による災害は特に土砂災害と呼ばれ，最近では毎年 1,000 件前後の土砂災害が発生しており，1 年間で 30 人前後の生命が失われている．土砂災害の大部分は豪雨によるものであり，豪雨の発生が多い年は土砂災害の発生件数も多くなる．

表 3-6 山地における土砂移動現象と被害および災害

土砂移動現象	被害および災害
土壌侵食	水質汚濁，渓流生態系への影響，貯水池への堆砂，農産物の減少，森林の衰退
がけ崩れ（斜面崩壊），地すべり，落石	人命の被害，人家の破壊，公共施設（道路，建物）の被害
土石流，土砂流出	渓流および河川の水質汚濁，河道内への土砂堆積による洪水氾濫
飛砂	海岸砂丘の移動による農作物被害，家屋の埋没

(3) 土砂に関わる災害の森林による防止・軽減機能

森林は，水源涵養機能や快適環境形成機能など多くの機能を持つが，森林はまた土砂に関わる災害を防止および軽減する機能（国土保全機能）を有している．表 3-7 に示すように，この機能は大きくは，①表面侵食防止機能（土壌侵食防止機能），②表層崩壊抑制機能（斜面崩壊抑制機能），③崩壊土砂流下・土

表3-7 土砂に関わる災害の森林による防止・軽減機能と保安林

表面侵食防止機能（土壌侵食防止機能）	土砂流出防備保安林
表層崩壊抑制機能（斜面崩壊抑制機能）	土砂崩壊防備保安林
崩壊土砂流下・土石流抑制機能	土砂流出防備保安林
落石防止・抑制機能	落石防止保安林
土砂流出抑制機能	土砂流出防備保安林
飛砂抑制機能（海岸）	飛砂防備保安林（海岸）

①表面侵食防止機能（土壌侵食防止機能）
〔下草，落葉などによる雨滴衝撃の緩和，地表流の流速減少〕

③崩壊土砂流下・土石流抑制機能
〔樹林による流下土砂・土石流の減速，堆積促進〕

②表層崩壊抑制機能（斜面崩壊抑制機能）
〔根系による土壌の緊縛〕

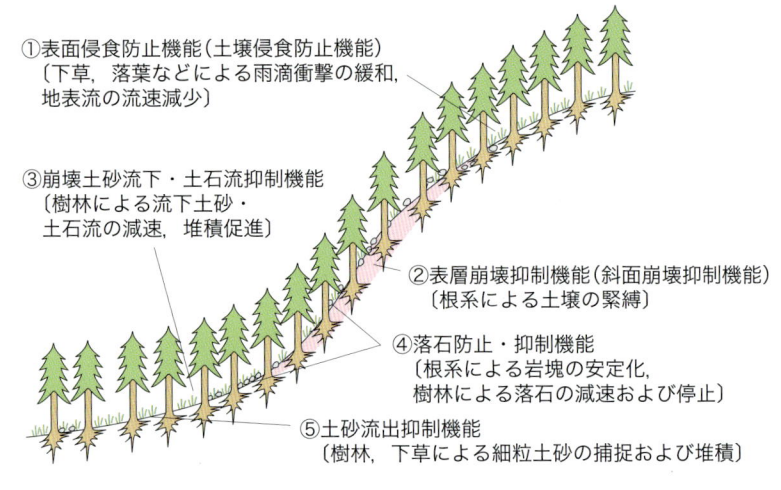

④落石防止・抑制機能
〔根系による岩塊の安定化，樹林による落石の減速および停止〕

⑤土砂流出抑制機能
〔樹林，下草による細粒土砂の捕捉および堆積〕

図3-22 山地における土砂に関わる災害の森林による防止・軽減機能

石流抑制機能，④落石防止・抑制機能，⑤土砂流出抑制機能，⑥飛砂抑制機能に分けることができる．①〜⑤に関わる模式図を図3-22に示す．このような森林の持つ機能を維持増進するために，表3-7に示すような種類の保安林が全国各地に指定されている．

2）森林の土壌侵食防止機能

(1) 土壌侵食機構

侵食はその営力により水食と風食に大別される．わが国では風食は海岸砂丘における飛砂により起こるが，その発生範囲は狭い．一方，降雨量が多く山地，

丘陵地が広く分布しているために水食は広い範囲で発生している．以下では主として水食について述べる．

水食は一般に，図 3-23 に示すように雨滴侵食（raindrop erosion），層状侵食（布状侵食，表面侵食）（sheet erosion），リル侵食（細流侵食）（rill erosion），ガリ侵食（雨裂侵食）（gully erosion）そして流路侵食（河道侵食）（stream channel erosion）に分類される．

雨滴侵食とは，土壌表面の土粒子に対して雨滴が衝突することにより土粒子が飛びはねる（離脱）現象である．斜面では斜面下方に飛びはねる土粒子の方が上方に飛びはねる土粒子の量よりも多いために，雨滴侵食により土粒子は斜面下方に移動する．雨滴侵食量には雨滴の衝突エネルギーが大きく影響する．WischmeierとSmith（1958）は降雨（雨滴衝撃）エネルギー E と降雨強度 I の関係を（3・1）式のように示した．

$$E = 13.3 + 4.3 \ln I \qquad (3・1)$$

ここで，E：降雨の持つ運動エネルギー（J/m^2/mm），I：降雨強度（mm/hr）である．

雨滴侵食によって細粒の土粒子が離脱して地表面に堆積することにより，地表面の孔隙はふさがれて水が浸透し難い層（クラスト層，雨撃層）が形成され，浸透能が低下して地表流（斜面の表面を流れる水）が増加する．地表流によっても土粒子は下方へ輸送される．このように，斜面における土粒子の移動（土壌侵食）は離脱と輸送の2つの現象が組み合わされて行われている．一般的に，

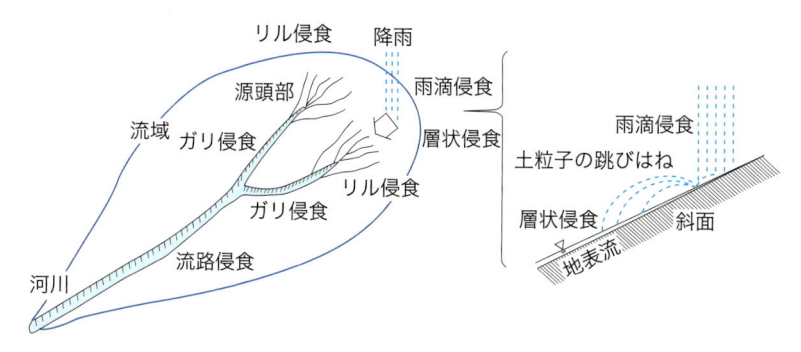

図3-23 流域における土壌侵食(水食)現象の模式図

土粒子の粒径が小さくなると離脱性は小さくなるが輸送性は大きくなる．すなわち，粘土粒子は砂粒子に比べて離脱し難いが輸送されやすい．

　層状侵食は，斜面の表面を流れる薄い地表流により発生する．一般的には，山地の斜面表面には小さな凹凸があるため，薄い地表流が流下する範囲は狭く層状侵食は起こりにくいといわれており，斜面上では次に述べるリル侵食が卓越する．

　リル侵食は地表流が集まることによりできる小さな，しかし明確な流路に沿って流れる水流により生じる土壌の侵食現象である．一般的には，肉眼ではっきりと見えるぐらいの大きさの流路をリルと呼ぶ．リル内の流速は大きいために，土粒子の離脱性と運搬性は非常に大きい．流出係数が高く，締固めが不十分で細粒の表層土に豪雨が作用すると，リル侵食は非常に激しくなる．

　リル侵食が発達して流路がある程度大きくなったものがガリ侵食である．一般に，ガリ内では降雨中および降雨直後にのみ流水がみられる．ガリ侵食の発達速度は主に，流域の流出特性，流域面積，土壌の特性，法線形（流路の平面形），大きさ，ガリの横断形状，ガリの流路勾配などにより影響される．

　流路侵食（河道侵食）は，流路に沿って河床や河岸が侵食される現象である．源頭部（河川の最上流部で通常は流水がみられない部分）に起きるものがガリ侵食で，その下流部で起こるものが流路侵食である．

(2) 侵食土砂量の予測

　侵食土砂量を推定するために，これまでさまざまな経験式，理論式が提案されてきている．それらの中で，アメリカ合衆国農務省土地保全局が全国約3,000個所の農地における侵食土砂量の観測結果を統計処理して開発されたUSLE (Universal Soil Loss Equation) は，世界的にも評価され使用されてきている．この式は本来，農地における年間の侵食土砂量の推定に用いられるものであるが，最近，USLEを山地斜面や崩壊地にも適用しようとする試みがなされてきている（北原，2002）．

　USLEは次に示す式である．

$$A = R \cdot K \cdot L \cdot S \cdot C \cdot P \qquad (3 \cdot 2)$$

ここで，A:年侵食土砂量（tf/ha），R:降雨係数，K:土壌係数，L:斜面長係数，S:傾斜係数，C:作物（植被）係数，P:保全（保全施設）係数である．

降雨係数 R は（3・1）式から算出される降雨の持つ運動エネルギーを表す係数である．土壌係数 K は土壌母材などにより定める．斜面長係数 L，傾斜係数 S はそれぞれ斜面の長さ，斜面の傾斜角 θ（°）の影響度を表している．作物係数（植被係数）C は植生（地被物）による被覆の効果を表し，裸地（植生がない状態）における値を 1.0 としており，森林では 0.01～0.005 程度の値が用いられている．保全係数（保全施設）は山腹工やのり面保護工の効果を表し，これらの施設がない場合は 1.0 の値を用い，これらの施設を施工した場合には工種の効果に応じて 1.0 より小さい値を用いる．

(3) 森林による土壌侵食防止機能

森林による侵食軽減機能としては，①森林樹冠や下層植生とリター層（落葉落枝の堆積層）による雨滴エネルギーの減殺，②土壌物理性の改善など浸透能向上による地表流量の減少，③リター層による地表流速の減殺，④根系による土粒子の緊縛があり，さらに⑤リター層による地温の安定化に伴う凍結融解による侵食の減少が考えられる．これら5つの効果が総合的に働くため，森林などの植生で覆われた斜面からの侵食量は裸地の 1/100 以下となることが，これまでの多数の測定結果から明らかとなってきている．川口（1951）が日本における傾斜 15°以上の斜面での平均年侵食土量（侵食深，mm）の測定結果をまとめたものを図 3-24 に示す．林地や草地では侵食土量が少ないことが明らかである．

村井ら（1973）は落葉地被物の侵食軽減効果を検討するため，人工降雨装置と可変傾斜式小型ライシメーターを用いて降雨強度ごとの侵食による流出土砂量の関係を求めた．その結果を図 3-25 に示す．森林における落葉落枝（リター）の堆積層の持つ侵食軽減効果，土壌保全効果は高いことがわかる．

なお，森林樹冠は樹冠遮断により林内への降雨量を減少させる効果はあるも

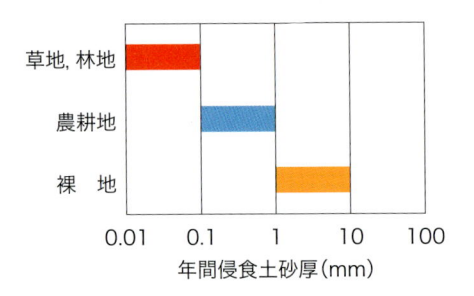

図3-24 勾配15°以上の傾斜地での土地被覆条件別の年間侵食土砂厚の概略値
(川口武雄,1951を図化)

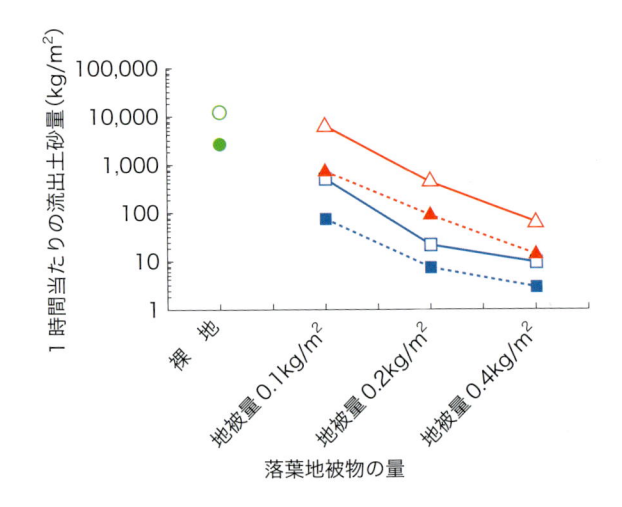

図3-25 落葉地被物の量と流出土砂量の関係
●:裸地 50mm/hr,○:裸地 100m/hr,■:広葉樹(コナラ,サクラ)50mm/hr,□:広葉樹(コナラ,サクラ)100mm/hr,▲:アカマツ 50mm/hr,△:アカマツ 100mm/hr.(村井 宏ら,1973を一部改変)

のの,三原ら(1951)の調査によると,林外に比べて林内では葉に雨滴が集まってから落下するため雨滴の直径が増大することが報告されている.さらに,樹冠の高さが数mを越すと雨滴の落下速度は林外の雨滴とほぼ同じとなるため,雨滴の持つ運動エネルギーは樹冠がない場合とほぼ同じとなる.このようなことから,降雨強度が小さいときは林外雨よりもむしろ林内雨の方が雨滴の運動

エネルギーは大きく，大雨のときには林内と林外でほぼ同じとなり，中〜高木の場合には森林樹冠による雨滴エネルギーの減殺効果は期待できないことがわかる．したがって，森林による雨滴侵食の軽減効果は樹木そのものによるのではなく，主としてリター層および下層植生によるものである．

(4) わが国における森林と土壌侵食

　江戸時代，明治時代には過度の森林伐採や開墾により裸地や崩壊地がわが国にも広く分布しており，このため，土壌侵食も激しく，大規模な土砂災害や洪水が頻発していた．明治政府は明治30年に森林法，砂防法を制定して山地における過度の森林伐採や開墾を規制するとともに，裸地や崩壊地に山腹工などを施工して長い年月をかけて森林の回復に努めてきた．このため現在では，山地の大部分に森林が成立しており，土壌侵食の問題は解決されたかのように見える．しかしながら，最近，森林に覆われた山地や丘陵地において再び土壌侵食が増加しており，表3-6に示したようなさまざまな問題が発生している．

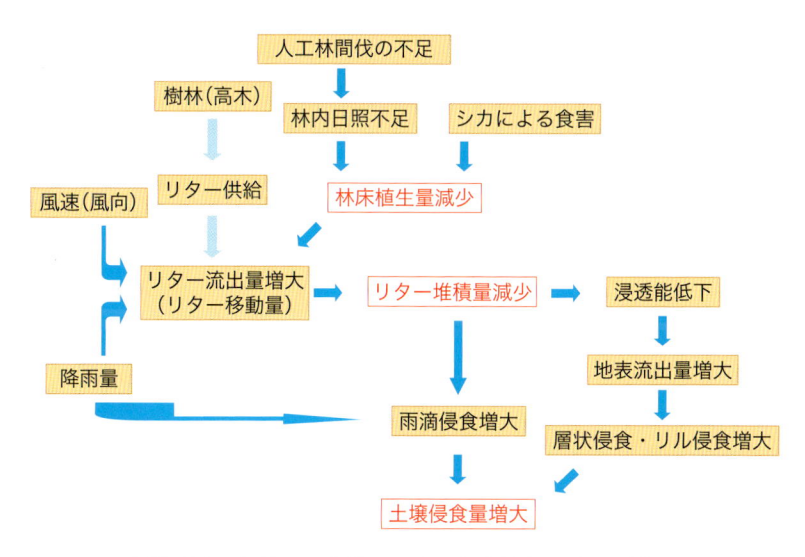

図3-26　わが国の森林における土壌侵食問題の関係図

図 3-27 林床植生が衰退し，リターが流亡したヒノキ林における土壌侵食
神奈川県秦野市，2006 年 7 月撮影．

図 3-28 シカの食害により林床植生が衰退した斜面における土壌侵食
東京都奥多摩町，2005 年 9 月撮影．

現在のわが国の森林における土壌侵食問題の因果関係を図3-26に示す．昭和30〜40年代の木材不足時代には，全国的に森林が大量に伐採されて伐採跡地には植林が行われ人工林の面積が急増した．その後，木材価格が低落したために人工林の間伐が行われなくなり，樹冠が閉塞して林内への日照不足から林床植生が衰退した．特に，ヒノキの落葉は細片化しやすく撥水性があるため雨滴の衝突や地表流により容易に流下してしまい，リター堆積量が減少している．一方，天然林においても最近全国的にニホンジカ，エゾシカが増加の傾向にあり，このため林床植生が過度に採食されて，林床植生の衰退が発生している地域が増加している．林床植生が衰退した斜面では，雨滴の衝突，地表流，風の作用によりリター堆積物が下方へ運搬されて，リター堆積量が急速に減少している．リター堆積量の減少は雨滴侵食の増大を招くのみならず，浸透能の低下とそれに伴う地表流量の増加により，層状侵食やリル侵食を増大させている．図3-27にはヒノキ林における土壌侵食の例を，図3-28にはシカの食害により林床植生が衰退した山地斜面における土壌侵食の事例を示す．

3）森林の斜面崩壊抑制機能

(1) 斜面運動機構
a．斜面運動の種類

表3-5で示したように，わが国では斜面運動は一般に斜面崩壊（がけ崩れ），地すべり，土石流および落石に分類される．斜面崩壊，地すべり，土石流は崩壊土砂が斜面と接触しながら下方へ運動するものであり，落石は個々の石や岩塊が斜面と接触せずに空中を落下することで区別される．斜面崩壊は主として急斜面（勾配約20°以上）で突発的に発生して,崩壊土砂の移動速度は大きい．これに対して地すべりは緩斜面（勾配5〜20°）で発生し移動速度がきわめて小さい．斜面崩壊および地すべりは，その崩壊部の厚さが2〜3m以内の表層崩壊とそれ以上の厚さを持つ深層崩壊に区分される．豪雨などにより発生する斜面崩壊では，表層崩壊の数が圧倒的に多い．深層崩壊の発生数は少ないがその規模が大きいために，発生場所が人家などに近いと大きな被害を発生さ

せる場合がある．

b．斜面崩壊（表層崩壊）の発生機構

斜面は強度の小さい表層土と強度の大きい基盤層からなる場合が多く，表層崩壊は図3-29に示すように，これらの2層の間でせん断が生じて発生すると考えられる．無限長斜面の安定解析を適用すると，水平長さ1の単位切片（unit slice）の表層土に作用する滑動力（T，せん断力）は次のように表される．

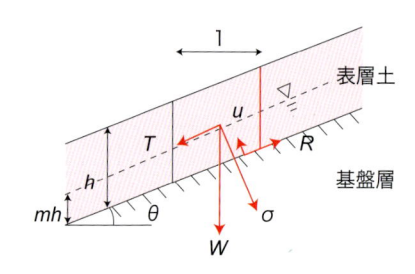

図3-29 無限長斜面の安定検討模式図

$$T = W \sin \theta = \gamma \cdot h \cdot \sin \theta \tag{3・3}$$

ただし，W：切片の重量，θ：斜面の傾斜，γ：土の単位体積重量，h：表層土（崩壊部）の厚さ（鉛直方向）である．

一方，単位切片に作用する土のせん断抵抗力Rは次式で表される．

$$R = c/\cos \theta + (\sigma - u) \tan \phi = c/\cos \theta + (\gamma \cdot h \cdot \cos \theta - u) \tan \phi \tag{3・4}$$

ここで，c：土の粘着力，σ：土塊の垂直荷重（$= \gamma \cdot h \cdot \cos \theta$），$u$：土塊に作用する間隙水圧（表層土と基盤との境界から地下水面までの高さをmh，水の単位体積重量をγ_wとすると，$u = mh \gamma_w \cos \theta$），$\phi$：土の内部摩擦角である．

崩壊条件は$T > R$であるから，崩壊に対する安全率$F = R/T$は次のようになる．

$$F = \frac{c + (\gamma \cdot h \cdot \cos \theta - u) \cos \theta \cdot \tan \phi}{\gamma \cdot h \cdot \sin \theta \cdot \cos \theta} \tag{3・5}$$

(2) 森林の斜面崩壊抑制機能

　森林による斜面崩壊抑制機能としては，根系による表層土の緊縛効果が主要なものである．これは図3-30aに示すように，表層土（崩壊部）と基盤層（不動部）を貫いて成長した根系が表層土と基盤層をつなぐことにより，表層土の斜面下方向への移動（すべり）に抵抗することで発揮される．根系による斜面崩壊防止機能は根系が発達する地表から2～3mの深さまでしか効果を発揮せず，したがって表層崩壊の防止には効果があるが，すべり面の深い深層崩壊

a. 森林斜面における表層崩壊模式図と根系

　樹木
　表層土
　基盤層
　根系
　すべり面
　θ：斜面の傾斜

b. 土壌の変位に伴い発生する根系の引抜き抵抗力

　樹木
　根系
　h：表層土(崩壊部)の厚さ
　R：表層土のせん断抵抗力
　T：滑動力(せん断力)
　表層土
　すべり面
　基盤層
　q_r：引抜き抵抗力のすべり面方向の分力
　q：引抜き抵抗力
　q_v：引抜き抵抗力の分力

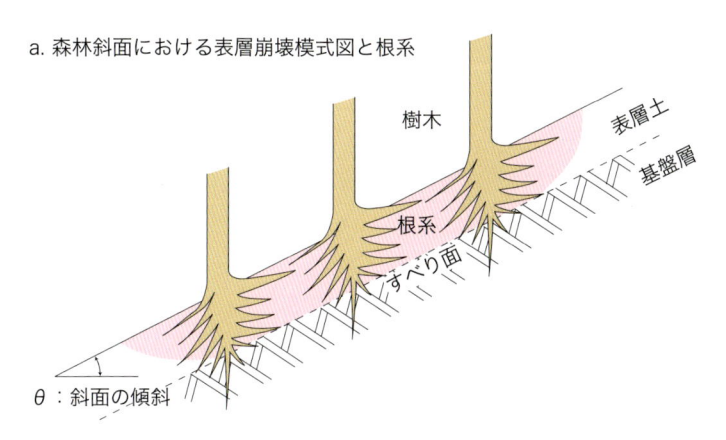

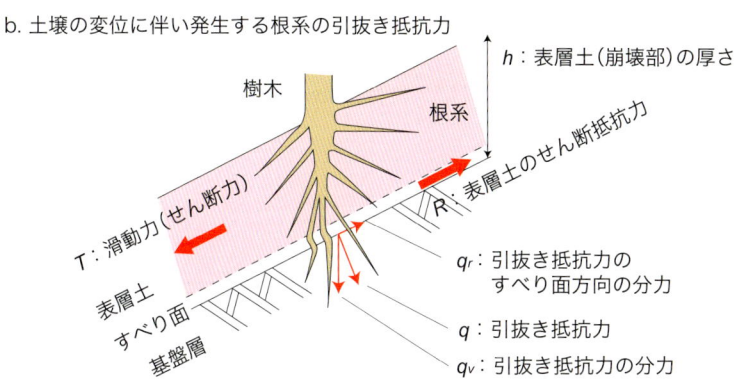

図3-30　樹林の根系による表層崩壊防止の模式図

には効果を発揮しない．しかしながら，豪雨などにより発生する斜面崩壊の大多数は表層崩壊であることから，山地における斜面崩壊防止に対する効果は大きい．

　根系による斜面崩壊防止機能は図3-30bに示すように，根の引抜き抵抗力（q）のすべり面方向の分力（q_r）が滑動抵抗力（せん断抵抗力）として作用することにより起こる．安定計算式において，q_rは土の粘着力と同様に滑動の防止効果として評価される．無限長斜面の安定解析においては，単位切片内にある根系の引抜き抵抗力のすべり面方向の分力の合計をq_mとすると，崩壊安全率$F = R/T$は（3・6）式のようになる．なお，W_tは単位切片内にある樹木の重量の合計である．

$$F = \frac{c + q_m + (\gamma \cdot h \cdot \cos\theta + W_t - u)\cos\theta \cdot \tan\phi}{(\gamma \cdot h + W_t) \cdot \sin\theta \cdot \cos\theta} \quad (3・6)$$

　根の引抜き抵抗力（q）は根の直径に比例する．一般に，樹林の成長に伴って根の本数，太さは増加するので，林齢が増加すると根の引抜き抵抗力は増加

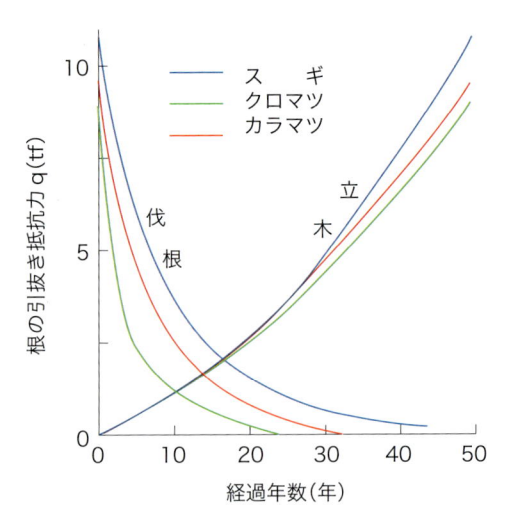

図3-31　伐採ならびに植栽後の経過年数と根の引抜き抵抗力
（中野秀章，1973）

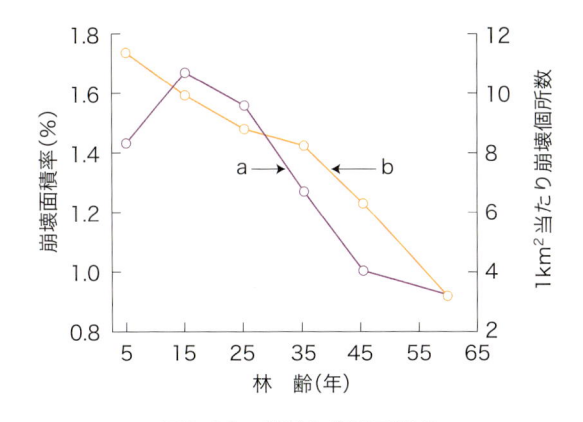

図3-32 林齢と崩壊面積率
a：林齢・崩壊面積率，b：林齢・1km²当たりの崩壊個所数．（難波宣士，1977）

する．一方，樹林を伐採すると根系は徐々に腐朽して根の引抜き抵抗力（q）は減少する．中野（1973）による伐採後の経過年数および林齢と根の引抜き抵抗力の関係を図3-31に示す．伐採直後に苗木を植栽した場合には，植栽後10～20年で根の引抜き抵抗力の合計が最小になり，それ以降は増大することがわかる．難波（1977）による山腹斜面における森林の林齢と崩壊面積率の関係について実態調査をした結果を図3-32に示す．伐採および植栽後10～20年後で崩壊面積は最大となり，樹林の根系による表層崩壊防止機能が発揮されていることは明らかである．

4）森林の崩壊土砂流下・土石流抑制機能

（1）土石流の発生・流下機構と崩壊土砂流下

　土石流はわが国では主として豪雨により発生する．土石流の発生形態としては，①斜面崩壊による土砂が渓流内に流下して土石流となるもの，②斜面崩壊土砂が渓流内に堆積して天然ダムを形成し，これがあとに決壊して土石流となるもの，③渓床上に堆積している土砂が流動化して土石流になるものの3タイプがある．これらはいずれも斜面崩壊に関連している．土石流は渓流を流下している場合の名称であり，崩壊土砂が斜面上を流下している場合には崩壊土

砂流下と呼ぶこととする.

土石流は,水,土砂,巨礫が混合して一体となり急勾配の渓流を大きな流速(巨礫を多く含むものは 5 ～ 10m/s, 細粒分の多いものは 10 ～ 20m/s)で流下する現象であり,勾配 10°付近から氾濫や堆積を開始して,勾配 2 ～ 3°付近までに停止,堆積する.

(2) 森林の崩壊土砂流下・土石流抑制機能

斜面崩壊による崩壊土砂や土石流(以下ではこれらを流下土砂と呼ぶ)が森林内を流下した場合には衝撃力や流体力が樹林に作用し,流下土砂は樹林から抵抗力を受ける.樹林に作用する衝撃力や流体力の合力(あるいは流下土砂の持つ運動エネルギー)が樹林の抵抗力(あるいはエネルギー吸収能)よりも大きい場合には,樹林は折れたり倒れたりして破壊される.逆の場合には,樹林は破壊されずに流下土砂の運動エネルギーは減少して,流下土砂の速度が減少したり停止する.これは一般に,森林の崩壊土砂流下・土石流抑制機能と呼ばれる.

図 3-33 のように,流下する崩壊土砂や土石流を流体とみなした場合の樹林に作用する流体力は次のように表される.

$$F = 0.5 \cdot C_D \rho v^2 D h \tag{3・7}$$

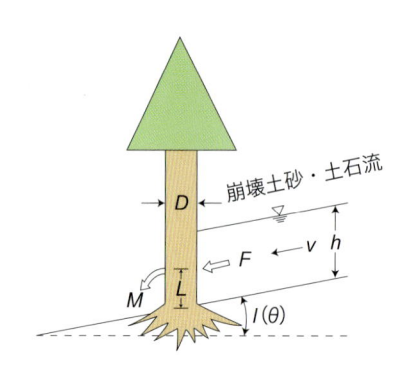

図3-33 樹木に作用する流体力

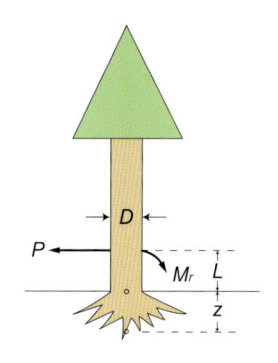

図3-34 樹木の引き倒し試験および最大抵抗モーメント

ここで，F：樹木1本に作用する流体力，C_D：抗力係数（≒1.0），ρ：崩壊土砂，土石流の密度（kg/m³），v：崩壊土砂および土石流の平均速度，D：樹木の直径，h：崩壊土砂および土石流の流動深である．

流体力は，樹木に対しては曲げモーメントとして作用し，樹木を倒そうとする．1本当たりの樹木に作用する曲げモーメントは次式により求めることができる．

$$M = F \cdot L \tag{3・8}$$

ここで，M：1本当たりの樹木に作用する曲げモーメント（N・m/本），F：1本当たりの樹木に作用する流体力（N/本），L：地表からの流体力Fの作用点の高さ（m）である．

これまで，樹木の静的引倒し試験がいくつか実施されてきており，図3-34に示すように，力Pで引っ張ったときに樹木が倒れるときの載荷高（Lあるいは（$L+z$））と力Pから最大抵抗モーメントM_r（＝力×載荷高）を算定し，これと樹木の胸高直径Dの関係式がいくつか提案されている．

建設省土木研究所（1988）および林ら（1998）によるスギ，ヒノキ，アカマツを対象とした静的引倒し試験から得られた樹木の胸高直径Dと樹木の最

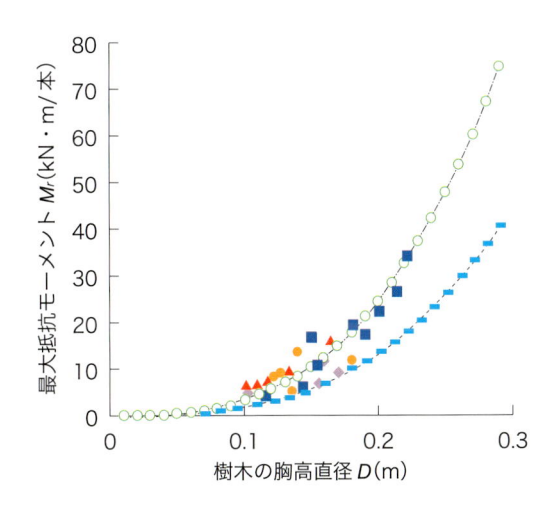

図3-35 樹木の胸高直径と最大抵抗モーメント
◆：土木研究所(スギ)，■：林 拙郎ら(スギ)，▲：林 拙郎ら(ヒノキ)，●：林 拙郎ら(アカマツ)，▬：$M_r = 1667D^3$，○：$M_r = 3040D^3$．

大抵抗モーメント M_r の関係を図 3-35 に示す．1 本当たりの樹木の抵抗モーメントは，樹木の胸高直径 D の 3 乗に比例することがわかる．

5）森林の落石防止・抑制機能

(1) 落石の発生機構

落石の発生形態は次の 2 種類に大別される．

①抜落ち型（転石型）落石…岩塊，玉石，礫などがマトリックス（礫間充てん物）から浮き出し，ついにはバランスを失って抜け落ちるタイプである．マトリックスが，地表水や地下水により侵食されることが原因である場合が多い．崖錐堆積物，段丘礫層，火山砕屑物，風化花崗岩などの地質の個所で多い．

②はく離型（浮石型）落石…割れ目の多い硬い岩よりなる斜面で発生する場合と，硬い岩と軟らかく風化，侵食に弱い岩との互層よりなる斜面で発生する場合がある．前者は割れ目が凍結融解などにより結合力を弱められて起こり，古生代，中生代の年代の地質で多い．後者は弱い地層が侵食されて硬い層がオーバーハングとなり，この部分がはく離することにより起こる．第三紀層などの新しい地層や火山噴出物地帯でも多い．

(2) 森林の落石防止・抑制機能

森林には，根系により落石の発生源となる浮石や転石を斜面に固定して落石の発生を防止したり，土壌の侵食を防止して落石源の増加を防止する機能を有する．さらに，森林には前述した崩壊土砂流下・土石流抑制機能と同様に，落下してくる落石に対して抵抗体として働き，落下速度を減少させたり，落石を捕捉および停止させる機能がある．これらを森林の落石防止・抑制機能と呼ぶ．落石を完全に停止させるためには，落石が樹木間をすり抜けないように樹木の間隔を落石の直径よりも小さくする必要がある．一般には，樹木を千鳥状に何列かに配置して落石の落下を阻止したり，減速させる．落石はすべり運動，転がり運動，飛跳運動をしながら落下するため，その速度は自由落下よりも遅くなる．このため，斜面長がある一定値を超えると速度はほぼ一定の値になる．

急斜面で発生する比較的大きな落石による災害を防止，軽減するためには，幹が太く，根系が発達した樹林を育てる必要がある．一般に，落石が発生するような斜面では土壌条件が悪い場合が多いので，そのような土壌層が薄く養分が少ない土地でも速やかに育つ樹種を選定する必要がある．このため，クロマツ，ヤシャブシ，ニセアカシヤ，ヒノキなどが用いられてきている．

6）森林の土砂流出抑制機能

(1) 山地からの土砂流出機構

崩壊土砂，土石流，落石は主として土塊や岩塊からなり土砂濃度が高く，また粒径も大きく主として土塊や岩塊が重力により集合運搬されるものである．これに対して，山地の斜面において流水（地表流）により土砂が各個運搬される場合があり，このような場合は土砂濃度が比較的低く，また粒径も小さい．このような土砂流出の発生源は，山地斜面における土壌侵食によるものである場合が多いが，ときには崩壊土砂および土石流の堆積地から流出してくる場合もある．

(2) 森林の土砂流出抑制機構

斜面上を流水により運搬されてきた土砂（土粒子）は，斜面勾配が緩くなる個所や木本，草本が存在したり落葉などが堆積している個所では掃流力が低下するため一部の土砂は堆積し，下流へ運搬される土砂の量は減少する．このような目的のために作られる森林を緩衝林と呼ぶ場合がある．緩衝林の土砂流出抑制機能は主として掃流力の低下によるものであるから，地表面の粗度が大きく，傾斜が緩いほど効果が高い．

福重（1969）は，針葉樹林，広葉樹林，無立木地において土砂の流下距離を測定した結果，広葉樹林の土砂流出抑制効果が最も高く，斜面傾斜が35°の場合には林帯幅が12mで土砂の流出をほぼ抑止することができ，広葉樹林，針葉樹林ともに立木の密度が高いほど土砂流出抑制に必要な林帯幅は減少することを報告している．

北村ら（1976）は全国の林道において，林道下方斜面における土砂の流出距離と立木の密度および斜面の傾斜の関係を調査した．立木の密度の指標として立木指数を用いた．立木指数とは面積 100m² 当たりの高木の直径の合計を高木指数，面積 100m² 当たりの低木の直径の合計の 1/2 を低木指数としたときの，高木指数と低木指数の合計値を意味する．調査結果から斜面傾斜が急になるほど土砂の流出距離は長くなり，急傾斜地では立木指数が大きくなるほど土砂の流出距離が短くなることがわかった．このように，森林は流水により運搬される細粒土砂を堆積させて，下流へ流出することを抑制する機能があり，山地斜面から渓流や河川への土砂流出の防止や濁水の流下を抑制する機能を有している．

7）森林の飛砂抑制機能

(1) 飛砂の発生・移動機構

飛砂は風により砂地の表面にある砂粒子が移動する現象である．風により砂粒の表面にせん断力が作用して砂粒子を移動させようとする．これに対して，砂粒子には地面との間の摩擦によりせん断抵抗力が作用し，せん断力がせん断抵抗力を超えると砂粒子は移動を開始する．

Bagnold（1954）によれば，単位時間，単位幅当たりの飛砂量は次式で表される．

$$Q = C\sqrt{\frac{d}{D}\frac{\rho}{g}}v_*^3 \qquad (3・9)$$

ここで，Q：飛砂量，C：粒度分布によってかわる定数，d：砂の粒径，D：標準となる砂の粒径（0.25mm），ρ：空気の密度，g：重力加速度，v_*：摩擦速度（$= 0.053 \cdot v_{100}$），v_{100}：砂面から 1m の高さの風速である．

(3・9)式は，風速の 3 乗に比例して飛砂量が変化することを示している．したがって，飛砂量を減少させるためには風速を減少させることが重要であることがわかる．

(2) 森林の飛砂抑制機能

　森林が存在すると風速が弱められて，砂地における飛砂の発生が減少するとともに，移動している飛砂は停止，堆積する．このように，森林は飛砂を抑制して砂丘の移動を防止したり，耕地や家屋が飛砂で埋まることによる被害を防止する機能を有している．

　森林の飛砂抑制機能としては，①森林により風速を限界風速以下に抑えて飛砂の発生を防止する，②森林により風速を減少させて外部から林帯内に移動してくる飛砂を林帯の周辺で堆積させて移動を防止する，③林床植生あるいは落葉によって砂面を被覆して固定し，飛砂の発生を防止するなどがある．

　森林による風速減少機能は，林帯の密閉度や林帯幅，樹高により異なる．林帯の密閉度は60％程度がよいといわれており，さらに林帯の正面から見て，幹，枝，葉が全面にわたって均一に分布していることがよいとされる．このような最適の密閉度の林帯の場合には，林帯の風速減少効果は樹高を h とすると，風上側で距離が $6h$ 程度，風下側で距離が $35h$ 程度まで及ぶといわれている．これまでの調査結果では，飛砂の抑制にある程度効果が期待できるのは風上側で $5h$ 程度，風下側で $15〜20h$ 程度で，確実に効果が期待できるのはさらにこれらの半分程度の距離といわれている．必要な林帯の幅は風速によっても異なるが，強風時でもほぼ完全に飛砂の発生を防ぎ，また侵入しようとする飛砂を捕捉および堆積させるためには，最低でも 50〜70m の幅が必要であるといわれている．

第4章

森林の管理技術

1．生産物の採取と利用

1）森林の恵みを賢く利用するには

　イソップ童話の中に，『金の卵を産むガチョウ』の物語がある．金の卵を毎日1個だけ産むガチョウがいた．ある日，そのガチョウの飼い主は，もっとたくさんの金の卵が欲しくなり，おなかの中には金の塊が入っているに違いないと思って，ガチョウを裂いて殺してしまったという話である．森林を賢く利用する方法の極意は，実は，この物語がいわんとするところにある．

　森林にはさまざまな機能があり，私たちはその恩恵を受けて生活している．森林が存続する限りその恩恵に浴することができると考えてよいが，森林からの恩恵は無尽蔵にあるわけではない．『金の卵を産むガチョウ』の物語と同様，毎日少しずつ，あるいは，毎年少しずつ授かるものである．そうした森林の恵みを，どのように賢く利用していくかがこの節のテーマである．

　森林は陸上生態系の中心をなし，周辺の環境に大きな影響を及ぼしている．そして，森林は成長するまでに非常に長い年月がかかる．それゆえ，ひとたび森林の取扱いを誤ると，その影響は長期に広範囲に及ぶことになる．したがって，森林の取扱いには注意や慎重さが必要である．ところが一方では，森林は再生可能な生物資源でもある．森林を適切に取り扱うことにより，森林資源を持続的に利用することができる．再生可能な森林を適切に計画的に維持管理し，その資源や機能を持続的に有効に利用していくための方法を探ることが，この

表 4-1 恩恵の源と恩恵との関係

事 例	イソップ童話	農業（米作の場合）	林 業
恩恵の源	ガチョウ	イ ネ	森林（立木の集団）
恩 恵	金の卵	籾（お米）実の部分	丸太（立木を伐採したもの）幹の部分
恩恵の周期	毎 日	毎 年	森林経営者が決める（自然の収穫期はない）

節の課題である．

　森林からの恵みにはいろいろなものがあるが，ここでは，森林の木材生産機能を取りあげ，木質資源を計画的に持続的に利用する方法を紹介する．なぜなら，木材の採取と利用については長い歴史があり，森林を利用するに当たっての人類の貴重な知恵が蓄積されているからである．ほかの機能について考える場合も，木材の場合の考え方が基本となる．

　『金の卵を産むガチョウ』の場合は，恩恵の源がガチョウであって，恩恵が金の卵であり，しかも，毎日1個ずつ収穫できるというわかりやすい構図であった．しかし，森林の木材生産機能について考える場合は，恩恵の源となる森林は立木の集団であり，恩恵である丸太は森林の中の立木を伐採したものであるので，見た目には同じ立木であって，それゆえ，どの立木を収穫してよいのかその区別が明瞭でない．さらに，農業の米作と比較してみると，林業の特異性がよくわかる．米作の場合は，稲の実の部分である籾を収穫するので，収穫期は実が熟す秋に決まっている．しかし，林業の場合は，立木の幹の部分を収穫するので，自然の収穫期はない．伐採しようと思ったら，いつでも伐採できるのである．森林経営者の判断により，収穫期と収穫量を決めねばならない．したがって，林業では，目先の利益を優先した過伐が行われやすい．本節では，歴史的な発展経過に沿って，森林の恵みを賢く持続的に利用する方法について概説する．

2）薪炭林による燃材の生産　－広葉樹の特性を活かした森の利用法－

　人間は万物の霊長といわれているが，人間がほかの動物と大きく異なる点は

火を使えるということである．そして，通常，燃やすのは木である．現代では，台所で使う火はガスが一般的であるが，50年ほど前までは，日本でも，薪や炭が家庭でごく当たり前に使われていた．今日でも，発展途上国では薪や炭を利用していることが多く，集落周辺の森林資源が枯渇したため，薪集めに苦労している地域もある．

　燃料に用いる木材を燃材と呼ぶ．森の木々は太古の昔より燃材として使われており，燃材の確保はたいへん重要な問題であった．なぜなら，台所の竈で毎日使う薪は1日も欠かすことができなかったし，冬期に暖房として使う薪や炭の確保は，それこそ死活に直結する問題であったからである．また，石炭が広く使われるようになるまでは，製鉄所や製塩所，ガラス製造所などで多くの薪炭が利用された．したがって，石炭や石油あるいは天然ガスが普及する前の社会では，燃材の確保はエネルギー政策としてたいへん重要な問題であった．今日においても，石油資源の燃焼に伴う二酸化炭素の増加により地球温暖化問題が深刻化している中で，木質バイオマスエネルギーの利用が改めて見直されている．なぜなら，木材を燃焼することによって発生する二酸化炭素は，森林が再生されることによって同じ量が吸収，固定されるからである．炭素を増加も減少もさせないこうした性質はカーボンニュートラルと呼ばれている．木質バイオマスはカーボンニュートラルなエネルギーである．

　燃材には主に広葉樹が使われる．それには2つの理由がある．1つは，一般に広葉樹は針葉樹よりも火力が強いからである．もう1つの理由は，広葉樹には萌芽更新といって，伐採されても切り株から芽が出てくる性質があるからである．昔は，コナラやクヌギなどからなる広葉樹林を伐採し，薪や木炭を生産したのち，別の広葉樹林に移動し，そこでもまた同様に伐採をして，薪や木炭を生産するという作業を繰り返していた．伐採跡地は萌芽更新により20〜30年ほど経つと元のような広葉樹林になるので，比較的簡単に持続可能な森林経営ができていたのである．なお，薪炭林の伐採には皆伐と択伐の2種類がある．皆伐とは，対象となる森林内のすべての樹木を一度に伐採して収穫する方法である．択伐とは，ウバメガシ（備長炭の原料）のように暗いところで

図4-1 皆伐低林作業のイメージ図
左から順に，伐採前，萌芽更新後，約10年後，約30年後．

も後継樹が育つ陰樹の場合に適用される伐採方法であって，一部の樹木のみを伐採して収穫する方法である．皆伐は，生産効率は高いが，大面積の場合は地域の生態系に負荷を及ぼすことがある．薪炭生産を目的とする森林は，30年前後の短い周期で皆伐が繰り返され，背の低い木で構成されることから低林と呼ばれる．また，そうした一連の作業は皆伐低林作業と呼ばれる（図4-1）．伐採跡地に森林が再生し（あるいは植林により再生され），再び皆伐ができるような状態になるまでの年数は輪伐期と呼ばれる．輪伐期は英語では forest rotation と呼ばれている．

3）区画輪伐法 −最も古く，最も単純な収穫規整法−

持続可能な森林経営では，森林資源を食い潰さないようにすることが最重要課題であり，そのための伐採計画を策定することを収穫規整または収穫予定という．「規整」には，収穫量を調整するという意味があり，収穫を制限するという意味ではない．

収穫規整法の中で，最も古く，最も単純な方法は区画輪伐法である．ドイツの Erfurt 市の1359年の古文書に記録されており，18世紀の半ばまで広く行われていたという．今，経営対象となる森林の面積を F ha とし，輪伐期を u 年とすれば，区画輪伐法は全森林面積を輪伐期の年数に等分し，毎年1区画（F/u ha）ずつ順番に伐採していく方法である．

区画輪伐法の特徴は，1年間に利用する森林の場所と面積を前もって厳格に

定めていたことにある．また，この方法を薪炭林に適用した場合は，萌芽更新を利用していたために，森林の再生はほぼ確実であった．よって，森林の恵みを持続的に利用することが可能であったのである．しかし，土地の地力[注]などの条件の違いにより，毎年の収穫量は一定ではなかったし，また，数十年先の伐採個所があらかじめ定められているという硬直的な計画であったため，人口の増加に伴う需要の増大に対応することは，とうてい不可能であった．毎年一定の森林面積しか伐採できないという厳しい制約は，毎日1個の金の卵しか産めないガチョウの話と相通じる所がある．なお，ドイツの区画輪伐法と同様の考え方は世界各地にあり，日本では番山制度や番繰山制度などと呼ばれていた．

4）同齢単純林による用材の生産　−針葉樹の特性を活かした人工林の造成−

　木造建造物や家具などに用いる木材のことを用材という．産業革命の進展により，製鉄所や製塩所，ガラス製造所などで，石炭が燃料として使われるようになると，薪や木炭といった燃材の需要が減り，かわりに炭坑の坑木や鉄道の枕木などに使われる用材の需要が増大した．燃材の場合は燃やしてしまうため，丸太の形や長さ，太さなどの質は問題にされず，量が問題にされる．ところが，用材の場合は建築材などに使われるため，丸太の通直性と長さ，太さが問題になる．しかし，それぞれの森林から収穫できる用材は，長さも太さも個々別々であり，それらをクラス別に分類した場合の質および量は，森林の土地生産力や育林方法の違いによって，さらには，森林の成長段階によって大きく異なるので，用材の収穫量を毎年均等にすることは非常に困難であった．よって，収穫量の年変動はやむを得ないものとし，ある一定期間内の用材の収穫量を一定にしようとした．この一定期間は「分期」と呼ばれた．分期の期間の長さは，当初は20年であったが，現在では5年が普通である．

　また，伐採個所についても，区画輪伐法のように固定的に機械的に指定するのではなく，それぞれの森林を森林資源の内容に応じて各分期に割り当てた．

　注）土地の生産力のこと．

図4-2 皆伐高林作業のイメージ図
左から順に，植林前，植林後，約10年後，間伐後，約40〜50年後．

　持続の概念は，産業革命以降の用材生産において，毎年の量を均等にするという考え方から，分期ごとの量を均等にするという「平分法」の考え方に変化した．

　なお，柱や板などに使われる用材の生産を目的とした森林は高林と呼ばれ，そのための森林施業は高林作業と呼ばれる．背の高くなる木々で構成され，間伐などの育林過程を経て，高齢になってから伐採されるという特徴がある．高林作業では，収穫する丸太について，安定した材質や通直性，ならびに，一定の長さと太さが求められるため，同じ種類の樹種だけからなる同じ林齢の森林を仕立てることが多い．特に，針葉樹は材質が柔らかく加工もしやすいうえに通直性も高いので多用されることが多い．樹種が同じで林齢も同じである森林は同齢単純林と呼ばれる．スギやヒノキの人工林は同齢単純林である．同齢単純林は一般に皆伐されるので皆伐高林とも呼ばれる（図4-2）．

5）材積平分法と面積平分法　−問われる実践性−

　各分期の収穫量をできる限り多くして，かつ，均等にするということは，実際には，なかなかの難問であった．なぜなら，用材の量は林齢によって異なるので，その森林をいつ伐採するかで収穫量がかわってくるからである．また，森林を伐採せずに残しておいた場合と，伐採跡地に植林した場合とでは成長量もかわってくるので，考えられるさまざまな伐採計画を想定して成長予測を行う必要があったからである．

1795年に，ハルティッヒは，それまで試みられていた方法を体系化し，「材積平分法」と呼ばれる収穫規整法を発表した．この方法は，以下のような方法で，分期ごとの収穫量を均等にしようとしたものである．

まず，各森林を適正な林齢で伐採することにし，現在の林齢に応じて各分期に割り振る．次に，各森林の成長量も加味して，各分期の収穫量を計算する．当然，各分期の収穫量は異なるので，一部の森林の伐採分期を繰り上げたり繰り下げたりすることによって調整し，分期ごとの収穫量ができる限り均等になるようにする．この場合，各森林の成長量を予測する必要があるが，いずれも分期の中央で伐採されるものと仮定して計算するというものである．これらの計算を試行錯誤的に行うのであるが，材積平分法は，計算が面倒であったばかりでなく，成長量をどのように査定するかで，毎年の収穫量も大きく変化した．成長量が実際よりも多めに査定された場合は収穫量は多くなるが，その分だけ伐採しすぎることになる．査定された成長量が適切であったかどうかについては，計算者を信頼するしかなく，材積平分法の結果を第3者がチェックすることは困難であった．

これに対してコッタは，面積を基礎にした収穫規整法の方が，より実践的で，保続もより確実であると考え，1804年に「面積平分法」を提唱した．この方法は，老齢な森林から順に伐採するという方針のもとに，分期ごとの伐採面積を均等にしようとしたものである．面積平分法は，最初の輪伐期間は収穫量が必ずしも均等にはならないという欠点があったものの，計算は簡単であり，また，1輪伐期後には，常に計画通りの林齢で伐採されることになるので分期ごとの収穫量が安定するという長所があった．

なお，19世紀に広く用いられた方法は「折衷平分法」であり，この方法は，面積平分法を用いて各分期の伐採面積を定めたうえで，第1分期と第2分期の収穫量が均等になるように調整したものであった．

ハルティッヒの考え方はあまりに理想的であって，計画立案のための計算方法は面倒であり，成長量の査定についても確実性に欠けるものであった．一方，コッタは，各分期の収穫量を均等にするかわりに伐採面積を均等にするという

図 4-3 ハルティッヒ（左）とコッタ（右）
（三重大学生物資源学部緑環境計画学研究室所蔵より）

割り切った考え方を示した．そのため，面積平分法は実践性に富むとともに，資源を食い潰さないことも確実に保証することができた．面積平分法は多くの支持を得て，折衷平分法へと引き継がれていったのである（図 4-3）．

6）線形計画法を応用した収穫規整法　−方程式で解く最適伐採計画−

　ハルティッヒが提案した「材積平分法」は，分期ごとの収穫量を最大かつ均等にしようとしたものであって，考え方としては優れていたが，約 200 年前の当時においては計算が面倒であり，実践的ではなかった．しかし，コンピュータが身近なものとなった現代では，パソコンを使って各種の収穫規整の問題を最適化問題として解くことができる．ここでは，線形計画法の応用例を紹介することにする．

　線形計画法とは，オペレーションズリサーチ（OR）の代表的な手法の 1 つであって，連立一次不等式（または等式）の制約条件のもとで，一次式の目的関数の値を最大または最小にする解を見つけ出す方法のことである．linear programming の頭文字をとって，LP とも呼ばれている．現代の森林計画にお

いて，伐採計画を策定するために必要なことは，対象となる森林資源の内容に基づいて，LPの連立一次不等式や目的関数を作成することである．最適解を求める計算はパソコンを使えば容易に計算できるからである．

ここでは，線形計画法を皆伐高林の収穫規整に適用した例を取りあげる．解析に必要な情報は，齢級別の森林面積と各齢級で伐採したときに得られるであろうha当たりの収穫量である．なお，齢級とは，林齢をある一定の年齢階ごとにまとめたものであり，通常，齢級の幅は5年である．すなわち，1年生から5年生までを1齢級とする．また，各齢級で伐採したときのha当たりの収穫量は収穫表から読み取ることができる．収穫表とは，同齢単純林について標準的な成長経過を1枚の表に示したものであり，平均直径，平均樹高，ha当たりの立木本数，ha当たりの収穫量などが，一定の林齢（5年または10年）ごとに示されており，地域別に，樹種別に作成されている．

今，第i分期に第j級の森林を$x_{i,j}$ ha皆伐し，3分期後に指定した目標森林面積に誘導するものとする．例えば，現在3齢級の森林が1,500haあるとする．その森林は第1分期に$x_{1,3}$ ha皆伐され，4齢級になった第2分期に$x_{2,4}$ ha皆伐され，5齢級になった第3分期に$x_{3,5}$ ha皆伐されるとする．ここで，3分期後の目標森林面積を0とすれば，すなわち，現在3齢級の森林が3分期後にはすべて伐採されているとすれば，

$$1{,}500 - x_{1,3} - x_{2,4} - x_{3,5} = 0$$

という方程式が成り立つ．同様にして，各齢級の森林について方程式を求める

表4-2 保続面積表

現況		3分期後の森林面積	目標	
齢級	森林面積		齢級	森林面積
3	1,500	$1{,}500 - x_{1,3} - x_{2,4} - x_{3,5}$	6	0
2	2,800	$2{,}800 - x_{1,2} - x_{2,3} - x_{3,4}$	5	0
1	3,700	$3{,}700 - x_{1,1} - x_{2,2} - x_{3,3}$	4	2,000
		$x_{1,1} + x_{1,2} + x_{1,3} - x_{2,1} - x_{3,2}$	3	2,000
		$x_{2,1} + x_{2,2} + x_{2,3} + x_{2,4} - x_{3,1}$	2	2,000
		$x_{3,1} + x_{3,2} + x_{3,3} + x_{3,4} + x_{3,5}$	1	2,000

ことができるので,それらをまとめると,例えば,表 4-2 のような保続面積表を得ることができる.ただし,伐採跡地は翌年には必ず植林されるものとする.すなわち,伐採跡地は次の分期には 1 齢級の森林になっているとする.

保続面積表から以下の連立方程式が得られ,

$$x_{1,3} + x_{2,4} + x_{3,5} = 1{,}500$$
$$x_{1,2} + x_{2,3} + x_{3,4} = 2{,}800$$
$$x_{1,1} + x_{2,2} + x_{3,3} = 1{,}700$$
$$x_{1,1} + x_{1,2} + x_{1,3} - x_{2,1} - x_{3,2} = 2{,}000$$
$$x_{2,1} + x_{2,2} + x_{2,3} + x_{2,4} - x_{3,1} = 2{,}000$$
$$x_{3,1} + x_{3,2} + x_{3,3} + x_{3,4} + x_{3,5} = 2{,}000$$

これに,伐採面積に関する非負の条件 $x_{i,j} \geqq 0$ を加えたものが線形計画法の制約条件になる.

次に,線形計画法の目的関数を定めることにする.今,収穫量の合計を最大にする場合について考えてみよう.収穫表より,各齢級で伐採したときに得られるであろう ha 当たりの収穫量が表 4-3 の通りであるとすれば,最大化すべき目的関数は以下の式で与えられる.すなわち,

$$\max Z = 100x_{1,1} + 250x_{1,2} + 360x_{1,3} + 100x_{2,1} + 250x_{2,2} + 360x_{2,3}$$
$$+ 440x_{2,4} + 100x_{3,1} + 250x_{3,2} + 360x_{3,3} + 440x_{3,4} + 520x_{3,5}$$

で与えられる.なお,伐採売上げ額の最大を目指すのであれば,齢級別の m³ 当たりの単価を求めておき,それらを収穫量と掛け合わせることによって目的関数を作成すればよい.

線形計画法(LP)とは,連立一次不等式(または等式)の制約条件のもとで,一次式の目的関数の値を最大または最小にする解を見つけ出す方法のことであるが,具体的には,Microsoft 社の表計算ソフト Excel の中にあるソルバー

表 4-3 齢級別の ha 当たり収穫量

齢 級	1	2	3	4	5
収穫量 (m³/ha)	100	250	360	440	520

という機能を使って解くことができる．ここでは，ソルバーの使い方について説明する紙幅の余裕はないが，それほど難しいものではない．

　森林計画の作成に当たっては，まず始めに，森林資源の保続を考慮して各分期の収穫量を定める長期計画を作成するが，そのときに，ここで紹介したような線形計画法を適用する．そして，長期計画が定まったのちに，次の分期の伐採個所を具体的に決める中期計画を作成する．中期計画は通常5ヵ年計画であり，森林の配置や林道の開設状況などを勘案して策定する．

　ところで，現実の問題では，経営目的が1つとは限らない．例えば，森林経営の場合には，収益の確保，収穫量の保続，雇用の安定，公益的な機能による地域社会への貢献など，いろいろな目的がある．線形計画法では，それらの目的のうちの1つを目的関数とし，それ以外を制約条件として取り扱ってきた．しかし，どれを目的関数にするかによって，最適解もいく分か変化してしまう．そこで，多目的な問題を取り扱う手法として考え出されたのが目標計画法（goal programming）である．最近では，森林計画に目標計画法が適用されることが多くなっている．

7）同齡単純林の弊害　－生態学的視点の必要性－

　19世紀のヨーロッパでは，コッタが提唱した面積平分法の流れを受けた折衷平分法が広く用いられていた．これにより持続的な森林経営が順調に展開していったかといえば，現実はそれほど甘くはなかった．まず，風害や雪害などの気象害などにより，計画通りに行かないことがたびたびあった．しかし，持続可能な森林経営を実行していくうえで本質的にもっと重大な問題は，病虫害の大量発生による計画の破綻であった．大面積にわたって同齡単純林が造成されるようになると，各地で病虫害が大発生し，せっかく植えた森林が壊滅的な被害を受けることもあった．なぜ，このような想定外の事態が多発したのかというと，それは生態学的な視点が欠落していたためである．自然界では，ある特定の種が大量に存在すると生態系のバランスが崩れ，その種を餌にする動物（この場合は昆虫）や病原菌も大発生する．それが自然の法則であるので，人

間にとって都合のよいものだけを増やすことはたいへん難しい．農業の場合は農薬や殺虫剤を散布することで，こうした事態に対応することはある程度まで可能であるが，大面積にわたる森林に対して農薬や殺虫剤を散布することは経費的にも難しいし，ひとたび，農薬や殺虫剤に依存する経営体質にしてしまうとその状態から抜け出せなくなり，永久に薬を散布しなければならなくなる．ましてや，飛行機から農薬や殺虫剤をまけば，それこそ R. カーソンが警告した『沈黙の春』の世界になってしまう．

19世紀も後半になると同齢単純林一辺倒の森林造成に対して反省が生まれ，自然に即した混交林の造成が主張され，試みられるようになった．例えば，ガイヤーは，「森林施業は自然に帰るべきであり，自然の法則に従って自然の総ての生産力を利用すべきである」，「造林学は，自然科学を基礎とすべきであり，自然を素直に観察することによって得られた経験を正しく理解するようにすべきである」と主張した．また，ギュルノーは森林を林地と林木の有機体であると考え，天然下種更新による異齢混交林の造成法について研究し，彼独自の成長量計算法を1878年のパリ万国博覧会で発表した．なお，天然下種更新とは，森林内において自然に落下した種が発芽することによって後継樹が成立することをいう．

自然観察に基づく経験を重視する森林管理法は，1920年に出版されたビヨレイの著書「経験法に基づく森林経理，特に照査法」によっていちおうの完成をみた．ビヨレイは定期的に森林を調査することによって，直径級ごとの成長量や成長率を査定し，その結果に基づいて，森林の生産力を高めることを目的とした保育的な伐採を実施した．なお，照査法では収穫量は1つ前の分期の成長量の実績を越えてはならないと制限されていた．この点が，ハルティッヒの材積平分法と大きく異なる．材積平分法では，見込みの成長量をもとに収穫量が算定されており，予測成長量が多ければ収穫量も多くなる関係にあったが，ビヨレイの場合は過去の成長量の実績を基準として収穫量が決められた．つまり，ビヨレイは「取らぬ狸の皮算用」を戒めたのである．

8）木材の伐採・搬出方法　－効率化と安全性の追究－

　森林の主要な生産物である木材は重厚長大であって取り扱いが難しく，機械や装置を利用する必要があることから，木材の採取方法，すなわち，伐採，搬出方法についてはさまざまな方式が提案され改良されてきた．ここでは，その発展経過の概略を紹介するとともに，現代の日本林業が抱える問題点についても述べる．まず，森林の恵みを採取するという観点から，伝統的な方法について述べる．

　木材の伐採および搬出は，伐倒（伐木），造材（枝払い，玉切り），集材，巻立て，運材の各工程からなる．ここで玉切りとは，伐倒した樹木の幹を切断し丸太にすることである．集材とは伐倒木や丸太を林道端や山土場と呼ばれる集積場所まで集める作業である．巻立てとは集めた丸太を積み上げることである．運材とは，山土場に集積された木材を木材市場や工場まで運ぶことである．

　昔は，用材に用いる木材の伐採は，一般に秋から冬にかけて行われた．春から夏にかけての樹木の成長が活発な時期は樹皮が剥がれやすく，夏場は伐採木に虫が入りやすいので伐採を避けたからである．また，農業と兼業している林家の場合は，農作業が一段落した晩秋から冬にかけて山仕事を行った．この季節は，下層木が葉を落とし，下草も枯れ森林内の移動もしやすい．積雪地帯では雪の摩擦抵抗が少ないことを利用して冬に丸太の搬出を行った．橇(そり)を使うこともあった．

　伐倒するには，昔は鋸(のこぎり)や鉞(まさかり)が使われたが，日本では1950年代から主にチェーンソーが使われている．なお，チェーンソーを連続して長時間使用すると手が痺れてレイノー氏病になることがあるので，チェーンソーの操作時間は1日2時間以内に，一連続操作時間は10分以内に規制されている．

　昔は大径木を集材，搬出するのに苦労した．馬に引かせることもあったし，木馬(きんま)といって，小径の丸太を梯子(はしご)状に敷き並べた専用道の上を動く橇のようなものに，伐採した丸太を載せて人力で運んだこともあった．今日では間伐木などの小径木の搬出には林内作業車（小型運材車，ミニフォワーダ）が使われて

いる．林内作業車は木馬を発展させ機械化したものと捉えることができる．

　山岳地で大量の木材を集材する場合は架線集材が行われる．最も原始的な架線集材法はヤエン（「野猿」または「矢遠」）と呼ばれるものであって，架線を張り，そこに丸太を吊るして，傾斜を利用して斜面下部に落下させる方法であった．この方法はブレーキなどの制御装置が付いていないので，安全性に問題があった．集材機を用いた架線集材は日本では1920年代に導入され，第二次世界大戦後に，安全性と効率性を高めるためさまざまな架線集材法が開発され使われた．代表的な索張り方式としてはエンドレスタイラー式などがあげられる（詳しくは専門書を参照のこと）．架線集材を行うには大掛かりな施設を必要とするので，ある程度の量の木材を搬出する場合でないと採算がとれない．近年は，大面積の皆伐が生態系への配慮から控えられる傾向にあるので，集材機を用いた架線集材は少なくなってきている（図4-4）．

　次に，現代の日本林業における木材の伐採，搬出方法について，その概略を説明する．大面積皆伐から小面積皆伐へと移行し，さらには，木材価格の低迷

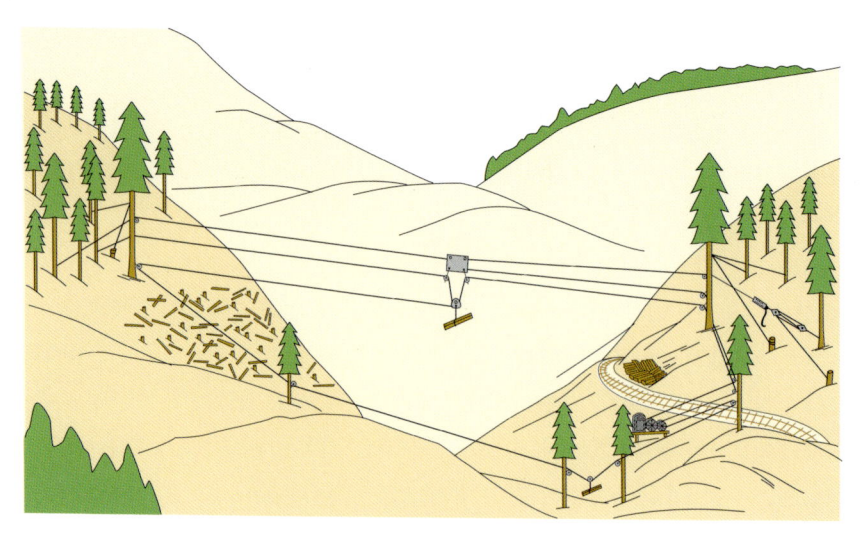

図4-4　エンドレスタイラー式
（林業機械化協会：「最新集材機索張り図集」，1982より改変着色）

により若齢林を皆伐しても再造林の経費が捻出できないことから長伐期化が進み，間伐材の伐採，搬出が増えてきている．間伐材が小径木だった頃は林内作業車が使用されたが，間伐材の径級が太くなると林内作業車では効率が悪い．そのため，近年は，林道網を高密度に開設し，高性能林業機械が使われることが多くなった．なお，高性能林業機械には，フェラバンチャ（伐倒，集積を行う車両系機械），ハーベスタ（伐倒，枝払い，玉切り，集積を行う多工程処理型車両系機械），スキッダ（丸太を引きずりながらけん引集材する車両系機械），フォワーダ（丸太を載荷して運搬する車両系機械），タワーヤーダ（集材用タワーを搭載しタワーを支柱にして架線を張り，その架線に丸太を吊り下げて集材する車両系機械），プロセッサ（枝払い，玉切り，集積を行う車両系機械）などがある．最近ではスイングヤーダ（旋回ブームを支柱にして架線を張り，その架線に丸太を吊り下げて集材する車両系機械）もよく使われる．それぞれの高性能林業機械を詳細については，専門書を参照のこと．

　ここでは，最近の傾向である「道端林業」について紹介する．「道端林業」とは文字通り林道や作業道の沿線を林業の対象地とする考え方である．林業関係者の話によれば，一概にはいえないが，間伐および枝打ちなどの育林が行われるのはせいぜい林道から100mの範囲内であり，収穫を目的とした伐採が行われるのはせいぜい400mの範囲内であるという．一方，現場でのタワーヤーダの集材距離は約300mであり，スイングヤーダの集材距離は約50mである．これらのことから，林道の沿線の森林しか伐採の対象になっていないことがうかがえる．最近では，作業道を奥地にまで開設し，ハーベスタを使用することによって集材の過程を省略する動きもでてきている．今後，この傾向はますます強まるものと予想される（図4-5）．

　ところで，北米や北欧では，林道網が発達した緩斜面の林業地帯で高性能林業機械を使って昼夜交替制で森林伐採が行われており，そのようにして効率よく搬出された木材が人工乾燥され，大量に日本に輸入されている．これに対して，わが国の林業地帯は一般に山岳地にあり，地形も急峻であって林道網が未発達であるため，高性能林業機械の稼働率も低く，木材の伐採，搬出にコスト

図 4-5 高性能林業機械
左から順に，フォワーダ，プロセッサ，スイングヤーダ．（写真提供：近藤耕次氏）

がかかりすぎていた．最近になって，一部の先進林業地ではハーベスタなどの使用が普及しつつある．それらの高性能機械が効率的に稼働できるようになると，本格的な国産材時代が到来すると期待されている．

9）GIS による森林ゾーニング －経済林と環境林の区分－

　森林には木材生産機能のほかに，水土保全機能を始めとするさまざまな公益的な機能があるが，森林を持続的に賢明に利用するには，それぞれの森林が有している機能のうち，どの機能を優先的に発揮させて利用していくのかを決め，それに応じて森林を区分していく必要がある．ここでは，今後の森林管理において必須のツールになるであろう GIS を取りあげ，GIS を応用した森林ゾーニングについて紹介する．

　GIS（geographic information system，地理情報システム）は地理情報に関するデータベース機能とさまざまな空間解析機能を兼ね備えたシステムである．森林 GIS では森林簿のデータが基礎情報として入力されており，データベースの検索結果や抽出結果は自在に地図として表現できる．例えば，間伐の対

象となる森林を樹種と林齢そして施業履歴から検索し，その結果を地図に示すことができる．森林GISでよく使われる空間解析機能はオーバーレイ（重ね合せ）機能と，バッファリング（緩衝領域の作成）機能である．GISではさまざまな主題図をオーバーレイすることにより，新しい地図を作り出すことができる．地質図，土壌図，標高区分図，傾斜区分図，方位区分図，植生図などの主題図をオーバレイすることにより属性が均質な最小空間区画を求めることができるが，この最小空間区画はエコトープと呼ばれ，空間解析をする場合の基礎単位となる．エコトープの頻度分布を調べることにより，その土地の希少性を評価することができる．各エコトープに対する植生の選好性も解析することができ，その結果を「適地適木」の判定に応用することができる．また，バッファリング機能を用いれば，林道からの任意の等距離圏を抽出することができ，森林の経済性の評価に応用できる．なお，個々の空間解析手法の詳細については専門書に譲る．最近はコンピュータの性能が向上したので，こうした空間解析はパソコンでもかなりの程度までできるようになった．

　地域や流域の森林を管理するには，まず，それぞれの森林の現状を客観的に

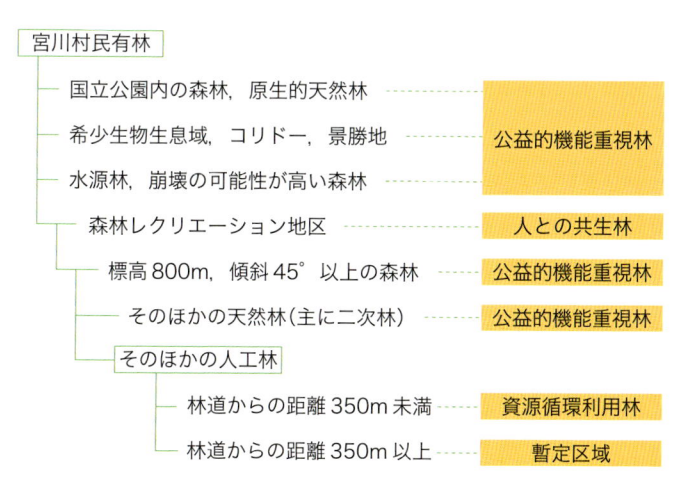

図4-6　森林ゾーニングの樹形図
三重県旧宮川村．

評価し，その結果に基づいて森林を分類する必要がある．すなわち，森林ゾーニングが必要である．原生的な自然環境を有する地域や，希少な野生生物が生息する地域には保護区を設定し環境林とする．水土保全機能の発揮を優先すべき区域もある．林業生産活動に適した区域は経済林とする．筆者らは三重県旧宮川村でGISの解析結果に基づいた森林ゾーニングを試みたが，そのときは樹形図（ツリー図）を用いて順次判定していった．樹形図を用いた理由は，ゾーニングの趣旨を理解しやすく選別作業がしやすいとともに，地域住民にも説明がしやすいからであった．GISは森林経営の透明性を高めるとともに，説明責任を果たすツールとして必要不可欠なものである（図4-6，4-7）．

実際に森林をゾーニングしてみると，木材生産に関して4種類の森林があ

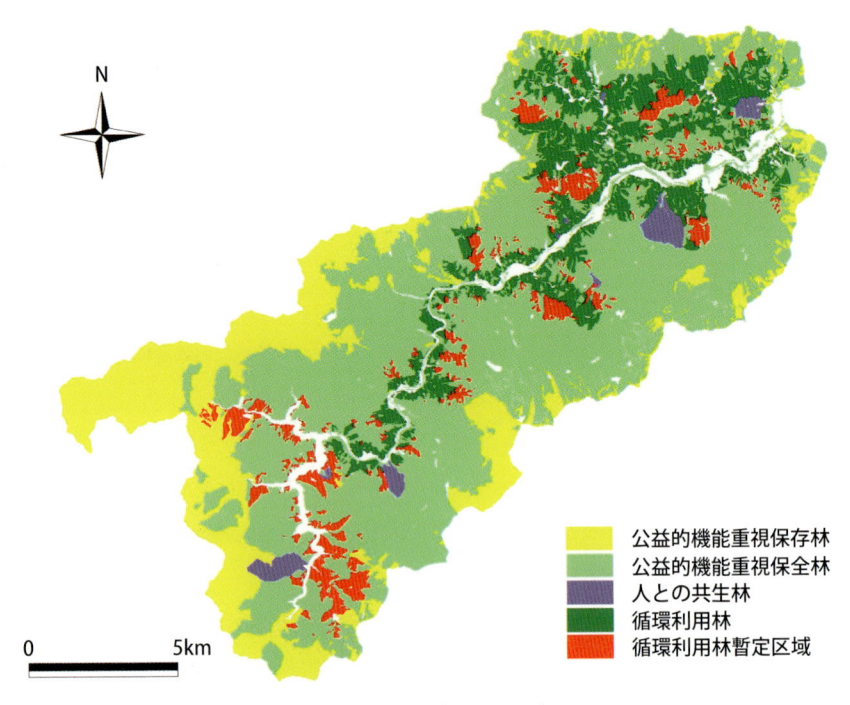

図4-7　森林ゾーニング図
三重県旧宮川村．

ることに気付く．1番目は天然林であって，自然に成長してきた樹木を伐採して利用する場合である．例えば，碁盤に使われるカヤの大木を抜き伐りする場合は，まさに森の恵みを収穫しているという感覚になる．薪炭林の場合も萌芽更新してきた樹木を伐採して利用するのでこの範疇に分類される．2番目は水土保全林のような場合である．優先的に発揮すべき主目的の森林機能があり，林業生産活動は付随的な場合である．この場合も森林を管理していく過程で利用可能な木材は利用するという方針なので，森の恵みを収穫することになる．3番目は，林道から近く，緩傾斜地で機械化がしやすい林業生産活動に適した森林であり，いわゆる経済林である．経済林で林業を行う場合は，経営目標の達成だけを念頭に置いて経営に専心することが許される．収穫される木材は経営の成果であって，生産量と計画量との乖離も少ない．そうなると，もはや森林の恵みを収穫するのではなく，純粋な生産活動であるといえる．企業的に効率を最優先させればよい世界であり，採算が合わなければ市場原理に従って早々に撤退することも許される．経済林の代表的な例が，ニュージーランドで行われているラジアータパインの林業である．ニュージーランドでは，なだらかな丘陵地帯において高度に機械化された大規模集約短伐期林業が，農業経営的に営まれている（図4-8）．

4番目の森林は，かつては林業生産活動を目的としていたが，現在では，経済環境の変化により採算が見込めなくなった森林である．そうした森林は林道から遠い急傾斜地に位置する人工林であることが多い．旧宮川村の森林ゾーニングでいえば「循環利用林暫定区域」に指定された森林である．このような人工林は山中にあることが多いことから，林業生産活動を行うに当たっては，まず，森林が持っている水土保全機能に配慮しなければならない．また，最近では，生物多様性や生態系の維持についても配慮が求められている．森林に公益的な機能がある以上，自然環境の保全に配慮したうえで林業生産活動をしなければならない．さらに，地域計画や流域管理の視点に立てば，林業が採算に合わない場所であっても，そこには森林が存在し続けるわけであるから，森林をどのように維持管理するかという課題はずっと残り続ける．間伐が手遅れの人

図 4-8 ニュージーランドのラジアータパイン林の景観
（写真提供：木平勇吉）

工林は過密になり1本1本の立木が細いままである．そのため，樹形のバランスも悪く，根の張り方も浅いため災害に弱い．台風や集中豪雨などがきっかけとなって手入れ不足の人工林で土砂災害などが発生すれば，被害に遭うのはその地域や下流域の住民である．日本の森林の大半は山岳地にあり，林業を行うには条件が不利であることが多い．事実上経営放棄されている人工林をどのように維持管理していくかが重要課題になっている．森林の恵みを利用するばかりでなく，森林を健全に保つことも考えねばならない．そのためには，地域の環境を整備するための社会的な投資も必要である．

10) 木質材料への加工　－木材の欠点を取り除き，よさを残す－

　森林の恵みは自然の産物であるので，どうしても品質にばらつきがある．例えば木材の場合は，人工林であっても，直径や樹高の大きさにばらつきが生じ，また，幹の曲がり方や節の有無もさまざまである．節の有無や年輪幅については枝打ちや間伐によりある程度まで品質をコントロールすることはできるが，それでもばらつきが生じる．そうしたばらつきが木材の強度に反映される．法隆寺などの宮大工の棟梁であった西岡常一氏の言葉を借りれば，木を使うときは1本1本の木の生育環境や性質を考慮に入れるべきとのことである．しかし，よほどの熟練者でないと木の素性を活かした木の使い方はできない．

　木材を切断したり砕いたりすることによって，いったんばらばらに分解し，接着剤などを用いて再構成したものは木質材料と呼ばれている．木質材料に加工することにより，木材の欠点を取り除いてよさを残すことができるとともに，自在な大きさや形状の部材を作ることができる．木材をどこまで細かくばらばらにするのかという視点で見てみると，木質材料を以下のように分類することができる．

　①集成材…木材を帯鋸や丸鋸などで切断した板を挽板（ラミナ）と呼ぶ．挽板から死節などの欠点を除去し，短くなったものをフィンガージョイント法などを用いて縦に継ぎ合わせた細長い板は，縦継ぎラミナと呼ばれる．縦継ぎラミナを積層接着し，すなわち，積み重ねるように接着し，骨組み軸材料に仕立

てたものが集成材であり，エンジニアードウッド（EW）とも呼ばれている．なお，エンジニアリングウッドは和製英語である．大断面の湾曲集成材も作られており，体育館などの大型木造建築に使われている．ところで，幅の狭い板や角材を幅方向に接着し，板のようにした木質材料は面材料と呼ばれ，これも集成材である．

②**単板積層材，LVL**…丸太を単板切削，すなわち，大根のかつらむきのようにして切削した単板（ベニア）を平行に積層接着した軸材料をLVLという．間伐材などの小径の丸太からも作成できるという長所がある．なお，単板（ベニア）を直交積層した面材料が，いわゆる合板である．

③**パーティクルボード**…端材や廃材などを砕いて小片（パーティクル）にし，圧締接着した面材料のこと．パーティクルの方向はランダムである．

④**ファイバーボード**…木材を繊維（ファイバー）にまで分解し，圧締接着した面材料のこと．ファイバーの方向はランダムである．

⑤**リグノフェノールによる成形加工物**…木材の主成分はセルロース，ヘミセルロースという炭水化物と，リグニンという高分子芳香族物質から構成されており，自然界ではリグニンは細胞間の接着物質として機能している．木材を炭水化物とリグニンに分離したのち，再び合成することによって均質な木質材料を製造することができるという画期的な技術が，三重大学の舩岡正光教授によって発明された．相分離システムと呼ばれる方法により，天然リグニンは使いやすい新素材であるリグノフェノールに変換され，このリグノフェノールを接着剤とすることによってセルロースを自由な形に成形することができるようになった．木材にかわる新しい素材を木質廃棄物から作り出すことができるだけでなく，余計な化学物質を接着剤として使用していないので，繰り返し何度でも作りかえられるという利点がある．

11）森林を賢く利用するための知恵 −まとめ−

この節では，森林を賢く利用するための人類の知恵について，歴史的な発展経過に従って概説してきた．金の卵を産むガチョウの話，区画輪伐法，面積平

分法の考え方，照査法の基礎にある「取らぬ狸の皮算用をするな」という教え，よく考えてみると，どれもこれも当たり前のことばかりである．しかし，目先の欲に目が眩んでしまい当たり前のことができないのも，悲しいかな人間の性である．したがって，当たり前のことを組織としてきちんと実行できる経営・管理システムを構築することが重要である．

　森林には公共性があるとともに，成長するまでには長い年月がかかり，しかも地理的分布も広範囲に及ぶので，森林を適切に維持管理することの社会的責任は大きい．それゆえ，森林の維持管理については経営の透明性と説明責任が求められる．地域や流域の森林計画を作成するには，まず，森林をゾーニングしたのち，次に，それぞれの森林の経営目標に従って，最適な森林計画を線形計画法や目標計画法などの数理計画法も応用しながら策定していく．そして，シミュレーションに基づいていくつかのシナリオを関係者に提示し，合意を形成していく．その過程は複雑であり高度に専門的である．したがって，外部の者が個々の森林計画の内容を詳細にチェックすることはなかなか難しい．しかし，例えば，面積平分法に基づく計画内容と比較してみるということであれば大まかなチェックはできる．また，GISによるオーバーレイ機能などを用いた解析は，ビジュアルで分かりやすく，説得力があるので推奨される．

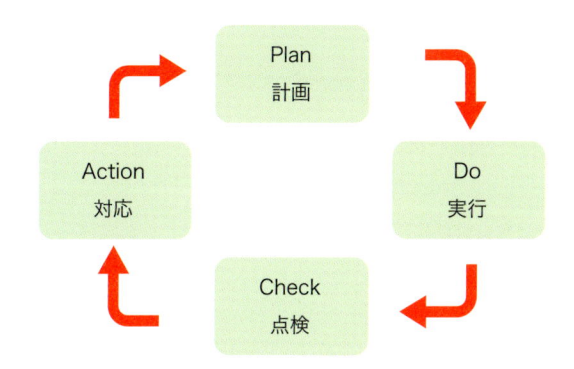

図4-9 PDCAサイクル
Plan(計画)，Do(実行)，Check(点検)，Action(対応)の頭文字を取ったものであり，この順番に計画を見直し改善していくこと．

森林の恵みを持続的に利用するこつは，森林との対話によってもたらされるといっても過言ではない．森林調査やモニタリングを定期的に繰り返し，PDCAサイクル（図4-9）やアダプティブマネジメント[注]（順応的管理）の精神に則して森林を維持管理しながら，森林からの恵みである生産物を採取し利用していくという姿勢が大切である．そのためには，その森林に関連する情報をその森林に関わるすべての利害関係者と共有し，円卓会議などで合意を形成していく必要がある．森林GISは情報を共有し，透明性を確保し，説明責任を果たす手段として活用が期待されている．

2．森林の造成と保護

森林は木材を生産するという林業の最初を担う場であった．しかし，外国産の木材を大量に使えるようになって国内の木材生産が主要な産業でなくなり，一方で自然環境に対する国民の多様な期待が高まり森林の多面的機能の総合発揮が求められるようになってきている．このような情勢の下で，森林管理を行う場合に注意すべき事柄について，森林の種類，森林の取扱い方とその技術，森林保護活動の高まり，森林管理のための関わり方などについて考えてみたい．

1）森林の種類

(1) 里山と深山

森林は，生態学的な分類とは異なった，私たちの利用しやすさに大きく関係する位置の違いで里山，深山に分けられる．里山は，人の生活しているところに近い位置にある森林であり，過剰といえるほど頻繁に利用されてきた．その結果，自然力と人間の働きとが織りなす，地域ごとに異なった生態系が形成さ

注）adaptive management 順応的管理または適応的管理と訳される．モニタリングなどの解析結果に基づいて，維持および管理の内容や水準を修正していくことを前提とした管理手法のこと．森林管理のように対象となるものの全体像が完全には把握できず，不確実性を伴うものを取り扱うときに有効な手法である．

れている．この里山は，都市の中の緑地としてあるところはもとより，近郊のものも気軽に入り込みのできる自然としての価値が見直されて，歩道の整備や

図 4-10　里山の景観
薪炭林だった広葉樹林の周囲にはスギが育ち，山裾には竹林，斜面は茶畑や段々畑にと，さまざまな用途に使われている．栃木県黒羽町．

図 4-11　自然度の高い天然林の景観
さまざまな種類の広葉樹が作り上げた，人里から離れた所の暖温帯林．奄美大島．

各種の説明板の設置などが行われている．また近年，環境教育や自然体験教育の場として注目されている．

　深山は奥山といってもいい．人が日常的には入り込みにくいところであり，それほど撹乱されてはいない，自然状態のままに近い林相が保存されている森林である．とはいっても，狭い日本の中にあるため，交通の便のよいところはほぼ余すところなく何らかの方法で利用されている．この深山でも，利用というよりは自然を大規模に改変した拡大造林事業が行われた．このような森林が，人工林として森林面積の約40％を占めている．これまでの森林利用に加えて，国家的規模で森林状態の改変を行った結果，本当に交通の便が悪いところか，地位の低いところ，特段の景勝地以外は，樹種構成が大きくかわった（図4-10，4-11）．

(2) 天然林と人工林

　森林は人間が意図して造成したかどうかで，人工林と天然林に分けられる．一般の解釈では，天然林とは人間が関与せずにできた森林のことをいう．天然林の中には，山火事や火山の噴火などにあって，もとの森林が壊れて若い樹木で新たに更新されているところもある．これらを特に二次林と呼ぶ．人工林とは文字通り，人間が何らかの目的を持って造成した森林のことである．

　この区分は，行政レベルと研究レベルでは，違った意味で使われることがある．

　行政的な解釈では，「人が苗木を植えて作った林」か，それとも「人が植えないでできた林」かで，人工林と天然林とを区別する．人が植えたものなら人工林だし，自然に種が落ちてきて芽生えて林になったのなら天然林であるとするのである．したがって，林床の刈払いや地掻きなどを行ったり，一部に植込みを行ったりして造成した森林は「育成天然林」であるし，人手をほとんどかけずに天然更新させた森林は「天然生林」と呼んでいる．

　一方，森林科学の分野では，目的意識を持って造成した森林は，すべて人工林としている．つまり，萌芽や伏条，上方・側方下種更新などの天然更新技術

図 4-12　天然林と人工林
さまざまな樹種からなる天然林（奥の常緑針葉樹の多い森林，天然カラマツが混じる）とカラマツばかりの人工林（手前の森林）．長野県金峰山国有林．

で作った森林も人工林である（図 4-12）．

2）人手をかけてはいけない林と人手をかけないといけない林

(1) 自然が作りあげた森林

　人手が加わらない場合，その土地の地質，地形，土壌，生物，気候などの環境条件に適した森林が成立する．これが，天然林であり最も安定した森林と考えられている．このような林は，その状態がそのときの環境条件に適合しているものなのだから，伐採とか他植生の導入とかを行うことは安定性を損なうことになる．その土地にあった自然生態系は，功利的であろうと善意であろうと，人手が加わった程度に応じてその機能が低下する．換言すれば，安定性が損なわれるのである．環境保全的立場からいえば，天然林のような長い年月をかけた末自然に順応して成立した森林が最もその保全効果が高いと考えられている．

(2) 人の手によりできた森林

　効率的な木材生産を意図して，森林の構成種をかえて人工林を作るということは，本来そこの環境条件では成立し得ない森林を造成することである．そのような森林を維持するためには，そこに影響してくる自然の力を人間の力で取り除いて目的とする樹木を育ててあげないと，造成目的にあった森林は維持できない．つまり，保育という人為を加えないと木材生産を行うという意味での森林の質は低下する．すなわち，このような森林は人手をかけないと荒れてしまい，木材生産がうまくいかない林分となってしまう．したがって，造成した目的を達成するためには，安定へと向かおうとする自然の動きを止めるために，育林技術などを適用しなければならない．これは，自然の動きに逆らう行為をその生態系に施すことが必要なことを私たちに教えてくれる．

　特に，若齢期の過密状態にある森林の場合は，林床植生が発達せず林地保全機能が損なわれる事例がしばしば観察される．しかし，過密状態でない人工林の場合，水源涵養や土砂流出防備および洪水防止の観点からいえば，目的樹種以外の雑木が侵入してきて植栽木が圧迫されたり，曲がった木が多くなっても環境保全機能が落ちることには必ずしもつながらない．

　日本は，かなりの奥山まで道路が通じ，「開発」されてきた．その結果，自然に任せた方がいいと思われる，かつては深山，奥山であったところにまで，生活者が居住する場ができた．そのような場では，自然に任せて，例えば崩れやすいところは崩れるに任せ，河川が河道をかえやすいところではかわるに任せるという放任が難しい．そのような場ではどうするか，これについての多くの正解がある．関係者の利害が錯綜しているため，簡単な解決は得られない．利害関係者同士の調整を経て，そのときそのときで最良と了解された対応をしていくのが次善の策といえるのだろう．試行して不備の出たところをその都度解決する技術である順応管理（adaptive mangement）は，1つの方策である．

(3) 造 林 技 術

　森林管理に必要な技術は，森林科学の分野で集大成されている．そのうち，森林生態系や樹木に関する事柄を取り扱うのが造林技術である．

　「人間の社会の要求するところと森林の要求するところの間，あるいはエコノミーの要求するところとエコロジーの要求するところの間を，人間が森林に手を加えること－森林施業と呼ばれている－によって調整することのできる程度」を「施業の自由度」といい，「利益を生み出さないか，あるいは生態学的にみて許されないために森林に手をつけることができない地域」を「施業上の0地域」と呼ぶ（佐藤，1983）．そして，この地域では施業の自由度がきわめて少ないために，「何もしないこと」が最も正しい施業上の意志決定であるとしている（佐藤，1983）．このような「施業上の0地域」というものがあることを認識したうえで，私たちは「施業の自由度」をはかりつつ造林技術を適用しなければならない．

　造林技術とは，地球上で営まれる樹木の光合成により固定されたエネルギーを主として木材の形で，効率的に人間が使いやすくするよう取り出す，あるいは取り出せるようにするための技術だといえる．そのために，樹木を介したエネルギーの流れと樹木の生理生態，立地環境との相互関係，物理的環境や生物的環境との相互関係などの基礎を研究する「森林科学」と密接な関係を持って運用する必要がある．

　造林技術には，まず実際の森林，樹種の実態や生理生態を知ることが含まれる．森林は巨大な生物集団で広大な空間に成立するため，環境をコントロールすることができない．したがって，森林を造成する環境に造林樹種が適合している必要がある．これを「適地適木」という．次いで，どのような森林を作るかという，森林を代がわりさせる技術の知識を学ぶ．また，造林樹種の優良苗木の生産と林地への仕立て方を知る必要がある．植え付けた木を育てるための手入れとして，下刈り，ツル切り，除伐，間伐，枝打ち，密度管理などの一連の技術は重要な育林技術である（図4-13，4-14）．

図 4-13　ススキと競争するヒノキ
下刈り期間を終了した若いヒノキ造林地．これから先はススキに被圧されることなく成長できる．千葉県清澄地区．

図 4-14　クズに巻かれたヒノキ
下刈り終了後に繁茂したクズにすっかり覆われたヒノキ．適度な見回りとツル切りは，若齢期の造林地では欠かせない作業．山梨県塩山．

(4) 森林の保護という概念

　人の干渉をほとんど受けずに，自然環境のあるがままで維持されている自然

は貴重である．この中には，私たちが学ぶべき情報はきわめて多い．これまでの生態系を維持していたバランスが崩れて，シカなど野生鳥獣が増加したため変質した生態系も，その新たに出現した環境要因とバランスをとるために再構成を行っているだろう．近視眼的に見れば，生態系が変質するということは困ったものである．しかし，困ったからといってその状況がかわらないのだとしたら，自然生態系は与えられた環境条件に合わせたシステムを構築するだろう．その過程で，新たな創造が試され，繰り返されるはずである．これらの試みが生み出す新たな秩序への道筋は，私たちに新しい見方や情報を与えてくれるはずである．今，各地で長期観測研究が広く行われているが，この長期観測はまさに，この新しいものを探り出す研究である．

　保護，保存すべき生態系は，人為の影響を多くは受けていない，自然のままに近い生態系や，特殊環境下のものが多い．そして，稀少生物や重要生物の個別的な保存からさらに進めて，これら稀少生物が存続できる生存環境を保護することが重要というように，保護対象が進化しているといってもいいのが現在

図 4-15　ごく普通のブナ林
ブナが優占し，林床をササが覆う冷温帯の代表的植生．群馬県水上．

図 4-16 寂しいブナ林
広く行われた母樹保残施業跡地で，天然更新が不良なため次代の森林が育っていない更新未了地の景観．どこにでもあったブナ林がこのように劣化したことが，ブナ林の価値を見直す契機の1つとなった．群馬県水上．

である．

　一方で，何ら特別ではない，ごく普通の自然の保全が実は大事なのである．現在，ブナ林が自然保護の象徴になっている．このブナ林は冷温帯の植生としてごく普通の森林であり，その分布域では広く見られた．そのかつて普通だったものが失われて，普通でなくなったために，ブナ林の重要性が再認識されたのである．普通だったものが普通でなくなるという事態があったからであり，それはそれで恐ろしいことなのかもしれないから，さらなる悪化を防止しようという共通理解が自然の保護活動に活力を与えたのである（図 4-15，4-16）．

3）森林管理への関わり方

　森林の多面的機能を享受するためには，享受できる環境を作る必要があるし，利用は自然を極力損なわないようにしなければならない．そして，そのために適正な管理を行わなければならない．

では，適正な管理というものはどういうものであろうか．実はこれはまだ答えの出ていない問題である．林業に携わる人や環境保全活動をしている人，ボランティアで森林整備に励んでいる人などに聞いてみると，森林に対する期待はさまざまであり，期待する人の数ほどの，こうあって欲しい森林の姿というものがある．そして，多くの人に多かれ少なかれ影響を与える森林環境に利害関係を持つ人の意見を尊重しなければならないということは，現在では共通の理解となっている．このことを認識して，森林管理への関わり方を考えてみたい．

森林の多面的機能の最初に記述されている生物多様性保全機能は，森林があるがままで発揮する機能であり，ことさらに種数を豊富化させる必要はない．拡大造林や天然林施業でうまくいかなかった林分を再生する場合や，過剰利用で劣化した森林を修復する場合でも単純な植栽による単純化は避けた方がいい．そのためには，造林するよりも天然更新や自然に侵入する植物の育成利用が有効と考えられる．また，野生動物，特にシカが増えすぎているために単純化している植生を回復するためには，どのような手だてを講じるかに知恵を絞り，関係者間の合意を得る必要がある．これはシカの駆除という作業が根本にあり，そのための経費と人員を広い範囲に大規模に投入することが必要だからである．行政の主体的な参加なしには実行できない事業である．

土壌保全機能や水源涵養機能では，これも自然力の下に森林が維持されている場合は，特に何かする必要はない．植生が火災や気象被害などその生態系外からの大きな干渉で損なわれている場合は，少しでも早い復旧のために，損なわれた植生回復や導入などの補助手段を講じることは有効だろう．野生鳥獣生息環境保全に関しては，これは恐らく普通の生態系であれば彼らが満足できるはずのものである．そうでないとしたら，例えば狭すぎるとか，林分構造が不適だといったことであれば適当な森林を増やすか，林分構造を改変することになろう．佐渡のトキの例に見られるように，化学物質を使わないなど周囲の農用地の環境をかえることも選択肢に入ってきている．どのような判断を下すかについては，該当の生物の実際の生態を，環境変動の情報と照らし合わせて行

うことになる．そのためには，長期にわたる観測データが欠かせない．

　文化，保健およびレクリエーションの場としての機能を実感するには，自然の中に浸るのが一番である．この場合，バッファと呼ばれる周辺地域はともかく，コアである森林内に自然生態系の営みとは相容れない，人間の近代文化を持ち込むことは厳に慎むべきだろう．

　大規模な地震，津波，火事などで，ライフラインが壊れて，長期にわたって普通の生活条件が停止する事態が多発している．日本各地だけではなく，世界各地で多発している．大きな災害から生き延びても，生活するための条件が長期にわたり損なわれる事例を身近に聞くことが多い．そのような場では，精神的打撃を受けて，長く普通生活が損なわれる事態も出ているという．文明という近代科学に裏打ちされた生活環境は，一見快適な暮らしを提供しているようであるが，近代文明を駆使し始めて1世紀，まだ人間の体はその生活に馴染むほどには適応変化していないようである．便利になってあまり動かなくとも生活できるようになった結果，動かなくてもいいという日々の生活環境への変化不適応の病，忙しすぎる毎日や多すぎるストレスに意識が対応しきれないことによる心身の病に冒されるという事態を生じている．

　長い人類の歴史の中で，私たちの体が適応してきた海や山という自然環境に何度も戻って，人の生き様を実感して元気を取り戻すことが必要なのだということが，広く再認識される時代になってきた．そのためには，この1世紀でひ弱になってしまった私たちが，山野の恵みを享受すべく，働くべく，山に入るための環境整備をすることは自然保護の言葉の下でも許されることだろう．環境整備とは，道を造ることである．近代文明から離れるのだから，車道は要らない．関係者間の協議の結果緊急車両が入山可能な道を造るとしても，行楽者が使う車道ではない．しかし，歩道がないと，これだけの数の人間がいるのだから，山体が著しく荒らされてしまう．林地保護のためには歩道整備は不可欠である．どのようなところにどのような道を造るかということも，林業技術の1つである．

　自然に任すと山地崩壊が下流に害を及ぼすという場所もある．下流に被害を

図4-17 山を楽しむ人々
森林帯を抜けてたどり着く頂上までに自然のさまざまな楽しみがあり、また頂上に着いたという達成感が得られる．群馬県谷川岳．

　受けるものを置かないことが鉄則である．しかし，それが叶わない場合には，近代文明の総力をあげて，修復，下流保護の手だてを講ずるべきで，そのためには多分，大規模な土木工事が欠かせない．山裾の，ほとんどあらゆる所に人の居住地がある現代の日本に生きている以上，そのことも受け入れられるべきである．

　すでに大きく改変されてしまったところ，例えば拡大造林地や別荘地，農用地など，そこでは新たな生態系の仕組みが動いている．その生態系の動きが，周辺の利害関係者にとって，大きな問題を引き起こしている

図4-18 森を楽しむ人々
森の中でのバーベキューは心身を快適にし，人々同士の触れ合いを密にする．神奈川県七沢森林公園．

のであれば，その生態系を作りかえる必要も生じよう．その場合の利害のバランスは，利害関係者，行政関係者，専門家など有識者からなる意見討論の場で定めていくべきである．利害関係者は利害を比較して，とるべき対応案や条件を提示する，行政関係者はその解決に向けての調整と行政の対応情況を勘案した具体的な実行案を作成して提出する．専門家など有識者は，この件にかかる専門的情報や似た事例に関する情報を提供して判断の材料とできるようにする役割を担うのである（図4-17，4-18）．

　このような作業の結果，最良ではないにしろ，争いの少ない事業実行が可能になり，利害関係者は議論の都度，知識や経験を深めてよりよい対策を見つけ出すことができることになる．この作業にはたいへんな量の時間と忍耐のいる協議が必要であるが，すでに多くのNPO法人との間などで採用され，成果をあげ始めている（例えば，緑のダム準備委員会，2002）．

3．持続可能な森林経営

　これから管理技術としての「持続的な森林経営」について述べる前に，森林に関連する言葉の概念を明らかにしておく．

　森林に関する言葉としては，「木」，「林」，「森」ならびに「森林」などが一般的である．ここで，「木」は1本の木を意味し，専門的には，「樹木」あるいは「単木（たんぼく）」と呼んでいる．「林」は，ある面積に生育する似た性質を持つ樹木群のことで，専門的には「林分（りんぶん）」と呼んでいる．さらに「森」は，「林分」が複数集まって広い範囲にモザイク状に分布している状態全体のことで，これを「森林」と呼んでいる．

　実際の森林で考えると，図4-19の中には色や表面の形状がことなる区域がモザイク状になっているのが見て取れるが，このモザイクの1つの区域が「林分」であり，この「林分」によって構成されている全景が「森林」である．パッチワークや貼り絵に例えれば，パッチワークでは1個のパッチ，貼り絵では最小単位のちぎった色紙が「林分」で，パッチワークや貼り絵の作品全体が「森

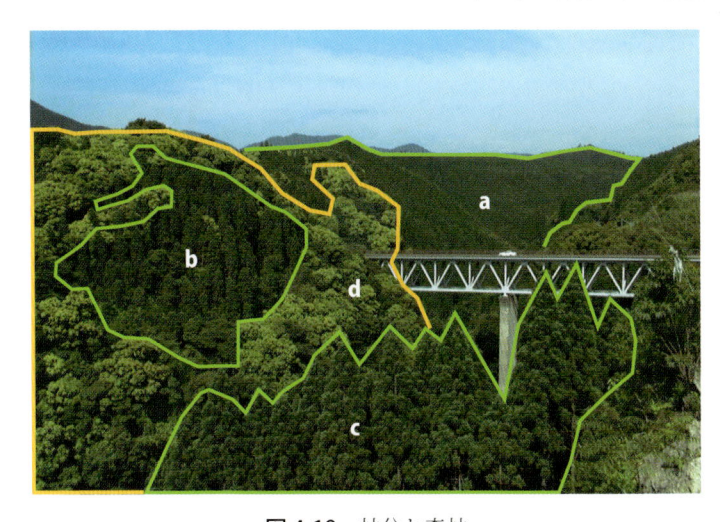

図 4-19　林分と森林
a：若齢のスギ林分（人工林），b：壮齢のスギ林分（人工林），c：老齢のスギ林分（人工林），d：壮齢の広葉樹林分（天然林）．

林」に相当する．「樹木」，「林分」および「森林」の違いを認識することで森林に関する内容や事柄をより深く理解できるであろう．

1）「持続可能な森林経営」とは何か

　持続可能な森林経営とは，Sustainable forest management の訳であり，「森林を生態系として捉え，生物多様性の保全，木材生産量の維持，森林生態系の健全性と活力の維持，土壌と水資源の保全など，森林の持つ多面的な機能の重要性を認識したうえで，森林の保全と利用を両立させつつ，多様なニーズに永続的に対応していこうとする森林の取扱い」である．
　Forest management（森林経営）は，これまで「林業経営」と訳され，狭義には木材を生産，販売することで利益を得る経済活動を意味していた．しかし，「林業経営」にも「持続的」という意味が含まれている．それは，「林業経営」の主目的の木材生産は，森林が健全でかつ長期間存在することで継続的に達成しうるからである．最近，森林は多面的機能を有し，一度消失した機能の修復

は非常に困難であることが認知されてきたので，森林の保全と利用を両立させようとする考えが強まり，「森林経営」という言葉が使われるようになった．

2）持続可能な森林経営の起源

化石燃料が現在のように燃料として自由に利用できなかった時代，森林の減少および消滅は日常生活に欠かせない燃料および材料などの枯渇を意味し，結果としていくつかの文明が滅亡したとされている．そのため，木材資源の確保は不可欠であったが，森林を持続的に管理するといった具体的な技術開発までには長い時間を要した．

それでは真の意味での持続可能な森林経営は，いつ頃，どこで始まったのか．これは，16世紀ヨーロッパ，諸侯（領主）と住民の関係で有名な中世時代にまでさかのぼる．当時も，先の例と同様に木材が日常生活に不可欠な資源であり，領主，所領ならびにそこに暮らす住民の構図が定着した時代であった．したがって，領主の主要な仕事の1つは，自分の所領内に暮らす住民に毎年一定量の木材を所領内の森林から供給することであった．そのため，森林をつぶさに観察し，森林の一部を伐採してもその後も一定量の収穫が可能になるように計画的な伐採を実施した．つまり，これが持続的な森林経営の始まりである．なお，日本ではこのヨーロッパで考案された古典的な「持続的な森林経営」を，翻訳の関係で「保続的な森林経営」と呼んできたが，意味するところは同じである．

前記の古典的な持続的な森林経営は，森林が「法正状態」であれば，実現可能であると考えられていた．この「法正状態」とは，図4-20のように，毎年一定量の木材を生産するのに必要な林分面積がAで，森林が50年で伐採可能であると仮定したとき，1年生の若い林分から，伐採可能な50年生までの林分が各年齢，一定面積存在している状態（1）のことである．一番古い50年生の林分を伐採（2）しても，次年度には1年若い林分が50年生となり（3），伐採を繰り返すことができるからである．このとき，伐採と同時に，毎年伐採した面積と同じ面積の新しい林分を植栽などして作ることが大前提である．

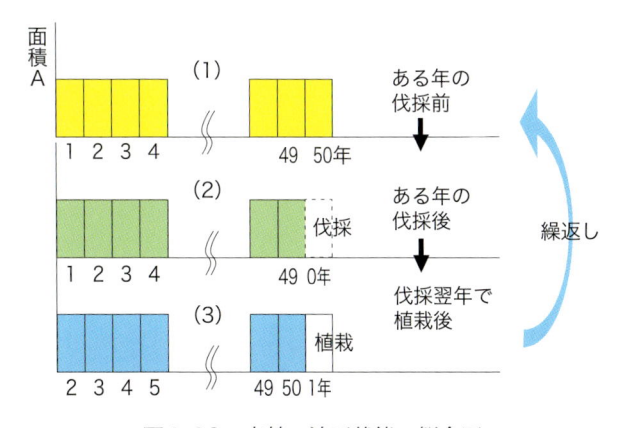

図4-20 森林の法正状態の概念図

3）持続可能な森林経営の必要性 −その誕生の背景−

　古典的な「持続的な森林経営」が，中世ヨーロッパで生まれ実践されていたことはすでに述べたが，これは化石燃料の利用以前のことであり，今，なぜ「持続可能な森林経営」のような考えが必要になったのか．

　それは，先進諸国といわれる国々では，森林をはじめとして自然資源を大量かつ収奪的に消費し，社会発展を成し遂げてきたからである．さらに近年では，中国をはじめとしてアジア，南アメリカ，アフリカ諸国が経済発展を目指しており，それらが原因となって森林減少が問題となっている．

　具体的には，熱帯地域を中心とする開発途上国では，経済社会の発展から取り残された貧困層の住民が伝統的な焼畑を行っている森林地域に侵入，場合によっては政府がそれを推奨している．そして，彼らによって森林維持が可能な許容量以上の伐採が日常的に行われ，それで森林が劣化および減少することで住民の貧困がいっそう進行する負のスパイラル状態に陥っている．さらに，ルールを無視した違法伐採が頻発する事態が発生し，問題が深刻化している（図4-21）．

　一方で，ロシアなどの北方林でも，熱帯林同様の違法伐採や過度の伐採が行

図 4-21　熱帯林における不法侵入者による森林伐採
上：森林地域に不法に侵入し，木材を収穫後，耕作のために火入れをしている．下：森林の伐採後，過度に農地として利用されたため地力が極端に低下した場所．地域の森林団体が植林を試みているが，森林回復は非常に困難である．上下ともに，カンボジア，カンポンチュナム州．

われており，さらに大規模な森林火災が頻発し，森林の劣化および減少が大問題となっている．

世界中で森林を含む自然環境の悪化が顕著となり，1992年にブラジルのリオ・デ・ジャネイロで通称，地球サミット（「国際環境開発会議（UNCED）」）が開催された．そこでは，地球環境を保全しつつ社会経済の持続的な発展をはかっていくという「持続可能な開発」(sustainable development) の考えに基づき，「リオ宣言」がとりまとめられ，そのときに「森林原則声明」および「アジェンダ21」が採択され，森林に関しては各国が「持続可能な森林経営」に向けて努力することが合意されたのである．この「森林原則声明」は，世界のすべての森林の持続可能な経営のための原則を示したものである．一方，「アジェンダ21」は，環境保全と経済発展を両立させるために，各国が取り組むべき行動計画を決めたものであり，主として「森林減少対策」に重点が置かれている．

4) 森林の定義　－多様な森林の存在－

　「持続的な森林経営」を考えるうえで重要なのが，森林の定義である．日本人は，森林というと図4-22のような非常に密な森林を想像する．また，絵画であっても同様に密な森林が美しいとされている．一方，日本国内でも，沖縄（亜

図4-22　一般的な森林イメージ
密度が高い壮齢スギ人工林の遠景．

熱帯）から北海道（亜寒帯）まで，多様な森林が生育している．さらに世界では気候風土に大きな相違があり，森林はそれに応じた環境の中で生育しているので，多様な森林が存在する．世界レベルで森林のことを論ずるには，初めに森林の定義を明らかにする必要がある．

グローバルな森林の定義としては，温室効果ガス削減で有名な IPCC（気候変動に関する政府間パネル）のものが最適である．その定義は以下の通りである．

1つ目の要件は，土地そのものが「土地利用区分」として「森林」とされていることである．日本では，人工林を伐採して，その後再び植栽することが長く続けられているが，植栽直後はまだ森林状態とはいえないが，これも区分上は立派な森林である．一方,「果樹園」や「公園」にはたくさんの木が植栽され，それらが立派な森林状態であっても「森林」ではない．

2つ目は，森林の広さの基準である．森林がひとかたまりで存在する広さ（面積）の基準で，最低が 0.05～1ha となっている．

3つ目は，森林の高さの基準である．森林は成長に従って樹高が高くなる．そして，森林がある程度成熟したときの最低樹高が基準の1つであり，それは 2～5m である．

4つ目は，森林の密度の基準である．これは，図 4-23 のように樹冠投影面と呼ばれる枝葉を広げた領域の合計の，森林全体の面積に対する割合を表す樹冠率（あるいは樹冠被覆率）である．最低の樹冠率が基準の1つで，それは 10～30% である．

以上のように，基準の最低値には幅があり，しかもその値は日本の森林の基準と比べると非常に小さい．これは，日本でわれわれが目にする森林よりも多様な姿が世界の森林として認められていることを意味しており，このことを十分に理解したうえで世界レベルの森林経営を考える必要がある．

前述した中世ヨーロッパ，特にドイツで考えられた「保続的な森林経営」では，日本と同様の豊かな森林で，しかも限られた範囲の森林を対象とし，木材や狩猟といった資源生産が主目的であった．ところが，現在は全世界の多様な

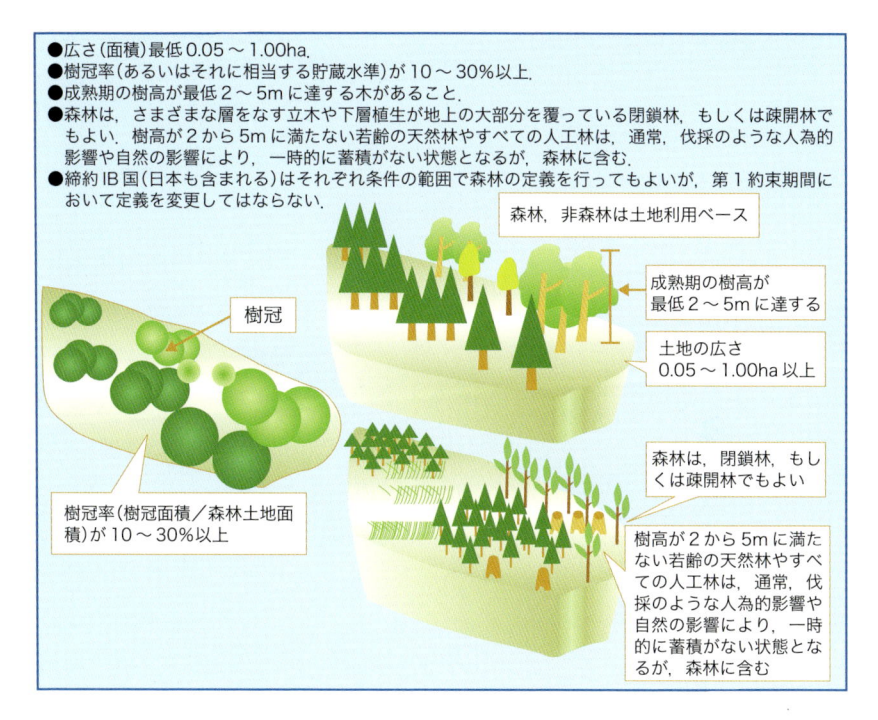

● 広さ（面積）最低 0.05〜1.00ha．
● 樹冠率（あるいはそれに相当する貯蔵水準）が 10〜30%以上．
● 成熟期の樹高が最低 2〜5m に達する木があること．
● 森林は，さまざまな層をなす立木や下層植生が地上の大部分を覆っている閉鎖林，もしくは疎開林でもよい．樹高が 2 から 5m に満たない若齢の天然林やすべての人工林は，通常，伐採のような人為的影響や自然の影響により，一時的に蓄積がない状態となるが，森林に含む．
● 締約 IB 国（日本も含まれる）はそれぞれ条件の範囲で森林の定義を行ってもよいが，第 1 約束期間において定義を変更してはならない．

樹冠

樹冠率（樹冠面積／森林土地面積）が 10〜30%以上

森林，非森林は土地利用ベース

成熟期の樹高が最低 2〜5m に達する

土地の広さ 0.05〜1.00ha 以上

森林は，閉鎖林，もしくは疎開林でもよい

樹高が 2 から 5m に満たない若齢の天然林やすべての人工林は，通常，伐採のような人為的影響や自然の影響により，一時的に蓄積がない状態となるが，森林に含む

図4-23 森林の定義
（UNFCCC/CP/2001/2/ADD.3/Rev.1 PAGE5 より）

森林を対象に「持続可能な森林経営」の実現が求められている．そこに現在の持続的な森林経営の難しさがある．

5）森林経営の違い

ここでもう一度，古典的な「保続的な森林経営」と今日的な「持続的な森林経営」の違いを見てみることにする（表 4-4）．

第 1 の大きな違いは，経営する対象スケールの大きさと種類である．比較的限られた地域内の森林経営から，スケールアップし，国レベルまで広がっている，これが現代の森林経営であり，さらにそれは全世界の森林の維持にもつながっている．

表 4-4 保続的な森林経営と持続的な森林経営の比較

	保続的な森林経営 （古典的経営）	持続的な森林経営 （今日的経営）
対　象	地域（中世時代の所領）	森林経営体（地域），流域，国
経営目的	木材資源の保続的生産	森林生態系の維持
経　営	（原　則） 公共性の原則 経済性の原則 生産性の原則 収益性の原則 保続性の原則 合自然性の原則	（基　準） 生物多様性の保全 森林生態系の生産力維持 森林生態系の健全性と活力維持 土壌および水資源の保全と維持 地球的炭素循環への寄与の維持 社会のニーズに対応した長期的，多面的な社会経済的な便益の維持と増進 法的，組織的および経済的な組織

　第2の違いは，経営目的が「木材生産」重視から，より一般的な「森林生態系の維持」となったことである．木材生産は，現在の日本では非常に要求度の低い機能となっているが，つい最近までは重要な機能と思われていた．また，木材生産を第1の目的としていた古典的な森林経営には全く生態系の維持の考えがなかったのかといえば，そうではない．前述したように，木材生産の維持を目指すのであれば，それを生み出す森林が必ず必要で，しかもそれは健全な森林であることが前提である．現在の日本人には，狩猟の重要性を認識している人はまれであるが，ヨーロッパでは，狩猟による獲物としての動物（シカやイノシシ）なども重要な林産物であり，現在でも狩猟の習慣が受け継がれている．これらの動物をより多く獲るには，動物にとって住みやすい環境，つまり餌となる木の実のなる樹木の存在が不可欠であり，そのためヨーロッパの自然植生である広葉樹の森林を針葉樹に改植することなく保全してきたことも事実である．

6）択伐と皆伐作業に見る持続的な森林経営の本質

　森林の伐採方法には，大きく分けると「択伐」と「皆伐」の2種類がある．

図 4-24　昔から狩猟場として利用されてきた広葉樹の森林
広葉樹の多い中部ヨーロッパ本来の森林植生が保たれている．現在もこの公園では，シカの飼育と狩猟が行われている．上：森林の遠景，下：森林内の状況．

　択伐は，ある広さの森林全体から，利用できる太さの木を伐採収穫し，それを毎年繰り返して実施していく方法である（図 4-25b）．これを継続することで

a. 林分を構成する樹木
　　幼齢木　若齢木　壮齢木　老齢木

b. 択伐面の構造
　a.のすべての樹木が，同一林分内に混在している

c. 皆伐の面的構造
　a.の各樹木が，集団的に順序だって生育している
　　伐採　植栽　若齢林　壮齢林　老齢林

d. 時空間的配置

皆伐作業の場合　　　　　　択伐作業の場合

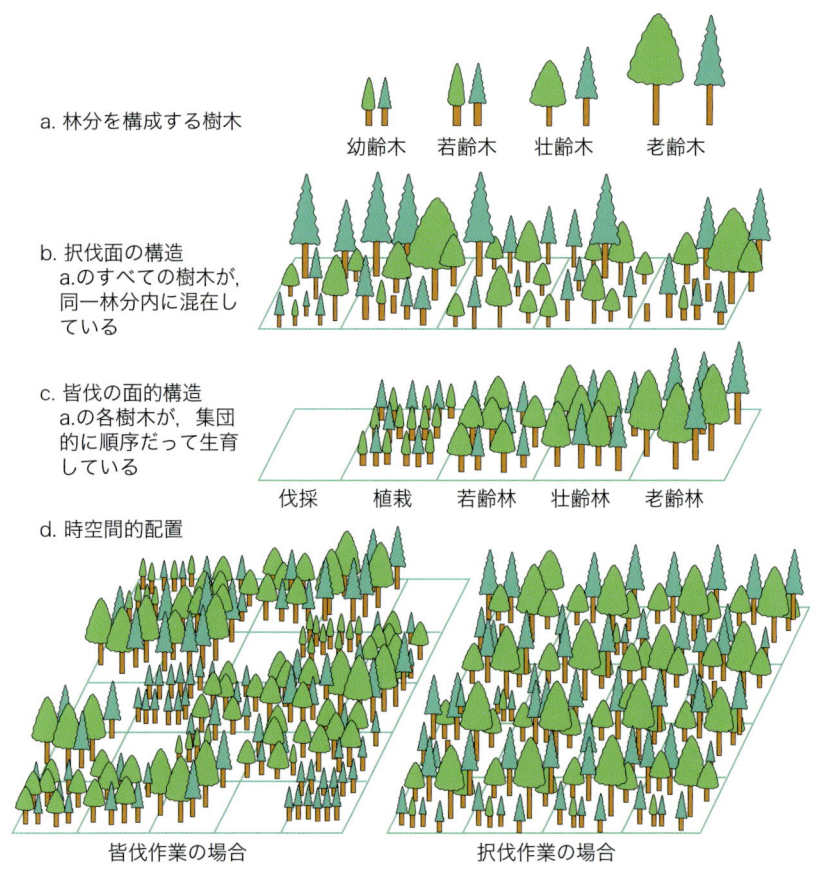

図4-25　択伐作業と皆伐作業の時空間的配置

持続的にある広さの森林から，資源としての木材が得られるので非常によい方法であると認識されている．一方，図4-25cは，皆伐の場合を示したもので，ある広さの林分をすべて伐採収穫するが，2)「持続可能な森林経営の起源」で述べたように毎年同じ面積の林分を伐採して，そのあとに植林し，これを毎年繰り返す方法である．択伐と皆伐ともに，森林の再生力を超えない範囲で伐採が実行されている限り，持続的な木材生産が可能である．できあがった森林の状態（図4-25d）は全く違ったものとなるが，持続的生産という観点では，全

く同じ機能を有する森林である．しかし，この森林状態の違いによって，結果的には木材生産機能以外の機能に差異が生じることになる．

このように，持続的な森林の取扱いの本質は，択伐では若い木から古い木，皆伐では若い林から古い林までを，ある広さのところに配置すること，つまり樹木や林分を単位として時間的と空間的に適正に配置し，森林の再生力を超えない範囲で伐採を実行することである．

7）持続可能な森林経営の動き

実際に，「持続可能な森林経営」がどのように実施されようとしているかを簡単に説明する．その1つは民間レベルの取組みで，もう1つは政府レベルの取組みである．

民間レベルの取組みの代表的なものは，「森林の認証・ラベリング制度」である．これは，森林経営体が持続可能な森林経営の基準（☞表4-1）に従って森林経営を行っているかを第3者機関である森林管理協会（Forest Stewardship Council, FSC）が検査，認証するもので，通称 FSC 森林認証制度と呼ばれている．これによって持続可能な森林経営であると認証された場合には，その森林から生産された木材や製品にラベルを貼ること（ラベリング）で，消費者はそのような木材を簡単に判別し，購入できるのである．2006年の2月に閣議決定されたグリーン購入法の「環境物品等の調達の推進に関する基本方針」の中で，「原木は持続可能な森林経営が営まれている森林から産出されたものであること」が決定され，持続可能な森林経営が実施されているかが実際の問題となりつつある．さらに，同7月に財団法人建築環境・省エネルギー機構は，戸建て住宅版建築物総合環境性能評価システムの中でも，「持続可能な森林から産出された木材」の使用に得点を与えることにするなど，環境にこだわるさまざまな動きが「持続可能な森林経営」の後押しをするような状況を生み出している．

一方，政府レベルの取組みでは，世界中で「持続可能な森林経営」の達成度や進捗状況を評価するための基準および指標が検討され，日本は，ヨーロッパ以外の温帯林，北方林を所有する国々が構成するグループに参画し，1995年

のモントリオールプロセスでは7基準と67指標に合意した．ここで，基準とは森林の維持すべき重要な価値項目で，指標は基準の内容や状態を科学的，客観的に示せるもので，かつ測定可能なものである（詳細については，木平勇吉：『森林計画学』を参照のこと）．

このように，国として基準や指標を満たす必要があり，現在はその実現に向けて，林野庁，森林総合研究所が共同で活動している．さらに林野庁では，森林および林業の政策を，これまでの「木材の安定供給重視で，林業振興が森林の多面的機能の発揮にもつながる」としたものから，「森林の健全性と活力を維持し，その保全と利用を両立する」，すなわち「持続可能な森林経営」を推進することとした．具体的には，平成18年度の森林・林業白書で掲げられているように，国民で支える森林と題して，森林の管理が不十分であるとされる日本の森林の整備および保全，ならびに利用の推進を掲げ，日本の木材資源をより多く利用しようとするいろいろな対策を打ち出している．

8）最後に　－日本の森林を持続可能な状態に－

日本の森林面積は森林統計が公表されるようになった1966年からほぼ一定である（図4-26）．第二次世界大戦前後の森林面積の資料と比較しても，やはり同様の結果である．一方，森林を立木材積に換算した森林蓄積は，最近急速

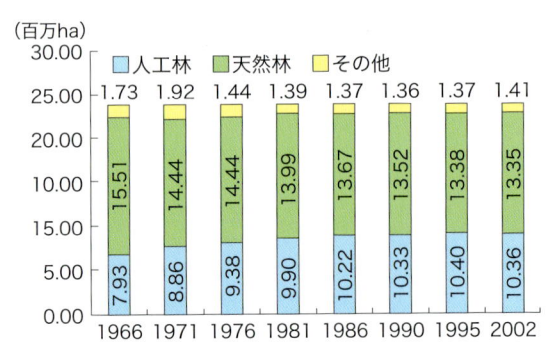

図4-26　日本の森林面積の推移

に増加している(図4-27).面積がほぼ一定で,蓄積量が増す今日の日本の森林は,第二次世界大戦後から現在までの60年間の中で最も資源が充実している時期といえる.しかし,2)「持続可能な森林経営の起源」で「持続可能な森林経営」の要件として,森林の法正状態,「毎年同じ収穫が期待できるには,森林の年齢ごとに等しい森林面積が存在すること」が重要であることを説明した.図4-28が,1961年と2002年の日本の人工林の年齢別の森林面積である.図から明らかなように,最近は森林の年齢別の面積が等しいとはいい難い.特に,スギなどの人工林が伐採時期に近いとされる31〜40年の森林面積が異

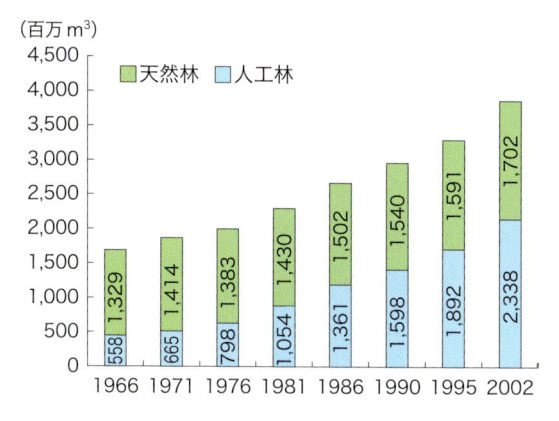

図4-27 日本の森林蓄積の推移

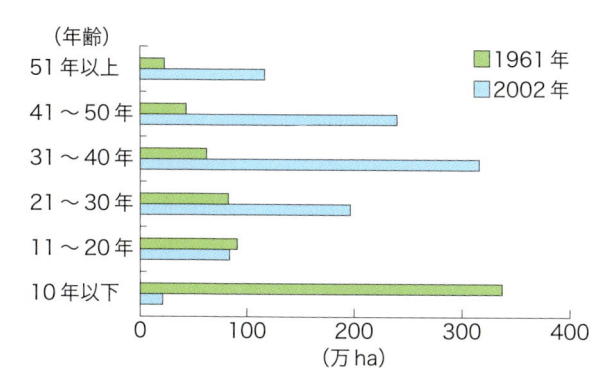

図4-28 日本の人工林の年齢別の面積

常に多く，反対に10年以下の若い森林が少なく，国全体として持続可能な森林経営が実行可能であるかについては，疑問が残る状態である．

近年，木材の国内生産量が減少し，国産材が十分に利用されてはいなかったが，今後は充実しつつある人工林から国産材が大量に供給されるための努力が求められている．したがって，今後最も重要なことは，木材生産の増加により日本の森林および林業を活性・安定化させ，国内の森林を持続可能な森林経営が実現できるような状態に誘導することである．このためには，世界の森林資源に関する長期的な動向を十分に踏まえ，日本全体としての今後の森林のあり方を国民全体で真摯に討議することが必要である．現在の日本の森林状態は，第二次世界大戦後に実施された拡大造林政策の影響を強く受けている．したがって，今始めた行動の影響は早くとも50年先にしか現れない．今，適切な対応をしなければ，50年先の国民に大きなツケを回すことになる．緊急の対応がわれわれには求められている．

第5章 人間社会と森林

1．人間の歴史と森林

1）はじめに

　人類の直接の祖先は，およそ200万年前に東アフリカあたりでその姿を現したとされている．この200万年のほとんどを，人類は狩猟と自然物の採取で生きながらえてきた．定住という形はとらずに，小さな集団で移動しながら暮らしていたようである．いわば自然の掟に従属した生き方であり，森林生態系へのインパクトも微々たるものであったろう．人類は森林を壊すというより，密な森林を避けて各地に分散していった形跡がある．

　しかし，1万年くらい前から，森が切り開かれて農地や居住地が大々的につくられるようになった．森林は邪魔な存在にかわり，破壊すべき対象となったのである．さらに，構造用材や燃料として木材が大量に使われるようになると，森林からの無秩序な伐出しが増加する．こうした森林面積の減少（消失）と森林の質的低下（劣化）が急速に進展し，木材不足や地域環境の悪化といった問題が表面化してくる．森のありがたみは，失われたあとでないとわからない．一部の地域で遅まきながら森林保全の努力が始まるが，本当に成功した例は少なかった．

　ヨーロッパでは産業革命の到来とともに，森林は食料生産や燃料供給の役割から開放されて，ようやく1つの安定期を迎える．森林から生存のための多様な産物を採取するという慣習は次第に姿を消し，市場目当ての木材生産に特

化する傾向が強まった．木材生産と並んで環境としての森林の役割が重要視されるようになるのは，1960年代あたりからである．さらに1980年代になると，林業や林産業にもグローバリゼーションの大波が押し寄せ，現在はその大波の中で再編のさなかにある．

　小論では，こうした人間と森林との関わりを振り返りながら，今日われわれがどのような問題を抱えているのか考えてみることにしたい．

2) 原始の森　—薄らぐ記憶—

　人間文明の歴史は森林破壊の歴史でもあった．原始の森の一部は農地や居住地にかわってしまい，現在森林として残っているところでも，いく世代にもわたる人間の干渉で，もとの姿を留めていない．人間の干渉が始まる前，この地球上の森林はどのような姿をしていたか．森林を研究する者にとって，この問いは重要な出発点である．

　探検の時代とも呼ばれる19世紀には，多くの探検家や博物学者たちが「未開の地」を訪れ，初めて原始の森に遭遇したときの感動を書き記している．ビーグル号で博物学の旅に出た22歳のチャールス・ダーウィンもその1人である．1832年2月29日，ブラジル大西洋岸のエルサルバドルに上陸し，そこで見た熱帯雨林に圧倒される．また，彼より少し遅れて南米とマレー半島を旅したアルフレッド・R・ウォレスも森林の豊かさに動かされた．生き生きとした自然本来の姿をそこに見たのであろう．この2人は，それぞれ独立に自然淘汰による進化論を展開することになった．

　ダーウィンやウォレスが生まれ育ったイギリスは，もともと生物相が単純なうえに，森林のほとんどは早くから農地などにかえられていた．母国で慣れ親しんでいた貧相な森林と，熱帯で初めて見た豊かな森林との落差に，彼らは驚いたのである．しかし，ダーウィンが感激したブラジル大西洋岸の熱帯雨林はとうの昔に消滅しているし，一昔前の熱帯林の教科書に出ていたボルネオ島の壮大な低地多雨林もほとんどなくなっている．学生たちにその実物を見せようにも，見せるすべがない．

1795年にドイツのチルバッハで最初の山林学校を開いたハインリッヒ・コッタは,『造林指針』(1816年刊)という書物の中に次のような文章を残している.

「かつてドイツには完全で肥沃な森林が限りなく広がっていた.それがしだいに小さくなりやせ細っていった.世代が下るごとに再生する木材は少なくなった.ナラやモミの巨大な樹木がまだ各地に残っていて驚嘆の的になっているが,もちろんこれらは人間の手の入ったものではない.人間のどのような技能と心遣いをもってしても,同じような樹木を同じ場所に再生することは不可能である.」

図5-1 原始の記憶
現在発見されている縄文スギの中で最大のもの.根周り43m,樹高30m,推定樹齢2,000年以上.(写真提供:石田 聡)

ひとたび地力を失った森林土壌は容易には回復しない.人間が植えたナラやモミが,活力のあった先代の材積の1/4に達する前に枯損の兆候が出てしまう.「人間の利用がなければ,森林の土壌は絶えず改善されていく」とコッタはいう.まさにその通りで,原始の森が巨大なのは,森林自身が何代にもわたって樹木の成長に最適な条件を自らつくり出していたからである.林学の祖とされるコッタにも,「自然にはかなわない」という思いがあった.

3) 第1のインパクト —農耕の開始—

現代の技術を持ってすれば,どのような森林でも簡単に征服できる.しかし,斧のような単純な道具で原始の森に立ち向かうのはたいへんなことだった.今

から 5,000 年近く前に書かれた人類最古の叙事詩『ギルガメシュ』がそれを雄弁に物語っている．叙事詩の舞台は文明発祥の地とされるメソポタミア南部の都市国家ウルクである．当時のウルクの支配者ギルガメシュ王は，立派な都市を建設して自分の名を不朽のものにしようとしていた．都市の建設には大量の木材が必要になる．メソポタミア南部は今でこそ不毛な大地になっているが，文明が侵入する以前は「肥沃な三日月地帯」を取り囲む丘陵や山岳地帯にはうっ蒼とした原生林が広がっていた．ギルガメシュ王はこの森への侵攻を決意するのである．

ところが，この原始の森はシュメールの主神エンリレの命により，獰猛な半神半獣の森の神フンババがしっかりと守っている．人々はこの神を恐れて森への侵攻をためらっていたのだが，ギルガメシュ王は人々の忠告を振り切り，斧で武装して森に乗り込むのである．壮絶な戦いの末にフンババの首が切り落とされ，ギルガメシュが新しい森の支配者として君臨するようになった．それ以来，森からたくさんの木が伐り出されていく．やがて木はなくなり，岩だらけの不毛の地だけがあとに残された．それと同時に輝かしい古代文明の1つが滅んだのである．

この叙事詩が示唆しているように，原始の森を征服するには多くの障害を乗り越えねばならず，個人の力を超えた社会的，組織的な力を必要とした．それを可能にしたのが農耕の開始と定住社会の出現である．農耕は西南アジア，中国，中央アメリカでそれぞれ独立に発展し，各地に拡散していったとされている．時期的には西南アジアの早いところで1万年前，ヨーロッパでは 7,000〜5,000 年前という説がある．日本での農耕が弥生時代に始まったとすると，2,200〜2,300 年前ということになるであろう．ヨーロッパ人が新大陸に渡って森林開発を本格化させるのは 17 世紀の初頭のことであるし，オセアニアへの入植はさらに後れる．

ごく達観していえば，早くから開けたところほど多くの森林が失われている．古代文明を生んだ地中海地方では，いったん破壊された森林がなかなか回復せず，現在でも貧弱な森林があちこちに散在するだけである．ヨーロッパには国

土の30%くらいの森林は残っているが，まとまった原生林はほとんどない．

比較的最近まで手つかずで残されていたのが熱帯雨林である．湿潤熱帯は土地が痩せているうえに，マラリア蚊やツエツエ蝿などがいて，人間の定住が進まなかった．ブラジルアマゾンやコンゴ盆地，ボルネオ島などの人口密度が近年に至るまで極端に低かったのはそのためである．熱帯雨林の最後のフロンティアにもついに破壊の手が伸びるようになった．その破壊の様相が映像で全世界に流れ，熱帯林保護の運動を盛り上げることになるが，中世の中部ヨーロッパや19世紀のアメリカ合衆国でも似たような森林破壊が横行していたのである．

4）ヨーロッパの森林荒廃

人間の侵攻で森林が消えていく態様は，地域や時代により実にさまざまである．ここでは，比較的早くから開けてきた中部ヨーロッパについて見てみよう（図5-2）．この地域で森林を伐開して耕作する農民が現れるのは5,000年以上も前のことだが，西暦900～1000年あたりまでは人口も200万人程度で，森林への圧力はそれほどでもなかった．ところが，西暦1000～1350年にかけて人口が1,500万人に膨れ上がり，森林の開墾が急速に進む．農耕に適さない場所だけを残してすべての森林が伐開され，国土面積に対する森林の比率は史上最低の20%以下にまで低下したといわれる．

その後，森林開墾は領主や地主の許可がなければできなくなった．むしろ，農業を支えるものとしての森林の役割が前面に出てくる．家畜の林内放牧が盛んに行われ，最盛期にはほとんどすべての森林に家畜が放されていたらしい．放牧が何百年も続いたために，森林が深刻な被害を受けることになった．林内放牧が見られなくなったのは，バレイショの栽培と家畜の舎飼いへの転換が始まったからである．しかし，その舎飼いも当時の農業経営では供給できないほど多量の敷きわらを必要とし，18世紀の半ば以降，広葉樹の林から想像に絶するスケールで落葉が採取されたといわれる．有機物を取られて林地は痩せ細り，天然更新すらうまくいかなくなった．林内放牧と落葉採取で痩せてしまっ

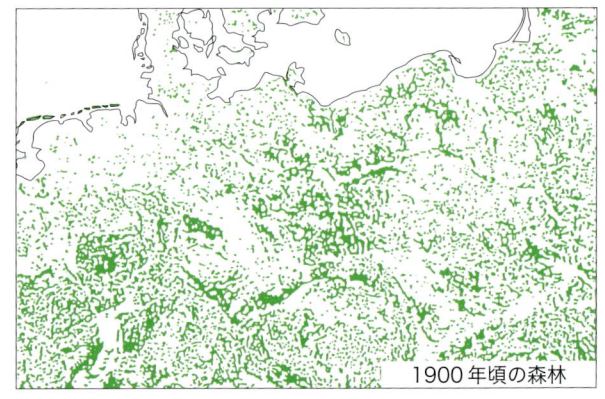

図5-2 中部ヨーロッパの森林消失
AD900年と1900年の比較．この図に描かれている主な国はドイツ，ポーランド，旧チェコスロバキアで，緑色の部分が森林である．(Darby, H. C.：Man's Role in Changing the Face of The Earth (ed. by Thomas, W. L.), University of Chicago Press, pp202-203, 1956)

た林地には，養分要求の少ないマツやトウヒしか育たない．これがのちに広葉樹が減って針葉樹が増える一因となった．

　重商主義の時代になると，ガラス工場，製塩場，鉱山，製鉄所などで大量の木材が使われるようになり，金銭的な利益を求めて略奪的な森林伐採が横行する．価値の高い林木だけが伐採されて，森林の保育と将来に対する配慮がほとんどなされなかった．森林は荒廃し，「木材飢饉」の恐怖が全ヨーロッパに広がっ

ていく.

　ヨーロッパの森林史で，とりわけ印象深いのは森林利用をめぐる支配層と地元住民との長くて激しい抗争である．人々は近くの森林に入って燃料や食料をとり，家畜の放牧を行っていた．ところが，領主や教会の権力が強くなると，森林が権力者の土地として囲い込まれていく．また，近代国家の成立とともに森林を保全するための法律によって，森林へのアクセスが制限されるようになる．それが農民たちの激しい抗議行動を誘発した．こうした抗争の激化が森林の荒廃を早めたことはいうまでもない．

5）第2のインパクト　－産業革命－

　幸いなことに，中部ヨーロッパでは森林の完全な荒廃はなんとか避けられた．19世紀半ばに「趨勢の反転」ともいうべき現象が起きたのである．何がかわったのか．端的な例を1つだけあげよう．

　フランスでの記録によると，1830年代にはフランス全土で13万5,000件の森林犯罪が起きていた．ところが，1850年代以降になるとそれが急速に減り，1910年には2,000件以下になっている．この最大の要因は，農山村からの人口流出と新しい収入源の出現であるとされている．事実，フランスの農村人口と農業人口は19世紀の前半をピークにして急速に減少していった（図5-3）．それと反比例するかのように，国土面積に対する森林の比率は上昇に転じた（図5-4）．まさに，「趨勢の反転」である．

　中部ヨーロッパでこのような反転が生じた背景には，次のような要因が重なっている．

①単位面積当たりの農産物の収穫量が上昇して，農地の外延的拡大が見られなくなったこと

②農業内部での地力維持が可能になり，森林での放牧や落葉採取が激減したこと

③燃材をはじめ伝統的な木材消費のかなりの部分が化石燃料や工業製品などで代替されたこと

176　第5章　人間社会と森林

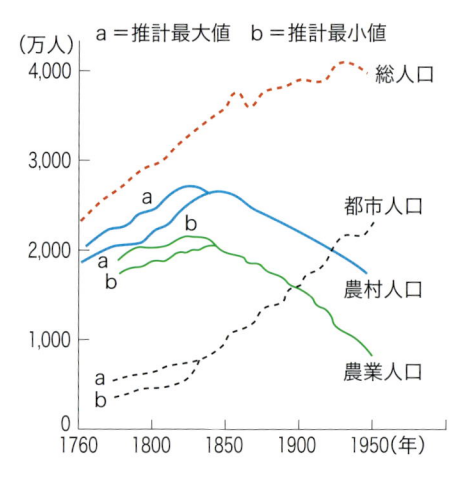

図5-3　フランスにおける人口の変化
(朝日百科「動物たちの地球」第14巻, p.231 より)

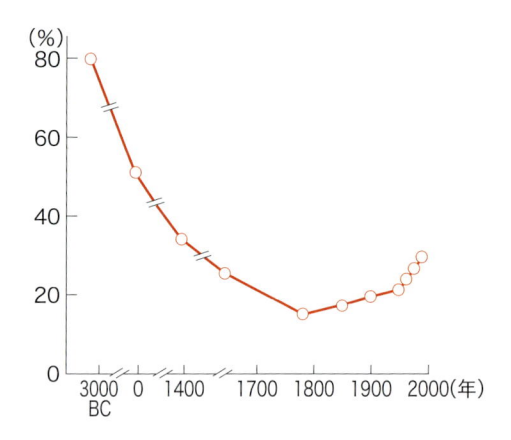

図5-4　フランスの推定森林率
(A. メーサー：世界の森林資源, 築地書館, 1992の表3-3をもとに作成)

④建築用材などの価格が上昇して，林木を人為的に育成する林業経営が経済的に成立するようになったこと

⑤森林についても近代的な所有関係が確立され，その財産権が保護されるようになったこと

⑥保安林や自然公園など，公益上重要な森林を保護する制度的な枠組みができたこと

これらはいずれも，18世紀から19世紀にかけて見られた新しい技術の発展と社会経済構造の変化によるものである．産業革命に端を発した「工業化」がもたらしたともいえるであろう．森林へのインパクトの第1の波が農耕の開始と定住社会の出現であったとすれば，化石燃料をエネルギー源として展開する「工業化」はそれに続く第2の波であった．

6）育成林業の展開

天然林資源の枯渇とともに，人工林を造成する試みが各地で行われるようになった．激しい森林荒廃に見舞われたドイツでは，30年戦争が終わった17世紀の後半あたりから，過去数世紀にわたって蓄積されてきた造林の実務的な知識の集大成が始まり，それがやがて林学の誕生と，コッタの山林学校の創設（前述）に結び付いていく．こうした知識をベースにして，造林もぼつぼつ実施されていたようである．

しかし，当初の造林事業は経済的に引き合うようなものではなかったらしい．ところが，19世紀に入ると木材の市場価格が目立って上昇するようになった．バイエルン国有林の記録によれば，1850年から1950年に至るまで，$1m^3$の木材を販売して4〜5人分の日当を払うことができたという．ドイツ南部のシュバルツバルトなどで見られる樹齢100年前後のモミやトウヒ林は，安定した木材価格に支えられて造成されたものだ．

育成林業が比較的早くから発展したもう1つの地域が日本である．もともと高温多湿なお国柄なので，人間が入る以前は高山などの一部を除いて全域が密な森林に覆われていたであろう．農地の開発は弥生時代に始まり，中世から近世にかけて本格化したとされている．ただし，日本は傾斜の急な山が多く，平地が少ないため，森林が国土面積の2/3を下回るようなことはなかったと思われる．それでも，17世紀から18世紀にかけて乱伐による木材不足や水文環境の悪化が懸念されるようになった．

注目されるのはその後の展開である．徳川幕府は森林の伐採規制を強化し，植林を積極的に推奨した．このお陰で，日本は工業化の始まる前に「趨勢の反転」を経験することになる．スギやヒノキを植えて育てる林業が盛んになったのは，徳川期の安定した社会で木材の価格が高くなったからである．元禄年間に書かれた宮崎安貞の『農業全書』巻九には，「スギ，ヒノキは値段が高く，奥山に植えても経費倒れにならないから植え置くべきだ」という意味の記述が見える．また，熊本営林局の統計によると，スギ立木 $1m^3$ の販売で雇える造林夫（男）の数は 1899〜1930 年で 10〜15 人，1930〜40 年で 5〜10 人であった．天竜地方の統計でも同様のことが確認できる．

　天然林を失ったドイツと日本が，19 世紀以降比較的高いレベルで木材生産を続行できたのも，育成林業の定着に負うところが大きい．これに反してイギリスでは育成林業がなかなか軌道に乗らず，20 世紀初頭にまでずれ込んでいる．

　早くに森林を失ったイギリスでは，14 世紀あたりから木材の輸入が始まっていた．国内で木材不足に対処しようという動きはいつの時代にも見られたが，なかなか実を結ばなかった．日本の『農業全書』とほぼ時期を同じくしてジョーン・イーヴリンの著名な啓蒙書『森―林木論と国王陛下の領土における木の増産』（1664 年刊）が出版されている．これによって造林の必要性がかなり広く認識され，国王をも動かすことになるのだが，肝心の造林事業は挫折してしまった．7 つの海に君臨するイギリスには，北米からも植民地からも木材がどんどん入ってくる．自国での木材生産が断念されるのは自然な成り行きであったろう．その後も木材の輸入は増え続けた．第一次大戦の直前には木材の自給率が 7％にまで下がり，国土に対する森林の比率は 5％にまで落ちている．しかし，皮肉なことにこの戦争は木材の輸入を困難にし，植林の国家プロジェクトがスタートすることになった．というのも，イギリス向けの木材輸送船がドイツの潜水艦に撃沈され，残されていた国内の森林が乱伐されるという深刻な事態に直面したからである．『シルヴァ』の出版から何と 250 年が経過していた．

7) アメリカの森林破壊と保全運動

　17世紀初頭，ヨーロッパからアメリカに渡った移民者たちが見たのは，果てしなく広がる深い森であった．彼らにとって森林は最大の障害であり，たくさんの樹木を伐り倒したものこそ最大の功労者であった．こうした歴史的な事情が，森林は無尽蔵だという先入観を植え付け，驚くべき森林破壊をもたらすことになったといわれる．それに続いて，建築用の大径材が実に乱暴なやり方で原生林から大量に伐り出されていく．1871年にはウィスコンシン州の伐採跡地から山火事が起こり，ペスチゴの町と40万 ha の森林を焼き尽くして1,500人の死者を出すという衝撃的な事件が発生した．この頃から，自然は人間によって支配され征服されるべきだという伝統的な信念に揺らぎが出てくる．

　1891年に画期的な法律が成立した．それまでは連邦の土地はもっぱら民間に払い下げられていたのであるが，大統領の権限で公有地の一部を国有林として保留し，民間による乱用を排除して保存できるようになった．この国有林を管理するのが農務省の森林局である．この役所はドイツ林学の伝統を引き継ぎ，森林を自然のままに保存するというよりも，人間にとっての効用をできるだけ大きくすることに力点をおいていた．技術者による合理的な判断，自然資源の持続的で賢明な利用，森林の多様な機能に配慮した「多目的利用」がそのキーワードである．

　その一方で，国立公園として保護される土地も増加していった．これを管理するのは内務省に設けられた公園局である．一切の利用を排除し，あるがままの自然の保存を第一義とした．人間にとっての効用で自然の価値をはかるのではなく，原始の自然そのものに価値があるとみる．多目的利用の森林局とは相容れない．自然保護を主張する人たちは，公園局を拠点として森林局に対抗することになった．

　アメリカ合衆国には，もともと3.8億 ha ほどの森林があったといわれている．それが，ヨーロッパ人の入植以来20世紀の初頭までに1.4億 ha が失われ，

1620年

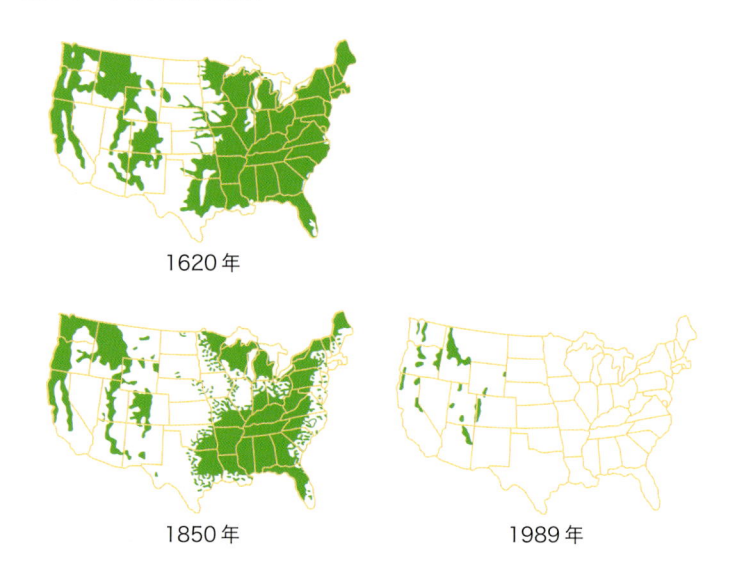

1850年　　　　　　1989年

図5-5　アメリカ合衆国の原生林の縮小
(Couzen, M. P. : The Making of The American Landscape, Unwin Hyman, p.12, 1990)

1920年あたりから森林面積の減少が見られなくなった．その意味では森林がかなり残っている段階で,「趨勢の反転」が始まった数少ない例といえるだろう．しかし，原生林はあまり残っていない（図5-5）．原生林が減少するにつれて，残された原始の森を利用するか，そのまま残すかで，国民各層の意見の対立が目立つようになった．

8）1960年代から顕著になった「国際化」の流れ

以上の話は20世紀中頃までの欧米や日本の状況である．そして，1960年あたりから，これまでになかった新しい変化が見え始めたように思う．端的にいえば，林業および林産業の「国際化」というべきもので，80年代以降，それがさらに顕著になった．わが国の林業および林産業がこの20年来不振に喘いでいるのも，国際化の流れにうまく対応できなかったからである．

国際化の第1は木材市場のグローバル化である．第二次大戦後，木材貿易が盛んになり，それまで手付かずになっていた熱帯林や北方林から，輸出目当

ての木材の伐り出しが急増する．それと同時に，木材市場も少しずつ国際化していった．工業国の場合，1970年代あたりまでは各国の木材市場にそれなりの地域性が認められたが，それ以降平準化が急速に進み，日本の木材価格もその影響で80年以降下落を続けている．

次に，木材の「工業材料化」ともいうべき変化が現れてきた．つまり，木材を無垢のまま使うのではなく，木材をいったんばらばらにほぐしたうえで，再度つなぎ合わせる「再構成木材」の消費が増えてきたのである．木材を繊維や小片のレベルまで分解して成型するファイバーボードやパーティクルボードの場合は，木の形質に関係なく，どんな木材でも使える．これが合板や集成材になると，原木に対する要求がもう少し厳しくなるが，単板やラミナ（挽き板）がとれれば比較的小径の人工林丸太でも十分間に合う．木材がばらばらにされることで，木は個性を失い，1本1本の特徴を吟味して使い方を考える必要がなくなった．いわばマスとして取り扱える．このことがオートメーションによる規格品の大量生産に道を開いた．木質ボード類はじめ合板，集成材の製造では工場の規模がどんどん大きくなっている．多国籍企業が参入し，製品の取引

図5-6　ユーカリの短伐期林業
クローン苗木で育てられた5年生のユーカリ林．ブラジル・サンパウロ州．

きはますます国際的になってきた．熾烈なコスト競争のもとで再構成木材の価格が引き下げられている．

木材の工業材料化が進んだ背景には，良質の天然林材が得られなくなったという事情がある．これにかわって二次林からの低質材や若い人工林材を使うことになるが，これでは大きな部材はとれないし，たとえ寸法は確保できても強度に問題が出てくる．つまり，再構成木材にして使うしかない．その一方で，木の形質が問われないとすれば，もっぱら成長のよい樹種を植林して短伐期で回転させるのが得策である．アメリカ合衆国南部，ニュージーランド，チリ，ブラジルなどで見られる短伐期林業は，きわめて効率的な木材生産を行っている（図5-6）．林木の育成自体がいわば工場生産に近くなり，伐出においても徹底した機械化がはかられた結果，木材 $1m^3$ 当たりの生産コストは驚くほど安くなった．

9）国際化の衝撃

アメリカ合衆国の林業経済学者ウイリアム・A・デュアは，今から20年前にこうした新しい変化を敏感に嗅ぎとり，これが古典的なフォレストリー（林業と林学）の存立を根底から揺さぶるだろうと予測していた．ドイツで発展した育成林業というのは，比較的長い時間をかけて大径材をつくる方式である．幸い，無垢の製材品の価格は良質天然林資源の減少を反映して上昇を続けていたため，長伐期の林業でも経済的に回っていた．ところが，第二次大戦後周辺諸国から安価な木材が輸入されるようになって，国内産材の価格は大幅に引き下げられた．その後，木材の工業材料化と短伐期林業の出現により，無垢の製材品価格が世界的に押し下げられている．ドイツの場合，1950年頃まで $1m^3$ の木材の販売で4～5人分の日当が払えたのに，1980年代になると木材を $2m^3$ 売っても1人分の賃金が支払えなくなった．日本でも事情は全く同じである．

かつて，世界の木材生産の中心は北半球の高緯度地帯にあった．豊富な天然林資源を背景に良質の針葉樹材が生産できたからである．ここでも天然林から

人工林への切替えが進むが，寒いところでは成長速度が遅い．短伐期林業の時代になれば，低緯度の熱帯・亜熱帯地域の方がずっと有利である．木材生産の中心は北から南に移っている．

それと同時に，林木育成の分野でも大企業の進出が目立つようになった．前述のように，今日の先端的な短伐期林業では，生産コストの削減を目指して大規模化や機械化など，徹底した合理化が推し進められている．もはや中小の家族経営が参入できる世界ではない．ヨーロッパや日本では，木材供給において中小の私有林が重要な役割を担ってきた．いわば「家」の財産として林木ストックの大きい人工林を造成し，それを親から子，子から孫へと引き継ぐことで，安定した森林経営と木材の持続的供給が果たされていたのである．そうした私有林経営が，現在では押しなべて苦しい状況に追い込まれている．

それともう1つ指摘したいのは，木材生産と環境保護とが両立しにくくなったことである．伝統的なドイツ林学では，暗黙のうちにも次のような了解があったように思う．すなわち，①ストックの大きい森林を造成すれば，高く売れる大径木が得られ，経済的に有利である，②そのような森林は自然環境としても好ましい，③環境保全の面で配慮すべきことがあるにしても，林木の販売収入の範囲内で十分にまかなえる．このいずれの前提も容易には満たされなくなった．

近年の動向として，環境保護派の人たちは，なるべく人為を排除して自然のままの森林を残したいと考えている．その一方で，木材生産を行っている人たちは，厳しいコスト削減競争に直面して，森林をできるだけ単純化し，森林作業の徹底した機械化をはかろうとする．5〜10年の周期で皆伐されるユーカリの造林地はその典型だが，これなどは森林というよりトウモロコシの畑に近い．

両者の思惑がこれほど大きく違ってくると，妥協する余地はほとんどなくなり，木材生産林と環境保護林との完全分離しかなくなってしまう．その典型がニュージーランドである．固有種の天然林600万haはすべて保護林とし，木材生産は一切やらない．そのかわり150万ha（当時の面積）の人工林で効率

的な木材生産を存分に実行する．国内の林業団体と自然保護団体の間で，このような「森林協定」が1991年に結ばれた．森林経営の理想とされてきた「多目的利用」は完全に放棄されたのである．

10) 予想される第三のインパクト　－持続可能な社会への回帰－

前記の1960年代以降の変化は，工業化のいっそうの深化，国際化と考えるべきである．つまり，工業化の後期に現れた終末現象であって，長く続くとは思えない．工業化のあとに来るべき社会は，化石燃料への過度の依存から脱却して，持続可能な形で展開していく社会である．そのような社会に近づいたときに，農耕の開始，工業化に続く，第3の転換点が現れ，人間と森林との新しい関係が始まるのではあるまいか．

大量の化学肥料や農薬，大型機械の力を借りて，外来の早生樹種を効率的に育てるやり方はどう見ても自然の理に反している．木質繊維の生産工場ではあっても，「森林」とはつながらない．また，樹木の最大の長所は，太陽エネルギーを効率的に固定するとともに，化石燃料などを1つも使わないで木質繊維，さらには堅牢な構造用材まで生産してくれることである．こうしてできた木材をわざわざばらばらにして継ぎ合わせ，遠方まで輸送するというのは，資源の無駄があまりにも大きい．石油などの入手が難しくなれば，確実に破綻する．

持続可能な森林利用という観点からすれば，それぞれの地域で豊かな森林を守り育て，その「おこぼれ」として得られる木材によって地域のニーズを満たすのが理想であろう．今日の工業化社会は急速な人口増加と経済規模の拡大を可能にしたが，それを支えるために絶えず要求されるのは，より短い時間でより多くの物財を生産することである．自然の樹木の成長速度では，もう間に合わなくなっている．しかし，人間の経済が自然のリズムに合わせて循環するようにならない限り，持続可能な社会にはならないし，同時に人間と森林との安定した関係も望めないと思う．

2. 流域社会と森林

「流域」という言葉は，分水嶺によって囲まれる区域を意味し，流域に降った雨は河川に集められて流域外へ排出される．同様な意味の言葉に「集水域」という言葉があるが，前者が自然環境の変化や人の生業，土地利用が展開されてきた歴史を含めて使われるのに対して，後者は純粋な水文学的用語として用いられることが多い．

流域には森林生態系のみならず，農地や河川，湿地，都市などのさまざまな生態系が存在するが，それらは独立して維持されているのではなく，お互いに影響を与えながら成立している．多くの場合，森林生態系は流域上流部，農地・湿地生態系は中下流部，都市生態系は最下流部に位置し，河川生態系はこれら周辺生態系を結びながら，流域の物質循環の大動脈としての役割を果たしている（図 5-7）．

しかし，1960年代の高度経済成長期以降，日本の国土は大きく改変された．急激な成長を遂げる工業生産の需要を賄うために，流域の天然資源は搾取され，自然生態系はさまざまな土地開発によって分断，縮小を余儀なくされた．森林も例外ではなく，高度経済成長に伴い木材（住宅材など）需要が拡大すると，これに応えるため天然林が伐採され，本州の皆伐跡地にはスギやヒノキ，北海道ではトドマツやカラマツが広範囲に植えられた．これを「拡大造林」と呼び，同時に林道網の拡充，林業機械の導入による生産性および収益の向上を目指した．営々と続けられた造林事業の結果，現在の人工林面積は1,000万haに及ぶ．しかし，その後の国産材の価格は，安い輸入材に押されて低迷し，一方で林業就業者は減少と高齢化がますます進み，林業は採算性の採れない産業となっている．

また，地域住民が森林に求める効用は時代とともに大きく変化し，かつて最も重要と考えられていた木材生産が今では大きく後退し，かわって水土保全やレクリエーション，CO_2の固定といった公益的機能に比重が移っている．こう

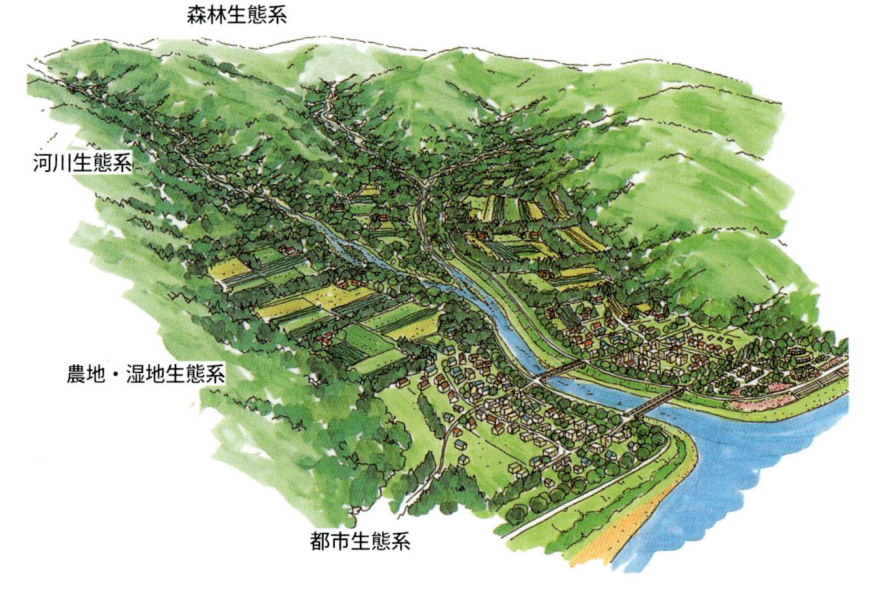

図 5-7　流域における生態系のつながり
森林生態系は流域の水源地に位置し，中下流域に位置する農地および湿地，都市生態系にさまざまな恩恵をもたらしている．また，河川はそれら生態系を結ぶ血管の役割を果たしている．

した社会的要請の変化を受け，2001年6月，林業基本法が37年ぶりに大きく改正され，「森林・林業基本法」が成立した．1964年に制定されたこれまでの林業基本法の目的が，木材生産の量的拡大であったのに対して，森林の多面的機能，特に水土保全などの公益的機能を重視した方向への大きな転換であった．森林の公益的機能の発揮を目指して管理する保安林の面積も急激に増加しており，現在では森林全体の約45％を占めるに至っている．なかでも国有林に占める比率は高く，所有面積の80％以上が保安林化されている．

　本節では以上のような背景を踏まえて，現在の流域社会が抱える問題を森林とのつながりで掘り下げたい．それぞれの課題は流域上流の水源地から順に下流に向かって整理したい．水源地の森林生態系では除間伐や枝打ちなどの施業がなされずに放棄された人工林の荒廃と水源税の導入，ならびに川上，川下の

連携問題，河川生態系については知床世界自然遺産区域における治山・砂防ダム問題，湿地生態系では急激な樹林化が進む釧路湿原における再生の取組みについて述べたいと思う．

1）水源地の森林管理 －人工林の荒廃と水源税，川上・川下問題－

人と森林との関わりあいの歴史から森林機能論の原点をまず述べて，今後の水源地管理の方向性を探る．

流域社会が木材生産以外の森林の働きとその重要性を深く認識したのは，森林を伐採して禿山を作ったときであった．また，研究者が森林の公益的機能を評価した方法も皆伐であった．どちらも伐採による公益的機能の低下を問題視している．コンラッド・タットマン氏が書いた「日本人はどのように森をつくってきたのか」には，古代から江戸末期までの林業通史が描かれ，強い人口圧力と膨大な木材需要，それに伴う略奪的な林業が行われてきた歴史を説明し，古代（600～850年）そして近世（1570～1670年）には木材資源の枯渇が顕著になり，渇水と洪水，土壌侵食，そして土砂氾濫などの災害が各地で発生したと述べられている．江戸時代から銅の採掘が始まり，明治には全国に名だたる銅の産出地となっていた足尾銅山が，製錬所から排出される亜硫酸ガスにより周辺流域の森林を荒廃させ，花崗岩質の急峻な山からは鉱毒に汚染された水と土砂が大量に流出し，下流の農地や水田に多大な被害をもたらした．北海道襟岬では明治開拓期に，森林が燃料の対象として伐採され，燃料不足を補うため伐根の掘取りまで行われた．トドマツ，カシワ，ミズナラなどの樹種で構成されていた海岸丘陵地の森林は，その後赤褐色の禿山地帯となり，飛砂が猛威を振るった．

研究者が行った森林機能評価は，どういうものだったか．森林が河川の流量に与える影響については，2つの流域で水文観測を実施してデータを蓄積し，その後一方の流域で森林を皆伐，もう一方の手付かずの森林流域と比較対照する方法であった．これにより，森林を伐採すれば年間の流出量は増えることが普遍的に確かめられている．森林と斜面崩壊，土砂流出の関係についても同様

で，皆伐試験流域における崩壊の発生，掃流砂量，浮遊砂量の増加などが証明されてきた．

このように，森林の公益的機能の評価は，まず森林を皆伐し，さまざまな悪影響（水，土砂，栄養塩の急激な流出）が発生するマイナスの状態をつくり，元の状態（森林のある状態で±0）との差によって理解もしくは評価してきたのである（図5-8，①の矢印）．したがって，森林の回復や復元とは，この±0に戻るまでの過程を意味する．しかるに，森林機能論に関する議論の多くは，樹種転換，間伐による密度管理，下層植生管理などの施業技術を使うことによって，±0の原点より上に行く，つまり自然状態の森林よりさらに機能が向上すると誤解されている（②の矢印）．これまで述べてきた事実からわかるように，歴史的にわれわれは，施業技術による公益的機能の向上を確かめて森林を管理してきたのではない．また，年間の水や土砂流出量を制御できる施業技術，研究成果を持ってはいない．技術的に対応できることは，資源収奪に伴うマイナス影響の最小化であろう（③の矢印）．

林業の採算性の悪化，労働者の高齢化などによって，戦後実施された拡大造林地において間伐などの保育作業が十分に行われないまま放置されたり，植林

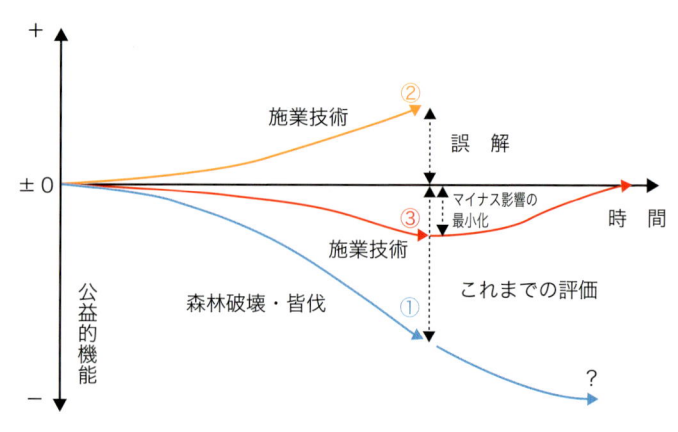

図5-8 森林の公益的機能と施業技術
（中村太士，2004）

が行われない伐採跡地が目立つようになってきている．立木密度が高い状態で管理放棄された人工林の林床は暗く，下層植生は繁茂せず，雨滴によって表土が固められ，水がしみ込みにくい土壌が形成される（図5-9）．結果的に，森林土壌ではほぼ発生しないといわれてきた表面流が，放棄人工林の土壌では発生し，土壌侵食を起こすようになっているのが現状である．そもそも人工林は収穫まで管理することを前提として植栽してきた森林であり，途中で管理放棄すれば生物多様性の保全のみならず土壌流出，山林崩壊に伴う水土保全機能の喪失など，さらなるマイナス影響を与えることは容易に想像できる（図5-8①の曲線）．ここでも，拡大造林期の人工林をこれ以上悪化させないために，適度な間伐などの施業技術が必要となっているのである（③の曲線）．

こうした中，多くの地方自治体が，水源税または森林環境税の導入を検討するようになってきている．高知県，岡山県，鳥取県，鹿児島県，島根県，愛媛県などの西日本では，すでに導入されているか導入が決定されている．ここで水源税とは，森林の水源涵養機能に着目し，その機能回復・維持のために地方

図 5-9 管理を放棄された人工林の林床の様子
除・間伐がなされていないため林内はきわめて暗く，ほとんど林床植生は生育していない．雨滴侵食によって土壌表面が硬くなっており，雨水も浸透しにくい．

自治体が森林整備を行い，その費用負担を税金として住民に求めるもので，森林環境税は，水源涵養機能のみならず土砂流出防備，生物多様性の保全，気候緩和，レクリエーションなどのさまざまな機能発揮を期待するものである．課税方式は主に「水道使用料金への課税方式」と「県民税への上乗せ方式」について議論されているが，前者は，水道事業者からの強い反対もあり，現実に採用されているのは県民税への上乗せ方式である．個人についてはどの自治体も負担額を抑え，年額1人500円程度の定額になっているが，施策の効果や受益と負担の意識が，納税者たる住民や企業に十分浸透しておらず，反対意見も多いのが実情である．

　神奈川県でも水源環境税が導入されており，丹沢山地における自然再生事業の財源となっている．神奈川県における上水道の80％以上は，丹沢山地を水源とする相模川と酒匂川に建設されたダムに依存している．しかし，水質悪化やダム堆砂など多くの問題を抱えており，その原因の1つが水源地の森林管理にあると捉えられている．なかでも，木材価格の低迷から手入れ不足の人工林が拡大し，さらにシカ個体数の増加に伴う累積的な採食圧は林床植生を衰退させ，一部地域では裸地化や土壌侵食が発生するなど深刻な問題になっている．

　こうした水源地における人工林経営の問題は，いわゆる木材を生産する「川上」と加工および販売する「川下」の連携として古くから知られている．これまで述べてきた人工林の荒廃と国民ニーズの多様化を背景に，林野庁は1991年「森林の流域管理システム」を導入した．この流域管理システムによって，1つは上流域で水源涵養機能を高める森林管理を実施するかわりに，水源税などの費用負担を下流地域の都市住民にお願いする．もう1つは，民有林，国有林を問わず森林所有者が1つにまとまって「流域林業活性化センター」のような機関を組織し，機械化や林道網の整備を通じて，仕事や労働力の確保を行い，国産材の安定供給に寄与しようとするものであった．この流域管理システムの施策自体が，国産材の安定供給や手入れ不足人工林への公的資金導入に大きな役割を果たしたとは言い難いが，その方向性は現在でも重要と考える．

　丹沢山地でも，すでに整備されている林道を利用して集約的な林業生産がで

きる地域と，自然環境を考えて広葉樹林に転換する地域にゾーニングすることを試みており，生産と保全の両立をはかろうとしている．今後，こうした環境に調和した森林管理から得られた生産材は，FSC（forest stewardship council）などの森林認証を得た製品として販売される可能性が高く，消費者の選択的な購買や流通制度に変化を与え，新たなる川上と川下の連携が構築される可能性も高い．

2）河川生態系の問題　－知床世界自然遺産区域におけるサケとダム－

北海道東部にある知床半島は，陸と海の生態系のつながりが高く評価されて，2005年7月にユネスコの世界自然遺産に登録された（図5-10）．陸と海の間を結んでいるのは河川であり，河川は知床でも生態系を結ぶ血管の役割を果たしている．河川沿いに生育する森は水辺林と呼ばれ，落葉広葉樹の樹冠が水面を覆うようになった河川では，夏の間，太陽エネルギーの約70～80％がカッ

図5-10　陸と海の生態系のつながり（知床の全景）
2005年に世界自然遺産に登録された知床半島は，海岸から約1,600mの山頂部まで，人手の入っていない多様な植生が連続して存在しており，急峻な数多くの河川は陸域と海域生態系をつないでいる．海から遡上するサケ科魚類は陸上の野生動物，特に世界的にも高密度で生息しているヒグマ個体群を支える重要な餌資源になっている．（写真提供：斜里町）

トされており,これによってサケ科魚類にとって重要な低温環境が保障される.特に樹冠による日射遮断効果が強く影響する山地渓流では,藻類による光合成生産量は少なく,エネルギーの多くを渓流外の森林で生産されるエネルギーに頼らなくてはならない.このエネルギー源の主要な部分が,秋に水辺林から落とされる落葉であり,それ以外にも陸生昆虫も落下し,水生昆虫や魚の餌となる.また一方,羽化して陸域に飛び出した水生昆虫は,鳥の重要な餌になることが知られており,森林生態系と河川生態系は相互に依存している(中村,2003).

　水辺の樹木は,倒れてからも河川生態系にさまざまな影響を与えている.倒木は川のよどみとなる淵や複雑な川の流れをつくり,多くの魚に生息場所を提供したり(図5-11),上流から流れてくる落葉やサケの死骸まで捕捉して,河川生態系の食物連鎖に関わっている.さらに,水質の汚濁源となる窒素やリン,濁りの粒子が,水辺林とその土壌によって効果的に除去されることも知られている.また,水辺域は生物多様性の高い場所といわれており,水辺域を利用する脊椎動物は,当該地域に生息する脊椎動物の約70%に及ぶとの報告が海外

図 5-11　倒木周辺に棲息するサクラマス幼魚
倒木や枝葉によって作られる流速が遅く捕食者から隠れることができる環境は,サクラマス幼魚にとっての重要なハビタット(生息場所)になる.

にある．北海道のエゾシカは，湖畔や河畔を越冬する際に利用しているといわれ，シマフクロウが生息するためには，営巣できる太い樹木が水辺に必要である．

さらに，河川生態系におけるほとんどの物質やエネルギーの流れは，重力に支配されて上流から下流，陸域から海域へと移動するが，これとは逆に海で得た栄養を上流へ運ぶ担い手としてサケが重要な役割を果たしている．産卵のために遡上したサケは，クマやタヌキ，キツネ，カラス，ワシ類などによって食べられ，陸上の動物もしくは林地に還元されるばかりか，産卵後の死骸は，水生および陸上の生物によって分解される．森と川と海は，こうした循環系が保たれて初めて，多くの生物が豊かに生育，生息できる生態系として維持される．

知床ではカラフトマスやシロザケ，オショロコマに代表される多くのサケ科魚類が生息しているが，治山や砂防ダムによって移動が妨げられていることがわかっている．国際自然保護連合（IUCN）も世界自然遺産に登録する際，今後改善すべき課題としてこの点を指摘した．知床世界自然遺産区域内には，ダムなどの構造物，さらにそれ以外のもので魚の移動を妨げていると考えられる工作物（橋脚の保護や孵化事業のため）を含めると，44 河川 100 個所以上に及ぶ（図 5-12）．知床というと原生的な自然をイメージする人が多いと思うが，実際には山岳地から下る急峻な小河川の扇状地に人が住み，漁業や観光業などが営まれている．

過去にも多くの災害が発生しており，全道的に大雨をもたらした 1981 年 12 号台風では，土石流災害によって大被害を被った．その結果，知床半島を流れる多くの小河川には，治山ダムをはじめとする防災施設が設置されている．こうした河川工作物は，前述したさまざまな森と川のつながり，川と海のつながりに影響を与えていることがわかっている．ヒグマが頻繁に河口近くに現れる理由も，サケの群れが河口近くのダムによって上流にのぼることができなくなっていることが原因として考えられ，クマと人が遭遇する危険性が高くなっている．そのほかにもダムが河床を平らに拡げ，水辺林の日陰効果を小さくしてしまうため水温がやや高くなっていること，河床地形が単調になり生息場所

194　第5章　人間社会と森林

図 5-12　魚の遡上を妨げる治山ダム
知床半島の小河川には，土砂災害防止を目的とした数多くの治山ダムや砂防ダムが建設されている．その結果，河道は安定し植生が定着している場所も多いが，一方で水温の上昇や魚類および底生動物の生息環境の悪化などが指摘されている．また，陸と海の生態系を結ぶ役割を果たすサケ科魚類の遡上を妨げていることから，現在改良が検討され一部実施されている．

の環境が劣化していることなどが指摘されている．

　こうした中，知床世界自然遺産地域科学委員会では，失ってしまったつながりを復元するために，災害の危険性を勘案しながら改良すべきダムの抽出を開始し，2006年に既存ダムの改良工事に着手した．改良方法は既存ダムの天端を切り下げるためにさまざまな形の切欠き（スリット）を入れたり魚道を併設したり，さまざまな技術が検討されている．将来，地元の理解が得られて住居および施設や道路などが安全な場所に移転されれば，ダム撤去という究極の復元も可能になるかもしれない．知床という自然遺産をどうしたら将来世代に残していけるか，防災施設のみに依存せず，土地利用の秩序化によって災害を回避し，同時に自然環境を保全することができるか，人間の知恵が試されるときである．失った陸域と海域生態系の「つながり」を復元するためには，地域と行政，そして研究者の協働による具体的な施策の実施が必須である．

3）湿地生態系の問題 －釧路湿原における自然再生－

　釧路湿原は，面積約 190km^2 に及ぶ日本最大の湿原である（図 5-13）．1980 年に「特に水鳥の生息地として国際的に重要な湿地に関する条約」，通称ラムサール条約の登録湿地に承認され，1987 年に第 28 番目の国立公園に指定された．釧路湿原を形成する水系は釧路川流域であり，流域面積は湿原面積の 13 倍で約 2,500km^2 にのぼる．約 6,000 年前の海進，約 4,000 年前の海退によって形成された釧路湿原には，海水に生息する甲殻類であるクロイサザアミが遺存種として生きている．そのほかにも，氷河期の遺存種であり釧路地方の湿原にのみ分布するクシロハナシノブや，タンチョウ，オジロワシをはじめとする鳥類，イトウ，キタサンショウウオ，エゾカオジロトンボなどの希少な野生動植物が生育，生息している．

　釧路湿原の開拓の歴史は比較的早く，1880 年代にさかのぼる．当初は周辺丘陵地帯からの木材搬出が主たる産業であった．1920 年には釧路川の大洪水により多くの犠牲者が出たため，釧路川を直線化するなどの治水工事が本格的に始まり，湿原の農地化が少しずつ始まった．1940 年代後半からは，戦後復興に伴って湿原周辺で森林の伐採が進められ，戦後の食料不足と農産物の安定供給を目指し，1960 年代から，国の方針でこの地域を食料生産基地

図 5-13　釧路湿原
日本最大の湿原である．写真は湿原の下流域で，上流土地開発の影響を受けていない美しい蛇行河川とその周りに拡がる湿原植生が見事な自然景観を形づくっている．

とするため，大規模な農地開発と河川改修が行われた．

　釧路湿原が現在直面している最も重要な問題は，湿原面積の急激な減少である．1947年には約250km^{2}あった湿原は，1996年の調査では約190km^{2}にまで減少し，この50年間で20%以上も消失していることになる．主因は，湿地が農地や市街地の開発によって消失したものであるが，そのほかにも流域からの土砂や汚濁負荷が湿原に蓄積して樹林化するなど，質的な変化も異常な速さで進行している．その背景には，水源地の森林伐採や急速な農地化，河川の直線化が影響している．これによりヨシやスゲ類の湿原内でハンノキが旺盛に成長したり，湖沼で急速に土砂が堆積し，富栄養化が進行したり，水生植物や淡水魚類も減少するなど，湿地・湖沼生態系に大きな影響を与えている（中村，1999）．また，生活排水や畜産排泄物の流入なども見られ，湿地生態系への影響は深刻なものとなっている．

　水循環の視点から見ると，水源地の森林生態系は，下流の湿地・湖沼生態系の健全性を支えるうえで，きわめて重要な役割を果たしているといえる．ここでは釧路湿原の東部に位置する3湖沼のうち，達古武沼とシラルトロ湖を保全対象として実施されている森林再生の試みを紹介したい．

　達古武沼を囲む流域における1920年代の森林は，ミズナラを主体とする広葉樹林が76%，湿地林が12%を占めていたと推定されている．現在は，そのほとんどが一度伐採を受け，二次林が47%，湿地林が11%，人工林が16%となっている（図5-14）．環境省が中心に再生事業を実施する地区は，達古武沼の北側に近接するカラマツ人工林約97haを含む148haであり，1964年に尾根沿いと沢沿いを除いて皆伐され，その後釧路町と達古武愛林会との分収林契約により造林が行われた．当初，自然再生としてカラマツ林を広葉樹林にすることに対して疑問が投げかけられたが，現在成林しつつあるカラマツを間伐しながら上層木として維持し，徐々に下層での広葉樹更新をはかり，ゆっくり自然林に戻していくことで合意された．また，尾根沿いと沢沿いに残っている広葉樹を母樹林として自律的に再生することが可能な場所と，人為的に播種したり植栽しないと回復が望めそうにない場所に区分した．

図 5-14　達古武沼周辺の森林
落葉広葉樹林（上）とカラマツ人工林（下）．

　目標として達古武地域本来の森林生態系に最も近いと考えられた達古武川上流部に，リファレンスサイト（基準区）を設定した．林齢は 70 ～ 90 年で，

198　第5章　人間社会と森林

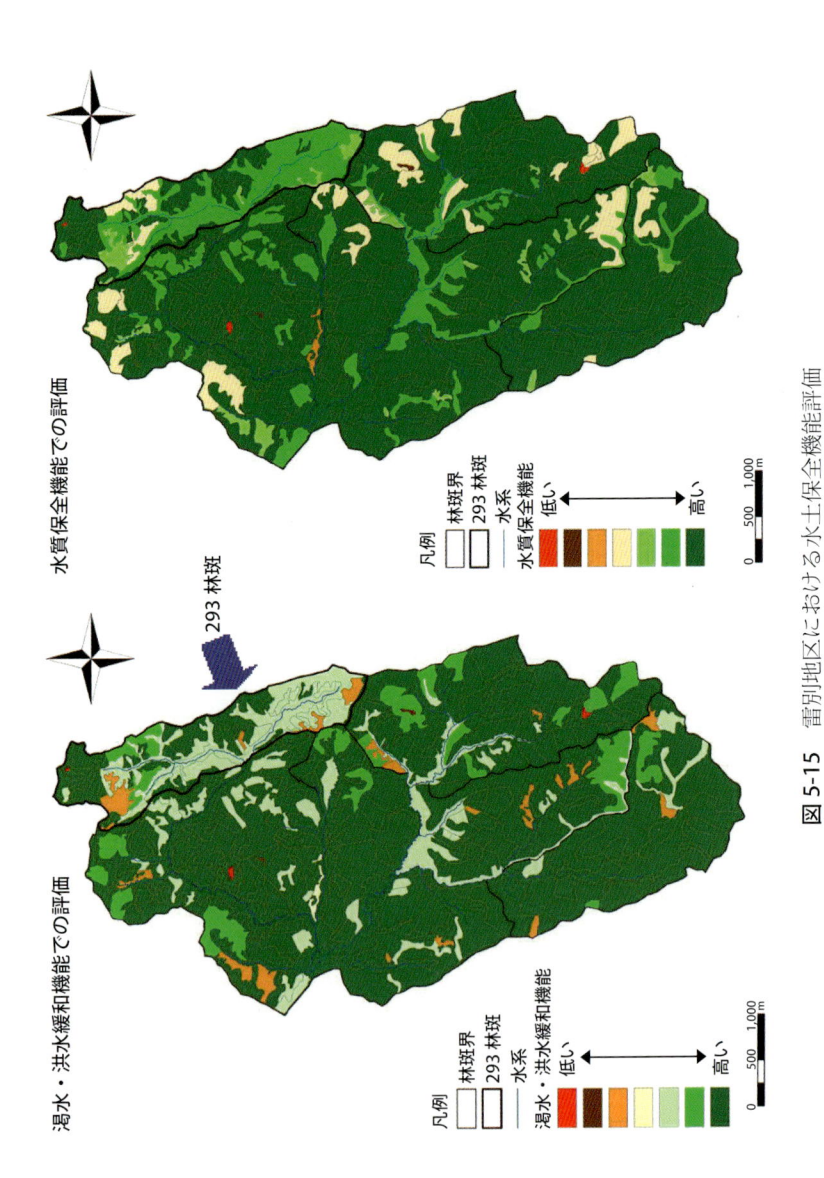

図 5-15　雷別地区における水土保全機能評価

釧路湿原東部に位置する雷別地区では、シラルトロ湖ならびにシラルトロエトロ川を保全するために、水源地森林の水土保全機能を評価した。図には水源涵養機能（左）と水質保全機能（右）が示されている。基本的に雨滴侵食が発生しないように林冠が適度にうっぺいしており、下層植生が確保されている林分の水土保全機能が高く評価されている。（釧路湿原自然再生協議会第3回森林再生小委員会資料より抜粋）

ミズナラ，ダケカンバ，イタヤカエデなどが優占する林分である．再生を阻害している要因としては，母樹が近くにないために生じる種子供給量の絶対的な不足，ササの被圧による実生の生残率低下，さらにエゾシカによる被食があげられる．事業実施に当たっては，前述した阻害要因を人為的にコントロールする試験区を設け，その試験結果を見ながら実施方法を検討している．

　林野庁が中心になって実施している雷別地区の自然再生事業では，シラルトロ湖ならびにシラルトロエトロ川とその周辺の湿地を保全対象とした．事業を実施するに当たり，シラルトロエトロ川の流域を含む国有林8個林班を対象に，水土保全の観点から評価を行っている．望ましい森林像として降水が直接地表面に当たらないための樹冠層が十分確保され，かつ下層植生が林床を覆っている森林とし，現状がその状態からどの程度離れているかで評価している．

　その結果，293林班に，樹冠や地表の状態で水土保全上マイナスと考えられる個所が集中していることが明白になり，この林班から自然林の再生事業を実施することになった（図5-15）．この林班には，林齢が70年を超えるトドマツ人工林があるが，2000年頃から立枯れ被害が顕著になり，その被害木を伐採したことにより，樹冠のギャップや無立木地が広がっていると判断された．もともとこの地域の森林は，ミズナラやハルニレを主体とする広葉樹林であったことがわかっており，トドマツは適していないと判断された．そのため，達古武沼の自然林再生と同様に，更新を阻害している要因を検討しながら，地がきによる自然侵入を期待できる場所と苗木による植栽を積極的に行う場所のゾーニングを行い，エゾシカの食害を回避する方法も同時に検討しながら試験を実施している．その後，稚樹の発生状況に関するモニタリング調査を継続しており，その結果をもとに最良の更新手段を選択することにしている．

3．思想形成と森林

1）はじめに －個人的な思索－

　スギの人工林は神々しく美しい．手入れの行き届いた大きなスギ林の中に立つと，背筋を伸ばして神妙にならざるをえない．20歳代半ばに初めて奈良県の吉野林業地帯を訪れ，まっすぐな大径木が林立するスギ林を前にして，背筋がゾクゾクしたことを今でも鮮明に覚えている．その直後からボルネオ島で3年間滞在したが，ほとんど手付かずの熱帯多雨林で野営したときは意外なことに何も感じなかった．一方で，先住民の焼畑用地（畑と二次林）やロングハウスでの夜，小用で川辺に向かう途中の木立で，墓地（埋葬森）を訪れたときと同様な胸のざわつきを実感した．これらの感覚は恐怖とは異なるもので，超自然の力に自分の心身すべてを託したくなるような，そんな感じだった．

　日本のスギ林とボルネオ先住民の焼畑用地，この両者は私が霊的存在を感じ取った1点で共通点があるはずだ．それは何なのだろうか．自然生態系が異なり，そこで生計を営む人々の民俗が異なり，そして文化が異なる．果たして本当に共通点があるのだろうか．その答えは，霊的存在を感じることができなかった手付かずの熱帯多雨林との対比から，わりと容易に導き出される．少なくとも私は，人間の手の加えられている森，人間との交流のある森に対して得体の知れぬ何かの存在を感じとったといえる．しかし，墓地のような異界と，スギの人工林や焼畑用地とを同列に論じてよいとは思えない．では，どのように説明すればよいのだろうか…．

　このように，直感から出発して論理的な検討を加えていくと，最終的には何らかの思考の結果に到達するであろう．それがある程度体系的にまとまったものになったとき，それは「思想」と呼ばれる．そして，「思想」は新しい価値を提示することで未来への展望を示す．これに対して，あらゆる既存の考えを徹底的に検討し，世界や人生の根本原理を追求する知的営みが「哲学」である．

哲学が思想を解体し，新たな思想を生み出すのである．重要なのは自分の頭で考えること，しかも生きている現実の社会，今まさに動いている現実の社会と

図 5-16　先住民バハウ人による焼畑農業
共同作業による火入れ直後の様子．インドネシア共和国東カリマンタン州奥地にて 2004 年 8 月撮影．

図 5-17　先住民ブヌア人のロングハウス
隣人との協力は生活に欠かせない．インドネシア共和国東カリマンタン州にて 2004 年 8 月撮影．

の関連で思考する姿勢なのである．既存の研究成果や思想の勉強はそのための有力な道具となるが，それ以上のものではない．

では，森林を舞台として形成されてきた思想にはどのようなものがあるのだろうか．また，どのような思想が森林で今生み出されつつあるのだろうか．本節ではそれを概観してみよう．

2）宗教的自然観の対立を超える

幕末維新期以後，日本は集中的に西洋文明を導入し急速な「近代化」を推進してきた．一般に「近代化」は，経済面では産業化として，政治面では民主化として，社会面では自由および平等の実現として，文化面では合理主義の実現として定義される．しかし，政府主導で強力に推し進められた日本の近代化は，もっぱら経済的近代化（産業化）に関心が向いていた．したがって，政治，社会，文化の面では最近まで伝統的要素が色濃く残り，近代的要素とのせめぎ合いが続いてきた．政治や企業の世界におけるムラ的要素（因習的人間関係など）が否定的に語られる一方で，少年犯罪などへの対策として地域社会の絆の重要性が主張される．いわば，さまざまな価値観がさまざまな局面で顔を出しては引っ込めつつ，大きな流れとしては近代化とともに社会全体が変化している．

こうした変化の中で特異的なのが宗教である．特に世界宗教の正統派教義はそう簡単には変化しない．そのほかのあらゆる思想や価値が時とともに変化し，権威を失う可能性を持つのと対照的である．だからこそ，宗教はいつどんな時代でも，そして世界中で，安心感と幸福感を得る手段として人々に支持されているのである．そこで，ここでは宗教が森林などの自然をどのように観ているのか簡単に示したい．

宗教による自然観では，キリスト教（およびイスラム教）と仏教（およびヒンズー教）が対比されることが多い．一神教である前者に影響を受けた西洋的自然観においては，自然は神によって人間に利用されるために人間よりあとにつくられたものであり，人間の次にランク付けされる．これに対し，森の中に誕生した後者に強く影響された東洋的自然観のもとでは，自然は人間と一体で

あり，ときとしては神の宿るところでさえあった．

　少し横道にそれるが，日本の神道は森の宗教である．神社は今でも森に囲まれているが，もともとは森そのものが神社で，神様はしめ縄が張ってあるご神木にときどき降りてきた．天皇を頂く国家神道とは異なり，本来の神道は自然崇拝である．森だけではなく動物たち（キツネ，ヘビ，ウシなど）も神の一種として人々の生活を護ってくれていたことに，それは表れている．

　このような認識に基づくと，仏教やヒンズー教，それに日本の神道こそが人間社会を自然との調和に導く灯火になりうる思想性を有しているように思えてくる．一方で，キリスト教やイスラム教の思想は，人間の傲慢さを助長し，自然破壊をもたらすものであるかのようだ．果たして本当にそうであろうか．それを探るため，各宗教の自然観，森林観を概観してみよう．

(1) キリスト教の自然観

　神は生きとし生けるものすべてを創り，秩序を持って統治する．つまり，すべてのものは調和を持っている．人間は，神の創造物の中で最高のものとみなされ，それゆえ人間に世界が委ねられた．しかし，人間が授かった栄誉と地位は，決して自然に対する統治や侵略の権利ではない．神の代理人として，人間は神の創造物の管理者として行動することが義務付けられているのである．したがって，生きとし生けるものを粗末に扱うのではなく，責任を持って世話をし，神と人間のために利用しなければならない．

(2) イスラム教の自然観

　自然は神の創造物であり贈り物である．創造物としての自然は完全であり，秩序あるものである．この秩序の中で，すべての創造物は運命を持ち，相互依存的であり，全体の繁栄と均衡に貢献している．贈り物としての自然は，人間が自由にできる清らかな財である．しかし，自然は人間の所有物ではなく，神の所有物である．人間は神により定められた目的のために，神から自然に対する利用権を与えられているだけである．したがって，自然を破壊しないやり方

で利用しなければならない．その利用権は，一人一人の人間が生まれるときに神から新たに与えられるものであり，相続されるものではない．自然の管理人として，人間は死ぬとき，預かり物である自然を，受け取ったとき以上の状態で神に返さなければならない．

(3) 仏教の自然観

仏教に強く影響された東洋的自然観のエッセンスは，すでに述べた通りである．しかし，仏教経典をひもとくと，木材の生産については全く記述がないという．仏の住む森は修行者の生活と修行の場であり，あまりにも身近な存在であったため，客体として意識されていなかった．

(4) ヒンズー教の自然観

ヒンズー教にとって，自然とは霊魂のために神がくれた贈り物である．寺院は樹木や岩の間に造られ，祈りの際には花や果実が供えられる．自然はまたその知恵で人間を充実させる教師として尊敬される．だからこそ，賢人は森や山の中に隠れ家を探すのである．

(5) ま と め

以上より，キリスト教やイスラム教の自然観によると，神と契約した人間の義務として，人間は自然を適切に管理しなければならない．一方，仏教やヒンズー教では自然が客体化されていないため，意識的な管理対象となっていない．そのため，人間を包み込んでいたはずの自然が知らず知らずのうちに劣化してしまう危険性をむしろはらんでいる．このように理解するならば，近代化が進んだ現在社会では，西洋的自然観の方が実践的な規範となりやすい．東洋的自然観は，むしろ近代化そのものを問い，人間と自然との関わりのあり方を再検討し，これまでと違った社会発展のあり方を考える契機となる．私たちが偏狭なナショナリズムの落とし穴にはまることなく，信頼される世界の一員として今後生きていくためには，一神教的思想（キリスト教やイスラム教の思想）を

安易に軽視し敵視する論調から一歩身を引き，個々人の思索を鍛えあげる必要があろう．

3）専門家の思想に学ぶ

宗教に基づいて形成された思想と異なり，学問の世界で生み出された理論や法則の賞味期限はそれほど長いものではない．しかし，学者や専門家が抜本的な変革を担う局面で生み出した思想は，今でも渋い光を放っている．日本にも，大規模な築城や土木工事によって自然破壊が進んだ江戸時代，全国各地に森林再生などに貢献した先人たちがいる．彼らの思想は実践と結び付いていた．例えば，岡山の熊沢蕃山（1619〜1691）による土木事業を進める際には環境への配慮を欠いてはいけないという環境土木思想，愛知の古橋源六郎暉兒（1813〜1892）による利己を超える地域社会の公益を目指した共存共栄の林政思想などがそれである．

ここでは，およそ150年前に世界で初めて誕生した林学の故郷ドイツと，最近の新しい学問潮流の中心地アメリカ合衆国で形成された思想を概観する．

(1) 今に活きるドイツ林学の思想

ドイツの誇るロマン派の思想家ゲーテによる「自然は常に正しい，もし誤るとすればそれは人間が間違えたからである」という趣旨の思想を具体的な森林技術論として体系化したのが，林学の祖と称される数名の中でも第一人者といわれるハインリッヒ・コッタ（1763〜1844）である．荒廃のきわみにあったドイツに豊かな緑の自然を取り戻し，伐採や植林を繰り返しながら永久に生産力のある状態で森林を維持することを理想とした．「荒らさずにいつまでも利用し続ける」という思想は，現在世界的に取り組まれている「持続可能な森林管理」の先取りであった．

ベルリン大学林学教授を務め，コッタと並び林学の祖に列せられるウィルヘルム・パイル（1783〜1859）は，森林美の大切さを子供たちに教える森林美学教育の重要性を説いた．彼の思想を一言でいうと「愛がなければ森は育た

ない」であり，森林の取扱い技術に関する知識だけではなく，森林への愛着が重要であることを意味している．この思想は現在の小中学校における森林教育として結実している．

　ミュンヘン大学林学教授を務めたカール・ガイヤー（1822〜1907）は，造林学の立場から「自然に帰れ」という思想に基づき，人工植栽による針葉樹同齢単純林の造成を批判し，天然更新による混交林を重視する施業を推奨した．人工林施業を否定するつもりはないが，経済性の重視に偏りすぎた林業経営からの脱却という文脈においてガイヤーから学ぶべきことは多い．

　エーベルスワルデ高等山林専門学校植物学教授を務めたアルフレート・メーラー（1860〜1922）は，「森林内に働くすべての力の調和の中にこそ真の森林生産が行われる」という恒続林思想を提唱した．そして，森林を木材生産工場と見る考えが優勢だった当時の林学界の中で，「健全なる森林有機体の恒続」という思想に基づいた森林施業を打ち立てた．また，「森林家の業務は半ば科学，半ば芸術である」というコッタの言葉を引きつつ，恒続林施業は自然を大切にする技術であると同時に美を造る技術であることを説いている．美しい森林景観と木材生産との両立を視野に入れている点で現在に活きる思想である．

(2) 未来の灯明たるエコシステムマネジメント

　19世紀の終わり頃になると，アメリカ合衆国では木材不足や土砂流出への懸念から「保全（conservation）」の思想が台頭した．保全とは，資源を利用しながら保続をはかるという，いわば功利主義的な思想である．そして，具体的な森林管理は，専門教育を受けたフォレスター（林業技術者，森林官）が一手に引き受けた．アメリカ合衆国の自然資源管理は，永らくこのような保全思想に基づいていた．

　しかし，1990年代以降，保全思想にかわって「エコシステムマネジメント」の思想が瞬く間に優勢になった．その背景として，まずは生態学の発展があげられる．それにより，生態系は閉じたシステムではないことや，分からないことが多いため不確実性を前提とする必要があることなどが共通認識となった．

もう1つの背景は，開発と保護の両極に先鋭化する世論の矢面に立った森林局が立ち往生してしまった厳しい現実である．

エコシステムマネジメントの思想は必ずしも統一されていないが，最大公約数的には次のように整理される．①生態系の持続それ自体に目標を置き，木材生産量などの成果はあくまで副次的なものである．②人間社会と生態系を統一的に捉え，経済的な実行可能性，社会的な受容可能性，生態的な健全性の3つを同時に達成する管理のあり方を探る．③土地所有や縦割り行政の枠を超え，市民を含めたさまざまな関係者による協働（コラボレーション）を重視する．④生態系に関する知識の不確実性を処理するシステムとして順応的管理（adaptive management）を導入する．つまり，「計画－実行－モニタリング－評価」の過程で最新の科学的知識を用い，計画の修正に活かす．⑤以上を総合的に機能させるためには分権的な資源管理のシステムが不可欠である．

エコシステムマネジメントは，今後の自然資源管理の基幹思想として世界中に定着していく気配である．

4）専門家と非専門家との新しい関係性を築く

自然や森林に関する思想を担うのは，なにも宗教家や専門家だけではない．日常のローカルな実践を通してさまざまな思想が形成されてきた．それは，自然と人間社会との関わりのあり方の数だけ，すなわち文化の数だけ存在する．この認識は，どの文化もそれぞれの環境への適応を通して歴史的に形成されたものであり，すべての文化がそれなりの価値を内在しているという「文化相対主義」に立脚している．この思考をさらに一歩進めると，各地域の文化が有する価値は何ものにもかえがたく，それ自体の存在が貴重なものであるという認識にたどり着く．この場合の地域の範囲は国民国家よりずっと小さな生活圏のスケールである．したがって，ローカルな思想の追求は，偏狭なナショナリズムにつながりやすい国民国家の絶対的価値の追求とは全く異なる行為であることが確認されよう．

ここでは，日常生活の中で行われる自然への働きかけ，あるいは環境保全に

関する実践活動に関わって生じる思想のずれについて，特に専門家と非専門家との関係性に着目して考えてみよう．

(1) 思考の起点　−熱帯地域の参加型森林管理−

　林学教育を受けたいわゆるフォレスター（森林官，林業技術者，研究者）たちは熱帯林消失問題に対して，①森林のことを第一に考慮し，②地域住民を森林管理の制約要因（邪魔者）とみなし，③近代的技術の導入と人々への教育が問題解決に役立つと考えている．このような認識枠組みを「フォレスターの視座」と呼ぶ．一方，森林地域住民たちは，①自分たちの生活の維持および向上を第一に考え，②フォレスターに対して不信感を抱き，③地域住民による森林の管理および利用がもっと認められるべきであると考えている．これが「森林地域住民の視座」である．

　植民地時代から採用されてきたフォレスターの視座に基づく森林政策の失敗が明らかになるにつれて，森林地域住民の視座を取り入れた政策形成が試みら

図 5-18　先住民バハウ人の女性
籠づくりをしているところ．インドネシア共和国東カリマンタン州奥地にて 2004 年 8 月撮影．

れてきた．このような多様な利害関係者の参加に基づく森林管理の仕組み作りにおいて，まず克服すべきは，フォレスターズシンドローム（森林官が樹木を愛し人々を嫌うという性向）である．しかし，専門家としての責任感や義務感の強いフォレスターほど，森林管理権限の一部を地域住民に委せることができない．そして，「地域住民に任せたら森林はなくなってしまう．われわれの権威もなくなってしまう」と心配する．しかし，その心配は不要であろう．前述したエコシステムマネジメントの思想に基づく限り，フォレスターはこれまで以上に高度な専門性を期待されるからである．ともあれ，フォレスターによる権威主義的な森林管理では，もはや多くの人々の賛同を得ることはできない．しかし，だからといって地域住民にすべてを委せるのが賢明だとも思えない．ではどうしたらよいのか．

(2) 新しい専門家の役割

医療現場においては，開示，理解，自発性，能力，同意が，インフォームドコンセントに不可欠であるとされる．しかし，医師（専門家）の間には，患者に開示できる医療情報や技量の偏差が確実に存在する．また，たとえ患者（非専門家）が医師の持つ知識のすべてを理解したとしても，患者の間には所得格差などにより選択可能な治療方法に差が生じる．したがって，患者の自己決定の実質をより保障するには，社会が費用を負担し，医療を標準化する制度を構築する必要がある．つまり，個人の「自由」に価値をおく自己決定の実質を保障するためには，社会の「共同性」が必要なのである．

敷衍すると，専門家の間，専門家と非専門家の間，非専門家の間で，さまざまに生じる諸資源や知識のずれを放置しておくと，市民による自己決定の実質は空洞化してしまう．だからこそ，社会の共同性はきわめて重要なのである．結局，科学技術の民主的コントロールにとって重要なのは，専門家と非専門家の間にある「知識」それ自体のギャップをなくすことではなく，むしろ両者間にある知識追求「目的」（何のための知識なのか）のずれを合わせることなのである．

このことを森林の例で説明しよう．森林の利用および管理の目的は主体によって異なる．例えば，企業のマネージャーならば商業樹種の効率的な伐採および搬出，政府の森林官ならば持続可能な森林管理に，地域住民ならば生計維持のための森林の確保，自然保護NGOのスタッフならば野生動植物の保全といった具合だ．これらのずれを調整し，可能ならば融合するための仕組みを地域レベルおよび国家レベルで構築することが求められている．

　このような多様な利害関係者による民主的なコントロールのもとで，フォレスターたちは専門的助言者あるいは側面支援者として社会に貢献することになる．地域住民と良好な関係を築くためのコミュニケーション，および多様な利害関係者との合意形成を主導するファシリテーション（側面支援）の能力がフォレスターに求められる．そして，地域の人々の経験に根ざした実践や知恵（在来知，生活知）を林業技術に組み込む柔軟性および創造性も欠かせない．

　ここで展開したような専門性の民主的コントロールについての議論は，熱帯地域に限らず，日本の森林政策のあり方を考えるうえでも重要である．

5）新しい思想を創る

　コモンズとは「自然資源の共同管理制度，および共同管理の対象である資源そのもの」である．そして，資源利用のアクセスが一定の集団やメンバーに限定されている管理制度と資源がローカルコモンズである．特に，森林は人間にさまざまな便益を与えてくれる「資源」であると同時に，生活の基盤を形成する「環境」でもある．したがって，資源と環境の両方の側面を含めて，地域の森林およびその管理制度はローカルコモンズとして認識されうる．ローカルコモンズとしての森林を保全する戦略は論理的に考えて3つ考えられる．

(1) 即自的コモンズの思想

　第1の戦略は，グローバリゼーションに対抗して一定の地理的範域において地産地消の仕組みを再構築することである．いわば，ローカル化戦略である．地域の環境や資源の管理は，地域自治や地域自立の理念に立脚した社会生活の

一部として実践される.

　そこでの主要アクターは，地域の歴史や文化を体現する基礎集団たる「地元住民」である．現代社会の弊害から解放されるオルターナティブ社会（別の価値に根ざした社会）の実現を目指し，個としてはスローライフを実践するという魅力的な将来像を描くことも可能である．しかし，かつてのムラ社会（村落共同体）に存在していた相互扶助の有する負の側面，つまり相互の監視による自由の束縛傾向が，現代社会の中で再び肥大化するのではないかという懸念もある.

　このような戦略を支えるのは，コモンズを即自的（an sich）なものとする考え，すなわち，それ自体が所与の存在としてそこにあることに価値をおく考えである．

(2) 対自的コモンズの思想

　第2の戦略は，環境保全という目的達成のための手段として地域の環境や資源の管理制度を設計することである．いわば，グローバル化戦略である．つまり，地域の環境や資源にグローバルな価値を付与し，公共善の実現手段としてその管理のあり方を考えるのである.

　主要アクターは環境保全の担い手たる機能集団,すなわち「市民団体」（NGOやNPO）である．しかし，森林の有する特定の機能に着目してその持続的,効率的な発揮を期待する外部者のまなざしが，対象とする森林地域の人々とずれる可能性がある．例えば,生命中心主義的な環境思想に則った主張をする「市民」が，そこでの生活を重視する地元住民と対立するのはその一例である.

　このような戦略を支えるのは，コモンズを対自的（fur sich）なものとする考え，すなわち，ある目的（環境保全，レクリエーションなど）に相応しいコモンズをつくることに価値をおく考えである．

(3) 新しい「協治（きょうち）」の思想

　第3の戦略は，グローバリゼーションの進展を前提としつつも地域自治の

理念を重視し，前記2つの戦略をアウフヘーベン（止揚）し，統合することである．いわば，グローカル化戦略である．すなわち，「閉じる」と「開く」，あるいは「固有な価値」と「普遍的な価値」とを調整することである．

そのためには，地元住民が地域の環境や資源を外部へ開く意思，つまり「開かれた地元主義」（open-minded localism）が要請される．これはあくまでも地元住民を重視しており，最小の政治単位に権限を認める補完原則（principle of subsidiarity）と親和性を持つ．企業などの外部者が失敗による撤退が可能であるのに対して，地元住民には通常その選択肢がないことが，地元住民を中心に据えることの正当性を示している．

ところで，外部者（NGO，学者，有志たち）の影響力が強すぎると地域自治を損なうことになる．そこで，当該地域の環境や資源に対する関わりの深さに応じた発言権を認めようという理念，すなわち「かかわり主義」（principle of involvement）」に基づく合意形成の場を設計することが不可欠となる．これにより，外部者であろうが地元住民であろうが，とにかく関わりが深い人ほど強い発言権を認められ，環境や資源の管理のための合意形成が促進される．

このような地元住民を中心とする多様な利害関係者の連帯および協働による環境や資源の管理の仕組みを「協治」（collaborative governance）と呼ぶ．この仕組みは，メンバーがあらかじめ固定された組織の形態をとることもあるが，もっと関係者の広がりを持つネットワークの形態をとってもよい．また，中央政府レベルでも，地方自治体レベルでも，村落レベルでも成立が可能である．

6）有志が公共性を担う

「協治」への関わりを通して，関わりを持つすべての人は自分を活かしつつ，自分が有していた公共心に気付き，あるいは内に秘めていた公共性を発揮することができる．しかし，公共性の議論の多くは，いわゆる「市民」の存在を前提としている．「市民」とは，個として自立し，私利私欲を越えた公共性を持つ行為を実践できる人のことである．これはいわば理念型を示しているのであって，実際の生身の人間はなかなかそう理想的な行動をとれるわけではない．

いつも矛盾を抱え，ときには私利私欲に走ってしまうものである．

　私は，そのような愛すべき「ふつうの人々」を正面に据えた議論が必要であると考えている．これまで用いられてきた，民衆，人民，常民，庶民，地の民など，さまざまな用語は，学問領域あるいは論者による定義があり，これらを厳密に使い分けるのは少々厄介である．そこで，私は「ふつうの人々」のことを「素民」と呼ぶことにしている．「素」は，「ありのまま」，「普通」，「根本」などの意味を持つ．

　例えば，私のフィールドである東カリマンタンの森に住む人々のすべてが森の適正な利用および管理に興味を持っているわけではない．当地の人々の中には，周囲の森林を「みんなのモノ＝他人のモノ」として違法に伐採する者もいれば，「みんなのモノ＝自分たちのモノ」と認識して保全の努力をしている人もいる．地元の人々の中にも，関わり方の濃淡はあるのだ．既述の「かかわり主義」は，よそ者に対してだけではなく，森林地域に住む「素民」に対しても有効となる．

　一方，日本に住む「素民」が東カリマンタンの森に関心を持ち，「市民」として関わることもある．これをどう理解したらよいのだろうか．「市民」が存在することを前提とするよりも，「素民」の中から何らかの要因によって「有志」が出現したと考える方が現実的である．生成された「有志」たちはNGO活動に関わったりしながら，遠く離れている東カリマンタンの森を「みんなのモノ＝自分たちのモノ」と認識し，公共性を担う主体になるのである．

　熱帯林に住む人も日本に住む私たちも，あまねくすべての人は「素民」である．結局，「市民」という概念は，「素民」の持つ一側面として生成された「有志」としての資質を抽象化した概念であるといえる．

　日本であれ東カリマンタンであれ，NGO/NPOは公共性を担う「有志」として，「協治」のプレーヤーとして，また地域社会と公共空間/公共圏の媒体として，今後ますます重要な役割を果たすことは間違いない．それを前提としたうえで，「素民」の存在と役割を明確に意識した公共性の議論を発展させることが，今後の森林政策論の重要課題なのである．

図 5-19 マハカム川最上流の村へ向かう
フィールドワークを通して人と森の関係を探ることから思考が始まる．インドネシア共和国東カリマンタン州奥地にて 2004 年 8 月撮影．

7）おわりに

　森林の「協治」に関わることにより，また森のことを思索することにより，私たち「素民」は「有志」として「市民」的公共性の担い手となる．森林は今やすべての人が，よりよい生き方，すなわち個の尊重と社会との協調とを両立させるような生き方について学ぶ実践の場であり，かつ思索の場となりつつある．そのような森林を対象とする学問である森林科学は面白く，かつ刺激的であり，今後ますます重要な役割を果たすに違いない．

第 6 章

これからの森林の役割

1．再生可能な生物資源

　光合成によって再生可能な森林バイオマスは，資源的に限りある石油などの化石資源にかわる資源として注目されている．ここでは，森林バイオマスの主体である樹木の成分的な利用と物理的な利用について概説する．また，再生可能な資源といえども過度な伐採などによる利用は資源の消失になりかねない．そこで，生物資源を持続的に利用するためにはどのようなことが必要か，事例をあげながら述べる．

1）森林バイオマスの成分利用

（1）樹木の化学成分
　樹木の主要な部位を占める木材部分を構成している主な元素は炭素，水素，酸素である．
　それらの木材中の含有率は表 6-1 に示すように，樹種の違いによらず炭素が約 50％，水素が約 6％であり，そのほかの大部分，約 43％は酸素で占められている．木材成分を元素組成で表すと，おおよそ $C_{1.6}H_{2.2}O_{1.0}$ の実験式に相当する．森林バイオマスの代表ともいえる木材の重量の約半分を占める炭素は，そのすべてが二酸化炭素および水を原料とした光合成によって合成される．樹木が，いかに効率よく大気中の二酸化炭素を固定しているかがわかる．
　植物の構成成分は表 6-2 に示すように，細胞壁構成成分と細胞内含有成分に大きく分けることができる．含まれる成分の割合は木や草によって異なり，樹

表 6-1　木材の元素組成（％）

樹　種	C	H	N
モ　ミ	50.36	5.92	0.04
トウヒ	50.31	6.20	0.05
ブ　ナ	49.01	6.11	0.09
カ　バ	48.88	6.06	0.10
ナ　ラ	50.16	6.02	—
トネリコ	49.18	6.27	—
シ　デ	48.99	6.20	—

（近藤民雄ら（編）：木材化学・上, p.64, 共立出版, 1968）

表 6-2　植物の主な成分

	成分の種類
細胞壁構成成分	セルロース　　（分子量～ 1,000,000）⎫ ヘミセルロース（　　　～ 30,000）⎬ 木材の主要三大成分 リグニン　　　（　　　～ 20,000）⎭
細胞内含有成分	抽出成分（分子量～ 1,000） 　　テルペン, アルカロイド, フラボン類, ステロイド, 炭化水素, 　　脂肪酸, キノン類, エステル類など そのほか 　　デンプン, タンパク質, ペクチン, 無機質, 糖類, アミノ酸 　　など

　木では広葉樹，針葉樹の違い，樹種の違いによっても異なり，さらに同じ樹種でも部位や正常材，あて材などの違いによっても異なるが，材部分を例にとるならば，細胞壁構成成分であるセルロースは 40 ～ 50％，ヘミセルロースは 15 ～ 25％，リグニンは 20 ～ 35％含まれている．これらの成分は木材部分での含有率が高いので，木材の主要三大成分と呼ばれている．

　セルロースは，木材セルロースでは約 1 万個のグルコースが直鎖状につながった構造をしており，ヘミセルロースは数種の単糖類が 200 個程度，枝分かれしながらつながっている．リグニンはフェニルプロパンを基本単位としてこれらが複雑に重合したもので，その含有率は針葉樹材では 25 ～ 35％，広葉樹材では 20 ～ 25％，イネ科では 15 ～ 25％である．

　これらの 3 成分の大きな特徴はそれぞれが分子量数万以上の高分子であり，

樹木を支える強力な骨格を形作る役目を担っていることである．樹木を鉄筋コンクリートの建造物に例えるならば，セルロースは大きな木を支える鉄骨であり，ヘミセルロースは鉄骨にコンクリートをなじませる鉄骨に巻かれた針金であり，リグニンは樹木をしっかりと固定するコンクリートである．

　細胞内含有成分には抽出成分，デンプン，タンパク質，無機質，糖類などがある．これらのうち抽出成分は植物のにおい，色，抗菌性や害虫に対する抵抗性の原因物質となり，植物を特徴付ける役割を担っている．セルロース，ヘミセルロース，リグニンの主要三大成分が分子量数万以上の高分子であるのに対して，抽出成分は分子量がたかだか1,000程度の低分子である．低分子であるがゆえに，抽出成分はアルコール，ベンゼンなどの有機溶媒や水で抽出される．

　抽出成分含有率は，スギ，ヒノキなどの国産材，ベイヒバなどの米材，ロシアカラマツなどの北洋材などでは，通常数％であり10％を超えることはほとんどないが，チーク，インツェア，ギャムなどの東南アジア材では20％近い場合もある．

　根や枝の抽出成分含有率は材のそれとほぼ同じで国産材では数％であるが，葉の場合には50％前後の高い値を示すものがある．この1つの理由は，緑色植物の葉に多量に存在する葉緑素が抽出成分として有機溶媒に溶け出すことにある．

　以上のように，樹木には特徴の異なったいくつかの化学成分が含まれており，多様な用途が期待される．さらに，樹木が再生産可能であることが注目され，化石資源にかわる資源としてその利用開発が行われてきた．2002年12月には6府省連携による国家戦略として，「バイオマス・ニッポン総合戦略」が公表され開始された．バイオマスは次世代の資源として脚光を浴びている．

(2) 主要三大成分の利用

　木材の主成分であるセルロースの最大の化学的な用途は製紙用パルプである．わら，バガス，タケ，コウゾ，ミツマタ，ケナフなどからの非木材パルプ

も生産されてはいるものの，木材からのパルプの生産量が主であることにはかわりはない．セルロースは化学的に誘導体化されて，高機能性分離膜，高吸水性高分子などの機能性材料として，繊維，乳化安定剤，フィルムなどとしてその用途は広い．また，セルロースは加水分解によりグルコースとされ，さらに水素化，脱水，異性化などの化学変化を経てケミカルスとして利用されている．セルロースを酸加水分解あるいは微生物分解して得たグルコースをさらに発酵させて得られるエタノールは，バイオエネルギーとして脚光を浴びている．ブラジルでは，すでにエタノールがガソリン代替として自動車用燃料に用いられている．発酵原料はサトウキビの絞りかすバガスが主に使用されているが，わが国では確固たる用途の少ない未利用の木質系バイオマスからのエタノール生産の実用化も研究されている．ほかに木質系バイオマスのエネルギー利用としては，木屑を原料にしたバイオマス発電（図6-1）が林産加工工場を中心に行

図6-1　バイオマス発電所
主に製材端材，おが粉，樹皮，松枯損木などの木質系廃材でボイラーを燃焼させ発生した蒸気エネルギーで発電用タービンを駆動させて発電させる．集成材工場，ボード工場など，木屑廃棄物の得られる場所に併設されることが多い．（写真提供：能代森林資源利用協同組合）

図 6-2 バイオマス発電に使用されるバイオマスの例
バイオマス発電には用材生産の際に排出される樹皮および枝葉（左），松食い虫に侵され枯れたマツ枯損木（右）もエネルギー用に用いられる．（写真提供：能代森林資源利用共同組合）

われており，加工の際の廃棄物（図 6-2）のゼロエミッションを目指して今後も増加の傾向にある．

　ヘミセルロースも加水分解され低分子化されて各種ケミカルスとして利用されている．キシロースとその水素化によって得られるキシリトールはダイエット甘味料として利用され，キシリトールはほかに医薬用となるほか，樹脂製造などの工業原料としても使用されている．キシロースの脱水によって得られるフルフラール，およびその還元によって得られるフルフリルアルコールは，樹脂，そのほかの化成品原料として用いられている．単糖類が 2 〜 10 個程度結合したヘミセルロース由来のオリゴ糖のうち，広葉樹やイネわらなどのヘミセルロースを酵素で加水分解したキシロオリゴ糖は，腸内に生息するビフィズス菌の増殖を促し，腸の働きを活性化する甘味料として注目されている．

　植物の細胞壁分解物に由来するオリゴ糖が，病原微生物の侵入時にその侵入を抑えるために生成される抗菌性物質ファイトアレキシンの生成を促すエリシターとしての働きを持っていることが明らかにされている．このようなエリシター活性を有するオリゴ糖はオリゴサッカリンと呼ばれており，今後の利活用が期待されている．

　リグニンはパルプ製造時の廃液として多量に排出されるが，その用途は限ら

れていて利用率はきわめて少なく，世界のリグニン生産量の10%弱が利用されているに過ぎない．パルプ製造時の薬液回収のための燃料として用いられるほか，セメント・コンクリート混和剤，石油ボーリング剤，農薬分散剤，分散剤，肥料担体，粉鉱石造粒剤などのほかに，リグニンの成分バニリンが香料，医薬品原料として用いられている．また，リグニンを原料とした炭素繊維の製造も試みられているが，実用化には至っていない．

木材中におけるリグニンは，多糖類セルロース，ヘミセルロースの間に充填されていて複雑な構造をしているので，用途の開発が困難であった．最近になり，このリグニンを多糖類からリグノフェノールとして分離する相分離システムが開発された．リグニンが複雑な網目状の構造をしているのに対してリグノフェノールは分子が線状で，構造が均一化しているため，使いやすく今後の用途開発が期待されている．例えば，プラスチック代替品，電磁波シールド材料，分子分離膜，固定化酵素システムなどの応用が考えられる．リグノフェノールは，木質系材料以外であるわらなどの植物資源からも得ることができる．

(3) 抽出成分の利用

抽出成分は表6-2に示すように，テルペン，フラボン類，フェノール類，アルカロイド，ステロイド，脂肪酸，炭化水素，エステル類など，種類が多く，また，その構造は多様である．そのために多種多様な働きを持ち，それぞれに利用されてきた．香料，フレーバー，染料，接着剤，防腐剤，殺虫剤，塗料，薬用，各種工業原料など，その種類は多い．

多様な用途を持ち，生活の中で使われてきた抽出成分であるが，近年の化学工業の発展の下で石油など化石資源から天然物代替品が製造されるようになり，合成品に置きかえられていった抽出成分も少なくない．それではなぜ，抽出成分をはじめとした天然物が合成品に置きかえられていったのだろうか．

表6-3は抽出成分と合成品との比較を示している．化石資源からの合成品の場合，大量生産が可能で価格も安価であるのに対して，抽出成分は葉では30～50%の含有率であるが，木材では南洋材の場合は別として一般に含有率が

表6-3 抽出成分と合成品の比較

	抽出成分	合成品
1. 量	含有量が低い　材：3〜5%（南洋材〜20%）葉：30〜50%	大量生産が可能
2. 時期	時期的に含有量が変動　果実，花などは収穫時期がある	必要時にあわせ生産が可能
3. 場所	生育場所に依存する場合が多い　山地では枝葉，除伐・間伐材など原料の収集，搬出が困難	工場立地条件があればよい
4. 価格	少量生産なので比較的高価	大量生産で安価
5. 効果	遅効性，おだやか	速効性，効果大
6. 副作用，残留毒性	比較的少ない	健康阻害，残留毒性，環境汚染につながるものもある
7. 品質など	合成品にないよさがある　例：木ロウ，生薬	色合い，肌触りなど，微妙な点で天然品に劣る
8. 資源量	再生産が可能．バイオマス廃棄物など資源の有効利用につながる	石油など化石資源には限りがある

低く数%であり，少量生産となり，合成品に比べ高価である．製造する場所については，石油などの原料は大量輸送が可能であり，工場立地条件があればその場所で生産可能であるが，抽出成分の場合には植物原料の生育場所に依存する場合が多い．特に，森林バイオマスの場合には急峻で奥深い山地が多いわが国の場合には，枝葉，除伐・間伐材などの抽出に供する原料の収集，搬出が困難である．抽出成分の場合には時期的に含有量が変動し，また果実，花などの場合には収穫時期が限定されるのに対して，化石資源からの合成品では必要時に合わせて生産が可能である．このように，合成品に比べて不利な点を持ち合わせている抽出成分であるが，以下に示すように天然物ならではの長所も持っている．

　薬や殺虫剤などの効果に関しては，合成品では強く速効性があるのに対して，抽出成分由来のものは遅効性で効き目も比較的おだやかである．しかしながら，合成品が健康阻害や残留毒性などの環境汚染につながるものもあるのに対して，抽出成分では副作用や残留毒性が比較的少ない．使用後も天然物ゆえに

土に還り，環境汚染の懸念が少ない．また，木ロウや天然染料などに見られるように，肌触り，色合いなどの点で合成品にない品質のよさを天然物は持ち合わせている．さらに，森林資源が化石資源に比べ，有する最大の利点は後者の資源量には限りがあるのに対して，前者は再生産可能だということである．また，抽出成分の採取に木質系廃材などを利用すれば資源の有効利用にもつながることになり，それまで焼却処分によって発生していた二酸化炭素発生の抑制にもつながることになる．

抽出成分の利用は合成品に比べていくつかの不利な点を持ち合わせているが，それらを克服して利用の道を広げていく必要がある．収穫時期，場所，量では生育場所の違いによる含有量の年間を通しての経時変化を考慮し，最大収穫時期を把握し，また，最大収量が得られるような抽出方法を考慮する必要がある．最大収量を得るために，その成分の種類によって，蒸留，圧搾，溶媒による抽出，超臨界抽出など，抽出法を選ぶとともに抽出条件を検討することも肝心である．品質，効果，量の問題では遺伝子組換えや組織培養など，バイテク技術を駆使してよりよい品質の開発，新機能の付与，収量の増大をはかることが考えられる．効果を向上させるためには，抽出された化合物を出発物として部分改変などの化学反応によりさらに高い効能，あるいは新機能を付与することも考えられる．このときに用いられる出発物質の抽出成分は，リード化合物と呼ばれる．リード化合物は人の考えの及ばぬ構造を出発物質として教えてくれる点で，抽出成分としての大きな役割を持っている．図6-3の①はリード化合物としての一例である．①はセクロピアカイコから単離された幼若ホルモンである．昆虫は幼若ホルモンと脱皮ホルモンが働き，脱皮しながら成虫に至る．昆虫の成虫化を抑える幼若ホルモンの分泌が低下すると昆虫は蛹化し，次いで成虫となる．不完全変態昆虫では蛹化を経ず，直接，昆虫となる．幼若ホルモンの働きが強ければ成虫化は抑えられる．幼若ホルモンを利用して害虫の生理を狂わせることで，害虫防除が可能になる．①を出発物質のモデルとして一部改変し合成された②，③，④は，①の約50倍，320倍，1,400倍の活性を有している．

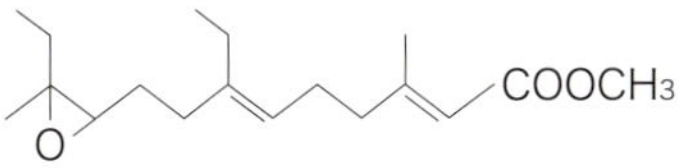

図6-3 ❶をリード化合物として得られた幼若ホルモン

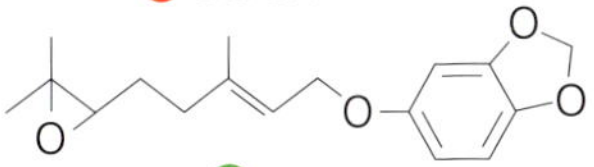

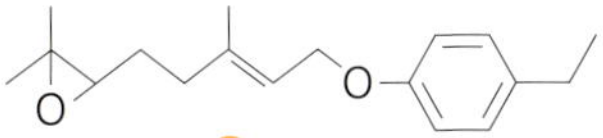

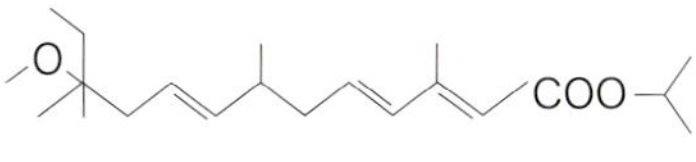

セクロピアカイコから単離された幼若ホルモン❶をモデルにして合成された❷, ❸, ❹はそれぞれ❶の約50倍, 320倍, 1,400倍の活性を持っている. 天然有機化合物は, より効能の強い物質を合成する際のモデル物質として有効である. このようなモデル物質は, リード化合物と呼ばれている.

少しでも安価で効能の強いものが好まれるのは当然のことながら, 少しばかり高価でも, 効能は低くても安全, 安心で, 再生産可能で資源枯渇がなく, 環境汚染の少ない天然物は, 次世代を担う貴重な資源であり, 積極的な利活用が望まれる.

(4) 山の恵み －特用林産物－

われわれ人間は地球上に生を受けて以来この方, 常に森林の恵みの中で育まれてきた. 山菜を食べ, 狩で獲物を得, 薬木薬草から薬を煎じ, 木で住みかを作ってきた. さらには紙となり衣類となり, あるいはエネルギー源となって, 科学の進歩とともにその利用の仕方はかわってきてはいるものの, 森林資源が生活の中で多くの役割を果たしていることは昔と今にかわりはない. そして, 森林には昔も今もかわりない資源が豊富に存在する. 森林から生産されるそれらの産物のうち, 木材を除いた産物は特用林産物 (non-wood forest products) と呼ばれている. わが国では昭和54年の「特用林産振興基本方針」に基づいて出された国の通達で, 特用林産物は「元来, 主として森林原野において産出されてきた産物で, 通称林産物と称するもの (加工炭を含む) のうち, 一般用材を除く品目の総称」と定義されている. 表6-4にその分類を示す. 特用林産物

表 6-4 特用林産物*

きのこ類	しいたけ，えのきだけ，平茸，ぶなしめじ，まつたけ，まいたけ，エリンギなど
特用樹類	桐材，こうぞ・みつまた，けやき，山菜（葉，樹皮），しきみ，さかき，花木など
山菜類	たけのこ，わらび，ぜんまい，わさび，あけび，くず，さんしょうなどの山菜，山野草など
薬用植物類	がじゅつ**，いちょう（葉），きはだ（樹皮），おうれん***，その他薬用植物
樹実類	くり，くるみ，ぎんなん，やまもも，とちの実，山ぶどうなど
樹脂類	うるし，はぜの実（木ろう），つばき油，松脂，ひのき精油など
竹　類	竹材（もうそうちく，まだけ，めだけ，くろちく，ほていちくなど），竹皮
木炭など	薪，木炭，竹炭，木質成型燃料（オガライト，オガ炭など），加工炭，木酢液，竹酢液など
森林動物類	いのしし，鹿，まむしなど

*国の通達で分類されている品目，**ショウガ科ウコン属の多年草，***キンポウゲ科オウレン属の多年草．

図 6-4　シイタケの原木栽培

クヌギやコナラを 1m ほどに切った原木（ほだ木という）にドリルで穴をあけ，シイタケ菌を入れた種駒を打ち込み，シイタケ菌の蔓延しやすい環境に立てかける．（写真提供：日本特用林産振興会）

には前述の抽出成分も含まれる．

食用ではキノコ類，クリ，タケノコ，ワサビ，そのほかの山菜類があり，イノシシ，シカなどの動物も含まれる．非食用としてはウルシ，木ロウ，樹木精油，竹材，桐材，木炭・竹炭，木酢液・竹酢液などがある．これらの林産物のうちで，代表的なものはキノコ類であり，2006年現在，生産量，生産額ともに他を大きく引き離している．キノコの生産は，シイタケやナメコのように林間で原木栽培（図6-4）する場合やマツタケやショウロのように林内に生育しているものを採取する場合もあるが，気象や害菌，害虫の影響を回避しやすい室内での菌床栽培（図6-5）によって行われる工場型に栽培が移行し，大量生産

図6-5 キノコの菌床栽培
A：マイタケの菌床栽培，B：菌床から発生したマイタケ，C：菌床から発生したシイタケ，D：ナメコの菌床栽培．主に広葉樹のおが屑に米ぬかを混合した培地を袋またはびんなどに詰め，殺菌後，種菌を植える．次いで，温湿度の管理された培養室で培養する．（写真提供：日本特用林産振興会）

が行われる傾向にある．キノコの品種改良もよい系統を選抜育種する選抜育種法，よい形質同士の交配による交雑育種法のほか，紫外線照射などにより突然変異を起こさせ，生じた変異株を育種する方法や，細胞融合育種なども試みられるようになってきた．自然界に生育する新種の食用キノコの発掘と，その栽培の試みも行われている．

ウルシはウルシの木の樹皮に傷を付けて樹脂道に存在するウルシ液を流出させて掻き集めたもので，ウルシ液を採取するこの作業をウルシ掻きという．石川県，茨城県，岩手県などでウルシ採取が行われているが，最近では東南アジアからの輸入品が多い．

ウルシ科ハゼノキの実の外果皮を取り除いた実を搾油，あるいは n-ヘキサンで抽出して，木ロウを採る．採取したての淡黄白色のロウを生ロウといい，これを天日に晒し，白色の晒しロウ（白ロウ）を得る．ロウは本来，高級脂肪酸と高級アルコールのエステルを指す．木ロウは脂肪酸のグリセリンエステルなので正確にはロウでなく融点の高い油脂であるが，固体であることから木ロウと呼ばれている．木ロウは緻密で，粘じん性が高いなど優れた性質を持っているので，口紅，ポマード，チックなどの化粧品，医薬品などに使われるほか，クレヨン，色鉛筆などに使われる．木ロウは大量生産で安価な石油製品による代替品がある中で，天然物のよさを生かして使っていきたいものの1つである．トウダイグサ科ナンキンハゼの実からも同様な木ロウを採取することができる．ナンキンハゼは，中果皮にハゼノキの約2倍量の木ロウを含んでいる．

工業的に利用されている樹脂類の1つに松脂がある．マツの幹に傷を付けると滲出する樹液が生マツヤニで，これは揮発性のテレビン（〜15%）と不揮発性のロジン（75〜85%），脂肪酸（〜数%）で構成されている．マツの幹に傷を付ける方法はタッピング法と呼ばれ，ゴムの木からゴム樹脂を採取する方法（図6-6）や漆を採る方法と類似している．タッピング法で得られるロジンはガムロジンと呼ばれ，テレビンはガムテレビンと呼ばれる．ほかに，マツの材や切り株の水蒸気蒸留で得られるウッドロジン，ウッドテレビン，クラフトパルプ製造の際に副産物として得られるトール油ロジン，サルフェートテ

図 6-6　ゴム樹脂の採取
ゴムノキの樹皮に細い線状の傷を斜めに付け剥皮することを繰り返し，滲出してくる樹脂を下方の容器に受け取る．この採取法は漆やマツヤニでも行われ，タッピング法と呼ばれている．

レビンがある．

　ロジンの成分はアビエチン酸類のジテルペンで構成され，固体である．テレビンは α-ピネンを主成分とするモノテルペン類が主体で液体である．ロジンの最大の用途は紙用サイズ剤[注]で，そのほか合成ゴム製造用乳化剤，印刷インク，塗料，シーラント，チュウインガムなどに用いられる．古くはギリシャ時代に木造船の防水用に使われていた．石油から合成される樹脂は分子量分布に幅があるが，ロジンはその構成成分が類似の化合物なので均一な分子量を持ち，溶液，乳化物の安定性がよいという利点がる．テレビンはペイント用溶剤，合成接着剤原料，合成香料原料などに用いられる．わが国では40年以上前にはタッピング法によるマツヤニ採取が行われていたが，現在は行われていない．世界最大のロジン生産国は中国で，ここではタッピング法が行われている．中国に次いで生産量の多いアメリカ合衆国では，トール油ロジンの生産量が多い．

　注）インクのにじみ止め用に製紙の際に加えられる物質．

表6-5には世界で利用されている天然樹脂を示した．天然樹脂は昆虫の分泌物や，樹木の分泌細胞で生産された二次代謝産物が樹脂道や乳管などに貯蔵されたもので，いずれも水に不溶な物質である．シェラックはラック虫（カイガラムシ類）の分泌物で，国際市場に流通している唯一の動物性天然樹脂である．琥珀とコーパルは，古代に樹脂が流出して地下で化石化した化石樹脂である．バルサムは固形物に精油が混じっている含油樹脂で，特に精油分が多く液状のものをいう．

植物色素も天然物志向の進む中で好んで使われるものの1つである．特に，食用色素として安全性の高い植物色素が好んで使われるようになってきた．染料植物で重要なものは約130種類あるといわれているが，栽培種はわずかである．黄色系ではキハダ樹皮，オウレンの根茎，ウコンの根茎，クチナシの果

表6-5 世界で利用されている主な天然樹脂

種 類	起 源	主な成分	主な産地	用 途
生マツヤニ	マツ科	α-ピネン，樹脂酸	中国，アメリカ合衆国	溶剤，サイズ剤
ダンマル	フタバガキ科	樹脂酸	東南アジア	塗料
琥珀	マツ科（Pinus succinifera）	コハク酸，α-アミリン，樹脂酸重合物	バルト海沿岸	装飾品
コパイババルサム	Copaifera langsdorfti	カリオフィレン，コパエン	南米，アフリカ	医薬，塗料，調合香料
トルーバルサム	Myroxylon balsamum	シンナメイン，樹脂	中米	医薬，香料・化粧品類
カナダバルサム	Abies balsamea	α-，β-ピネン，フェランドレン，酢酸ボルニル，樹脂酸	アメリカ合衆国，カナダ	光学器械，医薬
グアヤク脂	Guaiacum officinale	α-，β-グアイコン酸	南米，西インド諸島	医薬
マニラコーパル	Agathis alba	アガチス酸	フィリピン，インドネシア	塗料，サイズ剤
コンゴコーパル	Copaifera demeusii	α-，β-ピネン，リモネン，コンゴレン	コンゴ	塗料
シェラック	ラック虫	アロイルツ酸，ジャラル酸	インド，タイ	電気絶縁体，塗料

実，ハゼノキの心材，エンジュのつぼみ，赤色系ではスオウの材，ベニバナの花，青色系では藍の葉，褐色〜黒色系ではシャリンバイの樹皮，ログウッドの材などがある．植物染料は合成染料に比べ堅牢度が低く，色あせやすい欠点もあるが，合成染料では表すことのできない自然の色合いを出すことで好まれている．

　植物精油は，植物の葉，花，幹などから蒸留や抽出によって取り出された芳香成分で，現在世界市場に出回っている代表的な樹木精油では，葉から得られる精油にはアビエス油，クローブリーフ油，カシア油，シダーリーフ油，シナモンリーフ油，ユーカリ油，芳樟油などがあり，材から得られるものにテレビン，ビャクダン油，サッサフラス油，シダーウッドオイルなどがある．わが国ではヒバ，ヒノキ，スギの材および葉，トドマツの葉から精油採取（図6-7）が行われ，国内に供給されている．これらの国産樹種の精油は，材油では主に製材などの加工時に排出されるおが屑から採取され，間伐材などが用いられることもある．葉油は伐採時に排出される葉が利用される．このような林内廃棄物（図6-8）や林産廃棄物が利用されることで，資源の有効活用が行われている．

図6-7　林内での精油採取
嵩高い枝葉などの林内廃棄物を林外に運び出すのは効率が悪いので，組立て可能な小型精油採取装置を林内土場に運び込み，精油採取を行っている現場風景．

230　第6章　これからの森林の役割

図 6-8　精油採取に供される枝葉などの林内廃棄物
用材生産の際に林内で伐り捨てられる枝葉は短く伐られたあとに，現場で精油採取用原料となる．

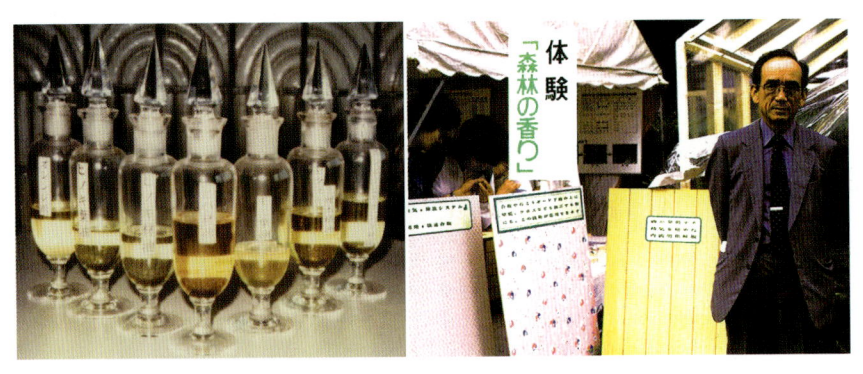

図 6-9　香料，工業原料などに用いられる精油
香料，合成香料原料，工業用原料などに用いられる植物精油．殺虫作用，抗菌作用，VOCなどに対する消臭作用などを有する樹木精油は，快適居住空間を創るのに利用される．

図 6-10　樹木精油を含有した合板
ヒノキ，ヒバなどの精油を，基材とプリントあるいは突板とを接着させる接着剤に含有し，抗かび，防虫などの精油の機能を持たせた合板も製造され，市販されている．

　精油（図6-9）は，香料，合成香料原料，工業用原料，医薬品などに利用されてきた．最近では，スギ，ヒノキ，ヒバなどの樹木精油に含まれるテルペン

類の殺ダニなど害虫制御作用，VOC吸着作用，抗かび作用などの生理活性が見出され，また，副交感神経系を刺激することによって生じる快適性増進効果も実証されて，精油含有合板（図6-10）や繊維，室内芳香剤など，快適居住空間創出のための製品も開発され，利用されている．

2）新しい使い方を広げる森林バイオマスの物理的利用

　木材の主たる用途は，柱，板としての建築用材である．木材は再生産可能であるうえに，鉄やアルミニウムなどの金属を鉱石から取り出すエネルギーに比べて木材生産に必要なエネルギーが格段に低いので，地球温暖化防止のうえからも注目されている．丸太から柱などの木材 $1m^3$ を生産するのに消費するエネルギーは，天然乾燥であれば炭素に換算して約15kg，人工乾燥であれば熱エネルギーを使うので約2倍の28kg，鋼材，アルミニウムではそれぞれ5,300kg，2万2,000kgである．

　バイオマスの有効利用の観点から，一度使用したバイオマスをそのまま廃棄あるいは焼却処分するのではなく，再利用することや段階的に少し低質なものにかえて再生利用していくカスケード型利用が，近年積極的に行われるようになってきた．カスケード型利用とは，例えば建築解体材から繊維板やパーティクルボードを作り，使いきったらそれからは木炭を作り利用するといった段階的に用途をかえていく方法であり，貴重なバイオマス資源を有効に利用するための工夫である．

　木材を他材料と複合化させ，木材の弱点を補強するとともに木材になかった新しい機能を持たせた木材・プラスチック複合体（WPC）や，木粉と熱可塑性の高分子と混練・複合化して成形したモールドウッド，セメントをバインダーとして木毛，木片，ファイバーなどの木質を補強材とした木毛セメント，木片セメント，パルプセメント板などの木質複合材料も開発され，木材の利用法は幅広い．木質系材料の熱分解生成物としての利用としては，木材と熱硬化性樹脂との複合材料を炭素化して得られる多孔質炭素材料ウッドセラミックスや，木炭の電磁波遮蔽材，土壌改良剤，水質浄化材などへの利用がある．

チップは暗渠用疎水材，チップをセメントで成形した藻礁，公園などの歩道の舗装資材，樹木根周りのマルチ材などとして利用されている．

おが粉は燃料のほか，家畜敷料，土壌改良材，キノコ培地，炭材として用いられ，精油採取原料としても貴重な資源である．また，ペレット，オガライトとして成形され，化石燃料にかわる燃料として今後の消費拡大が望まれる．ペレットには，有効成分の付加による機能性を持たせた利用にも期待がかけられている．

3）再生可能な生物資源を持続的に利用するために

生物資源，特に森林資源は再生可能なので，資源量に限りのある化石資源に比べて将来の資源として有望視され，資源の利活用が再認識されている．しかしながら一方で，酸性雨などの汚染物質，過度の森林開発などによって地球環境が悪化し，絶滅の危機に瀕している動植物が増えつつある．地球上の植物種の2/3が存在するといわれている熱帯林地域では急速に進む開発によって，それまでその地域に伝わってきた薬用植物など有用植物とその利用法などの情報が，近代科学の目に触れることなく絶滅の危機に瀕しているものも少なくない．そのような背景のもとで，地域的に民族間で伝承的に使われてきた有用植物の情報を科学的に明らかにして，その利用法を次世代に残そうという民族植物学（ethnobotany）に関する研究も積極的に展開されるようになってきた．有効な資源といえども絶滅してしまっては意味がない．持続的に利用できることに生物資源としてのよさがある．再生可能な生物資源とはいえ，再生が間に合わないほどに過度に使えば消えてしまう．そのためには，絶滅につながるような過度の使用を控え，また，植林などによって補充することが肝要であって，計画的管理が必要である．

①**植林で持続的に利用，現地への利益還元も**…タイにプラウノイ（*Plau noi*）というトウダイグサ科樹木がある．この木の葉は，現地の人々によって傷の手当てに使用されてきた．この組織修復作用に注目して，わが国の製薬会社がその有効成分を分離，構造を決定し，胃粘膜修復作用を見出して，胃炎，胃潰瘍

図 6-11　植林されたプラウノイ
タイで古くから傷口修復の民間薬として使用されてきたトウダイグサ科樹木プラウノイは，その成分の医薬品としての開発により今では植林されて抽出されている．

治療剤として実用化している．民間に伝わる伝承薬に科学のメスを入れて，現代的な利用法に導いたよい例である．この資源も自然に生育しているものを採取していけば資源が底をつく．プラウノイは現地に植林され（図 6-11），栽培されて，現地で抽出されている．原料を現地生産することによって現地での雇用に結び付き，地域社会にも貢献している．熱帯雨林が薬用植物の宝庫として注目され，先進国による科学の力を駆使した開発が行われる例がよく見られるが，先住民の貴重な知識を生かした開発で得られた成果には開発側の一方的な利益ではなく，先住民側にも何らかの利益が得られることが当然ながら必要である．

　②効率のよい利用は資源の無駄使いを抑える…インドの東に浮かぶ島国スリランカでは，薬用植物を使った伝統医学アーユル・ベーダにニシキギ科木本のコタラヒム（*Solacia reticulate* wight，図 6-12）の幹，根の煎じ液が糖尿病治療薬として用いられてきた．古くから使われてきたためこの薬木の現存量は減少し，貴重な資源となって採取も制限されるようになってきたが，最近になり，糖吸収を抑え，血糖値上昇に対する強い抑制作用を持つ有効成分が明らかにされた．効率のよい抽出により錠剤としての利用も始まり，より効率のよい，そ

図 6-12　糖尿病治療の民間薬として用いられるニシキギ科灌木コタラヒム
コタラヒムはスリランカの伝統医学アーユル・ヴェーダで5,000年以上も前から煎じて糖尿病治療用として使われてきた．近年，その効能も科学的に解明され，糖分の吸収を抑えるので生活習慣病の予防に利用されている．

図 6-13　植林用に育てられているコタラヒムの幼苗
古くから伝統医学アーユル・ヴェーダで用いられてきたコタラヒムは，資源的にも逼迫し始めている．近年の輸出解禁に伴いさらに資源量の減少が懸念されるので，将来への持続的利用のために植林による資源量拡大が試みられ始めた．

して使いやすい利用法が始められている．希少になってきたコタラヒムの植林も試みられ始めた（図6-13）．

③類似種の探索，類似化合物の利用は種の保存に有効…1962年，アメリカ合衆国オレゴン州に生育する太平洋イチイ（*Taxus bevifolia*）の樹皮抽出物に抗がん作用が見出され，その後，30年の歳月を経て制がん剤として実用化された．その間，有効成分タキソールの構造研究，毒性実験，臨床実験のため，太平洋イチイは伐採され，絶滅の恐れまで懸念され，環境保護，自然保護の面から問題になった．太平洋イチイはそれほど蓄積が多くなく，成長が遅い．それに加えて木の部位の中で量的にも多くなく，剥いでしまえば枯死してしまう樹皮を使うことが絶滅の危機に拍車をかけたのである．幸いにも，同じイチイ属のほかの樹種にもタキソールが含まれていることがわかり，また，ほかの樹種にタキソール類似体が量的に多く含まれることも見出され，それを原料にタキソールの合成も可能となった．そのタキソール類似体をリード化合物として，もう1つの活性の強い抗がん剤も合成され実用化されている．有効成分の含まれる類似種の探索と，量的に多く含まれる類似化合物のリード化合物としての利用が，生物資源を持続的に利用するのに有効であることをこの例は示している．

④再生可能な葉の利用…タキソールに関する日本産イチイを用いたその後の研究では，タキソールは樹皮だけでなく葉にも含まれていること，成木よりも幼木の葉にタキソール含量が多いこともわかり，イチイの遅い成長を待たずとも幼木で，それも再生可能な葉を採取し，木を生かしたまま，苗畑での大量増殖も可能であることがわかっている．

血流を促進して脳血栓を防ぐことで，抽出物がドイツ，フランスで医薬品として認められているイチョウの葉は，苗畑で栽培された幼木から採取される．また，インドネシアでのメラルーカやオーストラリアのユーカリも，平地で低木仕立てされた葉から精油が採取されている．木を伐採することなく再生利用できる葉の利用と，収穫しやすい畑での森林バイオマス栽培は，成分利用には有効である．

2．社会的共通資本としての森林

　社会的共通資本という言葉を初めて使ったのは，おそらく宇沢弘文である．少なくともこの言葉を広めたのは彼であるといって間違いない．そこで本節では，はじめに宇沢のいう社会的共通資本とは何かを明らかにし，次に経済学的見地からこの用語を吟味し，森林を社会的共通資本とみなすとはどういうことか考え，どのような政策的含意があるのかを述べることにする．

1）宇沢弘文のいう社会的共通資本

　宇沢弘文の著書や論文の中で社会的共通資本を論じたものはいくつもあるが，『社会的共通資本』という題で出版された岩波新書や講演を起こして再編集した『かもがわブックレット』が手頃だろう．特に後者の『経済に人間らしさを　社会的共通資本と共同セクター』は講演を起こしたものだけに，わかりやすい表現になっている．社会的共通資本を定義付けている部分は，少々長いが重要なので引用しておくと以下の通りである．

　「人間が人間らしく生きていくということは，人間がその尊厳を守り，魂の自立を守って，市民の基本的権利を最大限に享受できるということです．そのために，どういう社会的制度・経済的制度をつくればいいかというとき，重要な役割をはたすサービスや機能，あるいは施設，こういったものを社会にとって共通の財産として，社会的に管理して，すべての人々がその果実を享受できるようにしなければなりません．

　社会的共通費本には，次の三つがある．

　大気，森林などの自然資本．

　道路，公共交通機関，上下水道，電力などのソーシャル・インフラストラクチャー＝社会資本といわれているもの．

　もう１つが制度資本といわれるべきもので，学校教育，医療，金融，司法，行政などの制度．これらは社会的共通費本のいちばん中心の役割をはたすもの

です.」

　かいつまんで述べるならば,「人間が人間らしく生きていく」「ために,」「重要な役割を果たすサービスや機能,あるいは施設を社会にとって共通の財産として,社会的に管理して,すべての人々がその果実を享受できるようにすべき」もので,自然資本とソーシャル・インフラストラクチャー＝社会資本と制度資本の3つからなるといえるだろう.

　さて,岩波新書では多少ニュアンスが異なるが,「生産,流通,消費の過程で制約的となるような希少資源は,社会的共通資本と私的資本との二つに分類される.社会的共通資本は私的資本と異なって,個々の経済主体によって私的な観点から管理,運営されるものではなく,社会全体にとって共通の資産として,社会的に管理,運営されるようなものを一般的に総称する.社会的共通資本の所有形態はたとえ,私有ないしは私的管理が認められていたとしても,社会全体にとって共通の財産として,社会的な基準にしたがって管理,運営されるものである.」とされている.「共通の資産として,社会的に管理,運営されるような」「希少資源」と定義されているといえるだろう.

　以上,宇沢のいう社会的共通資本が何なのかを見てきたが,何を社会的共通資本とすべきなのか,あるいはここで問題にしている森林がなぜ社会的共通資本と考えるべきなのか,といった問いに対する解答を与えるものになっているだろうか.残念ながら,否と答えざるを得ない.

　宇沢は岩波新書の中で続けて「ある特定の希少資源を社会的共通資本として分類」する基準は「たんなる経済的,技術的条件にもとづくのではなく,すぐれて社会的,文化的な性格をもつ.社会的共通資本から生み出されるサービスが市民の基本的権利の充足という点でどのような役割,機能を果たしているかに依存して決められるものである」としている.つまり,何が社会的共通資本とされるべきかは社会的,文化的に決められるものであり,何を社会的共通資本とすべきなのか,あるいは森林を何ゆえ社会的共通資本と考えるべきなのか,

といった問いはそもそも宇沢にはないのだろう．

そうであれば，何を社会的共通資本とすべきなのか，あるいはなぜ，森林を社会的共通資本と考えるべきなのか，に対する答えを次にここで考えてみる．そのために社会的共通資本とは何か，そしてそれを考えるために資本とは何かから考えてみることにする．

2）経済学から見た社会的共通資本の吟味

(1) 基本的生産要素としての資本

資本とはそもそも何なのだろうか？この問いに答えていくために，具体的な例を考えてみる．森林になじみの深い生産過程という想定で製材業を例にしよう．

製材業では丸太を材料に製材品を生産する．仮に生産した製材品が300万円で，投入した丸太が200万円であったとするならば，この製材品の300万円の生産は，丸太生産と製材業者の合同の生産であり，純粋に製材業者の生産の部分はといえば差額の100万円分ということができる．さらにさかのぼるならば，この丸太生産の200万円も森林所有者と素材生産業者の合同の生産と考えることもできるだろうが，ここでは製材業の段階だけを取り上げることにする．このように考えるならば，製材業者の生産行為は「加工」の部分であり，価値を追加しているので「付加価値」生産というわけである．つまり，付加価値を生み出すのが生産の本質と考えているわけで，この付加価値生産を行っている源をそれぞれ生産要素と呼び，この生産要素の1つが資本である．製材業の場合であれば，製材機などの設備や工場の家屋などの施設がその代表である．労働もこの生産において重要な役割を演じているだろう．製材業では中心的な役割を果たしているとはいい難いかもしれないが，林業などの第1次産業では，土地も重要な生産要素である．

このように資本は，土地と労働と並んで基本的（本源的という言葉を用いることもある）生産要素を構成する．生産要素とは生産過程に投入される資源を指し，土地は，象徴的に（あるいは歴史的経緯があって）土地という言葉が用

いられるが，単に地面ないし耕地を意味するだけでなく，自然資源を表す．労働にはもちろん人間の肉体労働だけでなく，知的な人間活動も含まれている．こう考えてくると，資本とは自然資源と労働以外のすべての基本的生産要素を含むことになり，非常に多様な物を含むことになる．自然資源でないということは人間の作った物ということであり，人間の作った物ということはほかの生産部門による，あるいは過去の生産過程の産物ということである．換言すれば，間接的な労働投入ということになろう．

　もちろん，製材業の例を引合いに出すまでもなく，生産は基本的生産要素のみで行われることはむしろまれで，中間生産物（製材業の場合は丸太）に対して基本的生産要素を作用させて（最終）生産物（製材業の場合は製材品）を生産することになる．このように中間生産物＝中間投入物を含めて生産過程を考えるなら，資本とは過去の生産過程の産物であり，生産過程において投入される生産物のうち中間生産＝投入物ではないものということもできる．

　生産過程において投入される生産物を中間投入物と資本とに分けるのは，実はそれほど自明なことではない．製材業にしても，代表的な中間投入物として丸太をあげたが，それに限るわけではない．例えば，製材業にしても電気も生産過程に投入されているだろうし，機械油も投入されているだろうが，これらは中間投入物であろう．製材機は資本だろうが，その部品や保守用品となると中間投入物なのか，資本なのか，区別が付きにくくなってくる．

　製材機にしても長年使っていれば摩耗してしまい，使い尽くされてしまうので，中間投入物と同じようになってくる．このように，実際に区分するということになると難しい点が生じてきてしまうが，生産過程における資本とは，過去あるいはほかの部門の生産物であって，生産過程で基本的にはそのままの形で残るものということができる．

　資本というものは，そのままの形で残るので，再び生産過程に投入することができる．摩耗などの目減り（資本減耗という用語を用いる）もありうるが，資本を増加させることもでき，これを投資（資本形成ともいう）という．製材業であれば，建物を増築したり，ラインを増やしたりすることが考えられるだ

ろう．

(2) 資本概念の拡張

さて，今まで述べてきたことは近代経済学の原論としては常識に属する話であるが，世間で用いられる通俗的な用語としての資本とは，だいぶ違いがある．資本とは通俗的には生産活動に用いられる「元手」と理解される．通俗的と表現したが，マルクス経済学においては，資本は「自己増殖する価値の運動体」と定義されるので，元手という表現の方に近いのかもしれない．

また，資本を生産過程で考えてみたが，消費過程における資本というものも考えることができる．製材業では工場の家屋を資本の例と考えたが，これは工場のスペースを提供しているわけで，家庭の住居にしても居住スペースの提供をしており，同様のサービスの提供である．このサービスは消費過程に提供されており，これを資本と考えるのは自然なことであろう．

このように考えると，消費者の利用する財でも，消費過程で基本的にはそのままの形で残るものは資本ということができるわけである．ここにおいても通常の消費財との区別は，耐久性によってなされることに気付く．家具，家電製品，自家用車などの耐久消費財も本来は資本と考えるべきだろう．

消費過程における資本に関しても，資本減耗，資本形成＝投資を考えることができる．資本というものは，ストックとして存在することにより，生産過程あるいは消費過程にサービスを提供し，社会および経済に利益をもたらすものということができる．

(3) 社会的共通資本とは何か

資本の概念を前記のように捉えるならば，社会的共通資本とは，社会に共通して便益をもたらす資本と考えることができる．そうであれば，自然環境はストックとして存在することにより，社会に共通して便益をもたらしていると考えられるので，社会的共通資本と考えてよいということになろう．

生産過程における資本を説明したときに，生産要素として「土地」は自然資

源を指すと述べた．そうすると生産要素としての土地＝自然と，社会的共通資本としての自然があることになるので，少し説明が必要となろう．前者は個別の生産過程に投入される自然資源であり，後者は社会全体（消費過程を含めて）に便益を提供する自然環境を指しているという違いがある．個々の生産過程は，個々の消費過程もそうであるが，自然環境を含めた「環境」の中で行われていると表現することもできるだろう．

　社会に共通して便益をもたらす資本である社会的共通資本をどのように管理，運営すべきかは，宇沢のいうように「すぐれて社会的，文化的な性格をもつ」といえよう．資本に限定して論じられているわけではないが，社会に共通して便益をもたらす財＝公共財をどう扱うべきかについては，サミュエルソンが古典的に論じているのでそれを次に紹介しよう．

3）公共財の理論

(1) サミュエルソンの公共財

　公共財とは何かということについては，サミュエルソンの公共財の理論が1954年に Review of Economics and Statistics という雑誌に掲載され，公共財の理論の1つの根拠をなしている論文として知られている．同時消費＝皆で消費するものは，1人だけで，あるいは1家族だけで消費するもの，つまり私的に消費されるものと大きく異なることを発見して，サミュエルソンは非常に嬉しかったらしく，この論文は「The pure theory of public expenditures」という名前を付けている．ここでは「The」という定冠詞が使われている．「The」というのは，お日様の「The sun」というように，1つだけ，これしかないというときに付ける冠詞で，これこそ公共財の理論として，これしかない，これこそと思って「The」という定冠詞を付けたのだろう．

　これがその後，「いや，そうではなく，公共財というのは，もっとほかの考え方もあるようだ」という意見がそのほかの経済学者から出て，サミュエルソンが1955年に「Diagrammatic exposition of a theory of public expenditure」を発表した．この論文は1954年の論文を図解した論文で，「The pure theory」

ではなく,「a theory」と,「1つの」という不定冠詞にかわったのだと思われる.

公共財の理論としてサミュエルソンが強調したことは,私的に使われる物は,個々の経済主体がどれだけ消費し,また生産するのかという分量を決めるという形で,生産,消費,分配の意味において無駄のない効率的な帰結,つまり社会的にある種の好ましい帰結に至るのだけれども,公共財については皆で消費するので個々の経済主体的判断にまかせていてはそれが期待できない.皆で消費するので,皆の考えを集約する公共的な部門がそれを担っていかなければいけないということである.古典的にはA.スミスの見えざる手の理論のように,私的財は私的に生産と消費を決定すれば,市場において価格が形成されてある種の望ましい結果になるが,公共財では市場を想定することがそもそも望めない.管理を担うところは,いったいどこがやるのかということについて議論しなければならない.サミュエルソンはこの論文でそれを政府と考えたのだが,生産,消費,分配という経済活動をどのような社会的な制度設計で行うべきかについて議論した論文だと読むことができる.つまり,個別に消費される財およびサービスの生産は民間の企業によって,また皆で消費される財およびサービスの生産は政府によって行われるべきであると,財およびサービスの性質によって,社会的な制度設計を立てるべきであると論じているのである.

それでは,公共財と私的財,それから恐らくはそんな形では捉えることのできない,その中間かもしれない,中間ではなくて,その先かもしれない,社会的共通資本に関する制度設計について以下に議論してみる.

(2) 公共財と私的財とを分ける3つの視点

ここでは,3つの視点から公共財と私的財というものを考えてみる.初めの2つの視点は,図6-14に示される.

公共財というものを考えたときに,共同消費というのがサミュエルソンの注目した点である.共同で消費する物に対して,私的に消費されてしまう物というのは,その人が使ってしまうとほかの人が使えなくなるという意味で,排他性を持っている.これに対して,皆が利用しているものが公共財なのであって,

                              ↑
                         共同消費
            クラブ財   公共財

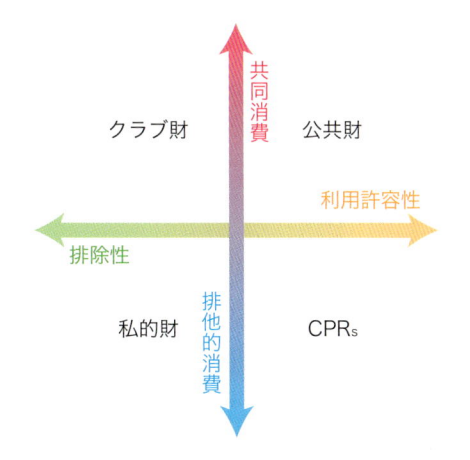

                                    利用許容性
        ←――――――――――――――――――→
          排除性
                         排他的消費
            私的財   CPRs
                              ↓

図6-14 公共財と私的財の概念的整理

皆の利用をできなくしているのが私的財なのではないのかと考える立場がある．つまり，皆で使えるものであったとしても，皆の利用あるいはほかの人の利用を許容するのかどうかということが，もう1つの軸としてあるだろうということで，利用許容性と，それの反対に利用を排除するという排除性という2つ目の軸があるだろうということである．つまり，共同消費と排他的消費を縦の軸に，利用許容性と排除性を横軸に図が描けるだろうということになる．

この図を用いて考えるならば，右上に公共財があることになる．つまり，共同消費ができて，誰もが利用を許されるというものが典型的な公共財ということになる．

これの対極である左下には，消費が排他的であり，1人でしか消費できないし，しかもその人が使うと，ほかの人を排除してしまうというような形になっているものが考えられ，これが私的財というようにいうことができる．

左上には，共同で消費することができるが，ほかの人を排除してしまうもの，これはクラブ財といわれるものが考えられる．クラブというのは，カントリークラブなど，そういうクラブを念頭に置いているものだと思われるが，ゴルフ場あるいはカントリークラブというようなものは皆で使うことができる．皆が使うことができるが，入口でメンバーであるかどうかをチェックして，排除し

てしまうという形をとるものがクラブ財ということになる．

　最後に右下であるが，排他性をそれなりに持っているが許容してしまう．つまり，入れてしまうので入ってきてしまうのだが，だんだんと皆が使いにくくなってきているようなもの，最近は Common Pool Resources というように表現されてきている．これは特に，コモンズという形で議論されるときに扱っているものが，これに相当すると思われる．つまり，皆で使うことになっているのであるが，皆で使うことによって，その利用の優位性が減少してくる．これを混雑現象というが，混雑現象が必然的に出てくるものが Common Pool Resources である．

　公共財と私的財を分けているもののもう1つの視点は，どの程度の範囲にわたって便益が及んでいるかということで区分されるものである．これは世界中に行き渡っているグローバルコモンズ，例えば二酸化炭素固定能力というような地球規模での環境問題が相当する．私的財は自分だけのものであるが，その中間に相当するものが考えられる．つまり，ある地域までにしか便益が渡らないのが地域公共財であり，ローカルコモンズに当たるだろうと思われる．このローカルさは国や地方，流域，県，市町村，集落など，いろいろなレベルで考えることができる

　公共財と私的財を分けるこの視点は，私的財というものが1人だけに影響を及ぼすというものに対して，公共財は皆にあまねく影響を与えるものであるが，このあまねく及ぶという影響の程度が，その人1人には大きく，そのほかの人には薄く，広くかかるというようなものが，恐らく途中のものとして考えられるだろうということで，外部経済性を伴う私的財というようなものを考えることもできる．生産を行ったり，あるいは私的な消費を行うということが，周りの人にも，多くの周りの人に影響を与えるというようなものを考えることができる．

4）社会的共通資本の政策

(1) 公共財と私的財の管理

このように，公共財と私的財，それからその間にあるものというようなことを考えてくると，制度設計もいろいろな形で考えていくことができる．

1つ目には，クラブ財を考えたような2軸で考えたときには，公共財は公共的な部門でやったらいいだろう，私的財については，私的に管理していったらいいだろうということを考えるわけであるが，クラブ財のようなもの，あるいは Common Pool Resources のようなものであれば，どういう形でやったらいいのかということについて考えてみる．クラブ財は，ある程度私的に管理できる．つまり，外から入ってくることを制御できる場合には，わりに私的に管理ができるだろう．実際，カントリークラブは私的に経営されているわけである．ところが，Common Pool Resources のように，入ってくるところを抑えるのが難しく，お互いに使っていく間でどうも競合が生じてしまう場合については，お互いにどうやるのかという相談をしていくシステムが必要になっていくだろう．地域的な形での管理，あるいは日本であれば集落による管理，場合によっては市町村による管理といったようなことを入れていくということが望まれる．

地域公共財を考えたような軸についても，同じように地球公共財であれば，これは国，あるいは国際機関が管理するし，地域公共財のようなものであれば，その地域性に合わせて，国あるいは地方，市町村というような形で，それに合った形での管理が望まれてくる．

外部性についても，これもどこまで及ぶのかということに合わせて考えていくことが必要である．

(2) 森林の多面的機能とは

こうしたことを一般論として考えることができるわけであるが，社会的共通資本たる森林をどう管理していくべきか，については，その社会的共通資本た

246　第6章　これからの森林の役割

る性格，すなわち森林の多面的機能如何によって考えていくべきであろう．

　森林の多面的機能がどのように考えられているのか箇条書きにしてみると，次のようになる．

- 木材・特用林産物供給
- 水源涵養機能
- 国土保全機能
- 野生動物保護
- 原生自然保護
- レクリエーション
- 景観の保持

　これらをどのように扱ったらよいのかについて考えたものとして，クローソンのマトリックス（Clawson's matrix）が知られている．これは，森林の多面的機能の両立可能性をマトリックス上に○，×表示したものであるが，同様のものを考えてみよう．その前に，機能の両立可能性とはどのような意味を持つか吟味する．

　図6-15の左上（Ⅰ）では，木材生産と炭素固定という機能がどういう関係にあるかということを考えてみた．ここでは，決められた樹齢で伐採する人工林経営を考えてみる．あまりに若いうちに伐採すれば生産量も少ないが，あまりに老齢にしても伐採時の生産量は増えるかもしれないが，毎年当たりの生産量ということになれば，やはり少ないことになる．したがって，どこかに毎年当たりの生産量を最大にする伐採齢があることになる．このように，伐採齢により毎年当たりの木材生産量を変化させることを考えるならば，木材の生産を多量にするということは，つまり炭素固定を多量にするということになる．

　森林の木を伐ってしまったあと，どうなるのだという問題はもちろんあり，ここまで単純化してしまうのは恐らく問題がある．特に，現在の世界における二酸化炭素固定についての扱いというのは，少なくとも現在，伐採をしてしまうと，全部それが放出されたものとして扱うので，その立場からすると，この定式化はとんでもないことになるかもしれない．しかし，本来はそうではない

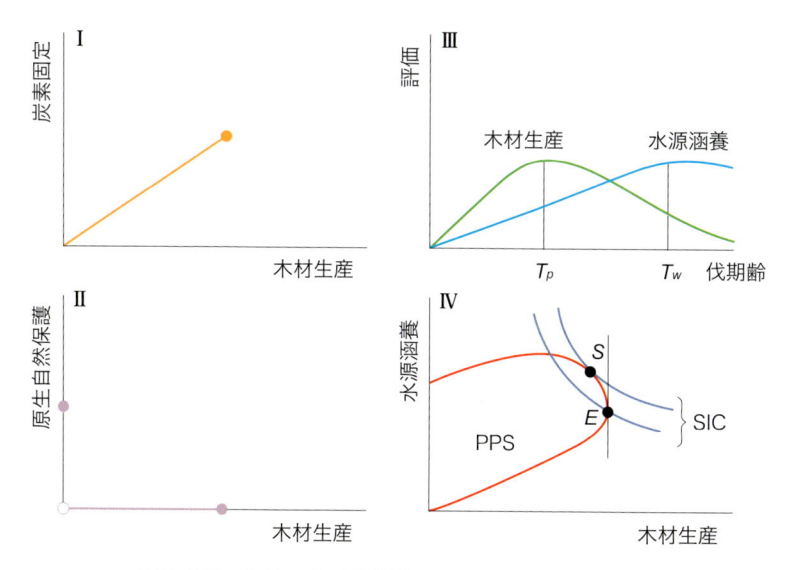

図6-15 森林の多面的機能に関する生産可能性集合

はずで，木を伐ったあと，その木を木材資源として貯蔵していくという立場をとるならば，木材を生産すれば，それはそれだけ炭素固定をしていくということになる．そういう意味で，木材生産をすればするほど炭素固定をするというように，パラレルになるという機能だと理解する．

その下（II）は，木材生産と原生自然保護である．原生自然保護ということを考えると，少しでも手を加えたら原生自然保護にはならないわけであるから，木材の生産を始めようとしたところから原生自然保護は一切できなくなる．そういう意味で原生自然保護を考えて，それを全うしようと考えるならば，木材生産はゼロになる．木材生産をいかようにやったとしても，一切原生自然保護はだめになるということで，これが相反するということの意味になるだろう．

それ以外の機能間の関係はどうなるかを考えてみると，例えば水源涵養機能と木材生産をとって見ると，恐らくは右下（IV）に書いてあるような形のものになるのではないかと考えられる．これは，伐期齢という木を伐る年齢を考えているところを想定すればわかることであるが，右上（III）にあるように，毎

年当たりの木材生産は，ある程度までは伐期齢が上がるに従って増えていく．しかし，伐期齢が一定以上になると，平均的な木材生産は減少するようになる．つまり，木材生産量は伐期齢 T_p で最大となる．これに対し，水源涵養機能はそれより高い伐期齢 T_w で最大になるだろう．伐期齢 T_p では木材生産は最大量になるが，そのとき水源涵養機能は最大とならないと考えられるので，その場合の木材生産量と水源涵養水準の組合せは(Ⅳ)中の E の点で表される．同様に，木材生産量と水源涵養水準の実現可能な組合せは赤の線で書かれた PPS（生産可能性集合）で表されることになる．

　市場のメカニズムだけで考えるならば，水源涵養機能は貨幣で評価されないが，木材は利潤につながるので，木材生産を最大にする点 E のところに帰結するだろう．しかしながら，水源涵養機能をも評価する仕組みができるのであれば，木材生産機能を最大にする樹齢よりも上のところに，木材生産を減少させるかわりに水源涵養機能をよりよくするところが選ばれることになるだろう．水源涵養機能と木材生産機能の双方を評価し，社会的に同じだけ好ましい点を結んでいくと（Ⅳ）中で SIC で示された社会的無差別曲線群が描ける．これらは等高線のようなもので，1 本 1 本は社会的に同じだけ好ましい点を結んだものであるが，右上に位置する社会的無差別曲線は，より好ましい組合せを表していることになる．したがって，実現可能性を表す生産可能性集合の範囲の中で一番よい社会的無差別曲線を探すことが社会的に最適な点を探すことになり，図中では S でそれが示されることになる．

　このように考えて見直しをしてみると，クローソンのマトリックスというのはいったいどのように書けるのだろうか．表 6-6 に表した．木材生産と炭素固定機能については，これは全く協調している．前述したような考え方からいうと，◎を書いてあるわけである．木材生産を主目的とするのであれば，水源涵養機能は限定的に（つまり最大ではないがある程度は）達成されることになる．しかしながら，水源涵養機能と木材生産は図 6-15 で論じたように双方の目的を勘案しながら最適な組合せを探すように調整すべきものと考えられる．このため，表 6-6 では調整すべきものとして△が書かれている．特に調整すべき機

表 6-6 森林の多面的機能間の両立可能性と公共財としての性格付け

主目的＼副次目的	1	2	3	4	5	6	7	8	9	
1. 木材・特用林産物生産	—	◎	△	△	×	○	×	×	△	私的財
2. 炭素固定	◎	—	△	△	×	○	×	×	△	地域公共財
3. 水源涵養	△	△	—	△	×	○	△	△	△	地域公共財
4. 土砂保全	△	△	△	—	×	○	△	△	△	地域公共財
5. 原生自然保護	×	×	◆	◆	—	○	—	×	◆	公共財
6. 生物多様性	○	○	○	○	○	—	○	○	○	公共財
7. 身近な環境	×	×	△	△	×	○	—	△	○	地域公共財
8. レクリエーション	×	×	△	△	×	○	△	—	○	CPR
9. 景観の保全	△	△	△	△	×	○	○	○	—	公共財

◎：同一目標，△：調整が必要，×：両立不可能，◆：他方の目標も限定的に達成，○：場合による．
副次目的の番号（1～9）は主目的の項目に対応する．

能同士は対角線に対して対称に△が書かれることになる．

　原生自然保護というのは，手を付けてしまえば全うされなくなるものである．したがって，ほとんどの場合にほかの機能を望ましい水準にしようとすると，つまりほかの目的を主目的とすると，副次目的としての原生自然保護は全うしなくなるので，×になっている．ただし，生物多様性に関しては，考え方によっては，何も手を付けないところがあることが生物多様性を豊かにするということになる．もちろん，全部に手を付けないということになると，生物多様性というのは，人的な撹乱があって初めて多様になるという意味の多様性もあるので全うされなくなるだろう．そういう意味では完全に両立するわけでもないので，場合によるということで○とした．原生自然保護を主目的とするなら，例えば水源涵養機能は副次的目的として限定的に満たされるので◆となる．このように考えて書いていったのが表 6-6 ということになる．特に，△で書いたようなところについては，是非，地域での合意形成をはかっていかなければならないであろう．

3. 地球環境と国際協調

　20世紀半ばまで森林資源の増減は国内問題であり，地球規模で森林資源のあり方を考えることはなかった．このため，国際食糧農業機関（FAO）が1946年以降，世界の森林資源評価を実施しようとしても各国の気運が高まらず，初めて世界規模での森林資源評価が実現したのは1980年代になってからである．それまでは木材貿易をいかに効率的に行うか，あるいは各国の利益を損なわないような木材貿易のあり方を考えることが，国際協調の目的であった．このため，森林分野における最初の国際協調課題は各国間での木材貿易に関する取組みであり，1961年からFAOは各国の木材輸出入情報を公表している．しかし，人口増加や人類の経済活動が活発化した1970年代後半になると，熱帯林の減少，劣化が国際的な問題として認識されるようになった．特に，人口増加による天然資源の枯渇，環境の劣化から，近い将来に地球が深刻な状況に陥るという予測を述べた報告書「成長の限界」がローマクラブから出され，1980年にカーター大統領の指示により編纂された「西暦2000年の地球」が熱帯林の急速な減少についての警鐘を鳴らしたことにより，大規模かつ急激な森林減少が地球環境に大きな影響を与えるのではと，人々が大きな関心を抱くようになった．その後，生物多様性，地球温暖化などの森林と関連の深い地球環境問題がクローズアップされるに従い，森林を単なる木材資源としてよりも環境資源としてどう取り扱うべきかについて，地球レベルで協議されるようになった．

1）森林分野における国際協調の歴史

　60年代に入り経済活動が急激に拡大した先進国で，公害問題や天然資源は有限であるという資源制約の問題を地球規模で論じようと，1972年にストックホルムで環境に関する初めての世界規模での会合である国連人間環境会議が開催された．しかし，環境問題を優先しようとする先進国と貧困に苦しむ途上

国の経済発展を優先させようという主張がぶつかりあって合意できず，両論併記のストックホルム宣言が出された．ただし，この会議で設立が決まった国連環境計画（UNEP）がその後の環境問題に関する国際協調の中心的役割を果たす機関の1つとなる．UNEPによって国連人間環境会議10周年の特別会合が開催された折りに，日本は21世紀に向けた地球環境の理想の模索とその実現に向けた戦略策定のための委員会設置を提案し，1984年に「環境と開発に関する世界委員会」が組織された．その背景に地球温暖化，オゾン層の破壊，生物多様性の減少，海洋汚染，熱帯林の減少，砂漠化，広域大気汚染（酸性雨）など，さまざまな地球環境問題の顕在化がある．委員会では人口増加が生み出す食糧不足，化石燃料や木材などの天然資源の枯渇というような問題は，人類の努力で克服可能であり，地球環境の劣化問題を放置すれば将来世代がその負の遺産で苦しむことを警告した．さらに，地球環境問題は貧困によっても引き起こされていることから，環境と貧困は一体として解決する必要があることを示し，「持続可能な開発」というキーワードにより，20世紀に地球が抱える問題に対する包括的な取組み方の概念を提示した．持続可能な開発とは地球の持つ能力以上に天然資源の利用を増やすことなく，世界全体の人々の生活を質的に向上させることを求めるもので，報告書では「持続可能な開発とは，将来の世代がそのニーズを充足する能力を損なうことなしに，現在のニーズを充たす開発のことである」と述べている．これは地球環境の保全と経済発展を調和させた人間活動を求めるものであり，森林分野では木材生産と環境保全の調和が求められることになった．こうした動きに先立ち，熱帯林の急速な減少の一因として商業伐採も取り上げられ，熱帯林木材の安定的かつ多様な市場拡大と，持続的な木材利用と森林保全の確立を目指し，1983年に国際熱帯木材協定（ITTA）が国連貿易開発会議において定められ，1985年に発効した．翌1986年にITTAは熱帯材の輸出国，輸入国の議論の場としてだけでなく，情報交換，資源政策，木材利用，熱帯林の持続的管理などを推進するために国際熱帯木材機関（ITTO）を横浜に設置した．

　国連人間環境会議から20年を経た1992年に178の国および地域が参加し

た国連環境開発会議(UNCED)がリオデジャネイロで開催された．会議では「持続可能な開発」の考え方に基づき，国や地球レベルで持続可能な開発を実現するための原則を示した「リオ宣言」，行動計画として実施可能な政策措置を提示した「アジェンダ21」が取りまとめられ，「気候変動枠組み条約(UNFCCC)」，「生物多様性条約」，「森林原則声明」を採択した．当初は，森林減少に歯止めをかけるため先進国を中心に森林についても法的拘束力のある国際的枠組み（森林条約）の締結が主張されたが，途上国は自国の森林資源の利用が制限されることを危惧して条約締結に至らなかった．そこで，とりあえず合意できる範囲内で森林の持続的管理に関する森林原則声明を提唱することになった．森林原則声明では森林を現在および将来世代の社会的，経済的，生態的，文化的，精神的なニーズを満たすために持続的経営を実現することを目指すとした．これは従来の木材生産の保続を目指した森林資源管理から，森林に依存する生物種も含めた生態系の保全，二酸化炭素の固定など森林の有する多面的な機能や便益の維持および増進を目指した森林管理への転換を示す．UNCEDでは森林は膨大な炭素をその生態系内に貯蔵していることや，最も生物多様性に富む生態系であるとしてその重要さが認識された一方で，こうした森林の持つ役割を効果的に果たしている熱帯林減少が急速に進んでいる問題に対する取組みが容易でないことも明らかになった．

　UNCEDで採択されたアジェンダ21のフォローアップを目的に1993年2月に「国連持続可能な開発委員会(CSD)」が設置され，森林（アジェンダ21の第11章）については，1995年の第3回会合でレビューを行うことが決定された．1995年4月に第3回会合が開催され，森林については持続可能な森林管理に向けた具体的な取組み方策の検討を行う「森林に関する政府間パネル(IPF)」の設置に合意し，UNFCCCやほかの国際レベルで議論された森林・土地利用計画や森林減少問題，森林の有するさまざまな機能の計量的評価，持続可能な森林管理のための基準と指標などを2年間かけて議論することになった．検討結果は1997年6月の国連特別総会に報告され，IPFで議論された内容をさらに進めることと，IPFの150の行動提案を実施に移すため，森林に関する

政府間フォーラム（IFF）が設置された．

1997年から2000年にかけて各国代表，国際機関，NGOが参加したIFFにおいて，①IPF行動提案の実施促進について，②国際基金の創設や貿易と持続可能な経営との調和方策，③森林条約など国際協定や国際メカニズムという3つの事項について議論された．しかし，法的拘束力を持った国際的な枠組みの合意に至ることはなかった．

IPF/IFFで合意された森林の持続的管理に向けた行動提案の実施をはかるための国際的合意を促し，森林分野における持続可能な開発についての共通概念を作り上げることを主目的として，2000年10月に国連森林フォーラム（UNFF）が設立された．UNFFでは2005年までに最大の関心事である法的拘束力のある森林に関する国際的取決めとメカニズムについて議論することになった．また，UNFFの活動を支援するために「森林に関する協調パートナーシップ」という組織が，生物多様性条約事務局，気候変動枠組み条約事務局，国際農業食糧機関，国際熱帯木材機関，国連開発計画など12の国際機関によって作られた．

IPF，IFF，UNFFの議論の流れを見ると，当初は木材貿易との関係で持続的森林管理の評価を議論していたが，徐々に森林認証がその役割を果たすようになり，議論の中心となった基準と指標は，森林の多目的利用を実現するような森林計画システムの確立に焦点が当てられるようになった．また，国際的な法的取決めについては，森林資源を有している途上国と一部先進国が林業活動に規制がかかることを懸念して反対しており，UNFFでは2006年までに合意を得ることはできていない．

2）持続的な森林管理を目指した国際協調・基準と指標

従来の木材生産の保続という視点から行われてきた森林資源計画を，森林原則声明に即して世界各国が森林のさまざまな機能を十分に維持増進する方向に，森林計画を発展させる必要性に迫られるようになった．そこで，持続可能な森林管理に不可欠な森林生態系としての生産力や健全性の維持，社会ニーズに対応した各機能の維持などの達成度を定量的，定性的に評価するため，地域

に共通な基準および指標を定める動きが世界各地で始まった．ここで，基準は「国レベルにおいて持続可能な森林管理を評価する条件やプロセスを示す指標の集まり」と定義され，基準に含まれる関連指標をモニタリングすることにより該当分野の管理状態が改善されつつあるか否かを評価する．指標は「基準のある1つの側面を評価する因子」と定義され，定量的あるいは定性的に計測，記述が可能であり，定期的なモニタリングにより森林の状態の変化を示すことができる因子である．ここで，基準と指標は達成目標を表す閾値ではなく，長期的な森林資源状態の変化が持続的な森林管理に向けて改善されているかどうかを見るための指標である．

　基準と指標に関する地域的な取決めは2005年時点で世界に9プロセスあり，2000年時点ですでに149ヵ国が参加している．各プロセスの基準は同じような内容からなっており，生物多様性保全，生産性，再生能力，活力，そして生態的，経済的，社会的機能の現在および将来における発揮の程度などである．一方，指標はそれぞれのプロセスで異なる．その理由としては，各プロセスの目的あるいは背景が異なることが考えられる．プロセスの中で比較的進んでいるのが汎欧州プロセス（ヘルシンキプロセス），モントリオールプロセスおよびITTOである．モントリオールプロセスの場合は，①生物多様性の保全，②森林生態系の生産力の維持，③森林生態系の健全性と活力の維持，④土壌および水資源の保全と維持，⑤地球規模での炭素循環への森林の寄与の維持，⑥社会の要望を満たす長期的，多面的な社会・経済的便益の維持と増進，⑦森林の保全と持続可能な管理のための法的，制度的および経済的枠組みの7基準が設定されている．ほかのプロセスの基準もほぼ同様である．一方，指標はそれぞれのプロセスで異なる．その理由として各プロセスの対象としている生態系の違いがあることに加え，各プロセスの目的あるいは成立の背景が異なることによる．例えば，ITTOは熱帯木材貿易の規制を意図して生まれたことから，熱帯林の持続的管理を確実なものにするかどうかを判断できる指標になっている．汎欧州プロセスは地域における森林の持続的管理がある程度まで実現していたことから，一般市民や環境NGOへの説明責任を意識した指標になってい

る.モントリオールプロセスについては,1990年頃にキタマダラフクロウの生息域での森林伐採の問題がアメリカ西海岸で大きくクローズアップされ,アメリカ合衆国の森林計画が見直しを迫られたことが背景にある.つまり,森林計画がそれまでの木材生産による収益や林業および林産業の雇用力を重視した経済目的から,生態系管理計画を上位目標にした森林の多目的計画に転換した.この影響を受けてサンチャゴ宣言「温帯林等保全と持続可能な森林管理の基準と指標」が決まったことから,米国連邦有林に導入されていた生態系管理計画の概念と共通した指標となっている.

3)気候変動枠組み条約における森林の取扱い

(1) 温暖化と森林

人類は1850年から1998年までに,約2,700億tの炭素を化石燃料の使用やセメント生産を通してCO_2ガスとして大気中に放出してきた.一方,有史以降の森林減少を主とした土地利用変化でも1,360億tの炭素を放出してきた.大気中に放出された炭素は海洋と陸域に吸収されているが,排出量が吸収量を上回っているため,大気中の炭素はこの間に1,760億t増加している.これに伴い大気中の炭素濃度は285ppmから366ppmに上昇した.

全地球の炭素収支を表6-7に示したが,陸域のCO_2吸収量は地球規模では詳細が不明なため,一般には化石燃料とセメント生産によるCO_2排出量から大気中のCO_2蓄積増加量および海洋のCO_2吸収量を差し引いたものを陸域の

表6-7 1980〜1989年と1989〜1998年の平均的なCO_2収支

	1980〜1989	1989〜1998
1. 化石燃料使用とセメント生産からの排出	55 ± 5	63 ± 6
2. 大気中の炭素蓄積増加量	33 ± 2	33 ± 2
3. 海洋への吸収	20 ± 8	23 ± 8
4. 陸域の純吸収量=(1)−(2+3)	2 ± 10	7 ± 10
5. 土地利用変化による排出	17 ± 8	16 ± 8
6. 陸域の吸収=(4)+(5)	19 ± 13	23 ± 13

単位は億t炭素量.気候変動に関する政府間パネル(IPCC)の報告書「Land use, land use change and forestry, A special report of the IPCC, Cambridge University Press, Cambridge」の数値より作成.

純CO_2吸収量としている．この算定方法によれば，1989年から1998年における年間の陸域のCO_2吸収量は7億tと推定される．これとは別に，土地利用変化によって毎年16億tのCO_2が排出されていると推定されることから，この分の排出量も合わせると陸域に23億tのCO_2が吸収されていることになる．土地利用変化による排出については87%が森林地域での土地利用変化や伐採，森林火災，13%が草地での耕作によると推定されている．

このように，陸域は大気中への化石燃料の使用などによるCO_2排出量63億tの約1/3を吸収していることから，地球温暖化を軽減するための重要な役割を担っている．1980年代と90年代のCO_2収支の違いを見ると，陸域，海域とも吸収量は増加しているが，化石燃料，セメント生産からの排出量の増加がそれを上回っており，温室効果ガスの大気中への蓄積は加速度的に増加していることが読み取れる．

(2) 気候変動枠組み条約

1992年にブラジルのリオデジャネイロで「持続可能な開発」をキーワードとして国連環境開発会議が開催され，気候変動枠組み条約には153の国と地域が署名した．発効には50ヵ国の批准が必要であったが，各国の関心が高く1993年12月には発効することができた．1997年12月に京都で開催された第3回締約国会議で具体的な削減目標や削減対象となる温室効果ガス，評価方法が決まり，第1約束期間に先進国全体での温室効果ガス削減率を90年比で5%削減，日本は6%削減することになった．2008～2012年を第1約束期間と定め，温室効果ガスをCO_2, CH_4, N_2O, HFC, RFC, SF_6の6ガスとした．また，アメリカ合衆国やオセアニア諸国の強い主張で，温室効果ガスを吸収および貯蔵する機能がある森林，草地，農耕地土壌などの吸収量を，削減目標の一部として京都議定書でカウントすることになった．これは，温室効果ガスの削減目標が100万炭素tである国の場合，森林が30万tの炭素を吸収していれば，実際の削減量は70万炭素tでよいとする考え方である．

a．京都議定書3条3項の直接的人為活動

　3条3項では「1990年以降の新規植林，再植林，森林減少に限定した直接的な人為起源による土地利用変化，林業活動によって生じる各約束期間における炭素貯蔵量の変化を吸収量として用いる」と定めている．ここで，「新規植林，再植林」は90年以前に森林以外の利用がされていた土地に，新たに植林する場合と定義されている．50年以上にわたって森林以外の土地利用がされていた場合を新規植林というが，ほかの条件は新規，再植林とも同じである．89年12月31日時点で森林以外の土地利用に供せられていた場所が森林になった場合，その土地で第1約束期間における各年の森林の蓄積増加あるいは減少に伴う炭素貯蔵変動量の平均値を森林による吸収量あるいは排出量とする．森林減少では，89年12月31日時点で森林であったところが，2012年12月31日までに森林以外の土地利用に転用された場合に，その土地での第1約束期間の炭素貯蔵量の年変動量の平均値を排出量として計上する．これまでのわが国の傾向を見ると，森林以外の土地への植林よりも，森林が伐採されてほかの土地利用に転換される面積の方が多いことから，日本の3条3項の対象林分では排出になると予想されている．

b．京都議定書3条4項の追加的人為活動

　3条3項では90年以降に造成した森林の吸収量を評価しようというのに対し，3条4項では90年時点に存在していた森林に人為を加えて炭素吸収能力を増進させ，大気中の温室効果ガスの減少をはかろうとするものである．主に第2約束期間からの適用を前提として議定書3条4項では「農耕地土壌や土地利用・林業分野の吸収による変化に関連した追加的人為起源活動について，削減量から差し引くべき活動の種類及び方法に関する仕組み，規則，ガイドラインを決定せねばならない」としており，具体的な内容については京都議定書には書き込まれなかった．ただし，3条4項の後半部分に「締約国は，その活動が1990年以降に行われた場合には，これら追加的人為起源活動にかかる決定を第1約束期間に適応することを選択できる」と書かれており，2001年の第7回締約国会議では追加的人為活動として，①植生回復，②農耕地管理，

③草地管理，④森林管理の4つを定め，その中から第1約束期間に適用したい追加的活動がある場合は，それを選択して報告することになった．日本は植生回復と森林管理を選択することになった．

どのような活動を森林管理とするかについてはさまざまな議論があったが，とりあえず第1約束期間については1990年以降に何らかの人為活動を行った森林を吸収源の対象とすることになった．しかし，森林資源が多い国では森林管理だけで削減目標を達成してしまう可能性があるので，化石燃料の使用を削減するという京都議定書本来の目的を考慮し，各国が3条4項で削減目標に使用できる炭素量の上限を設けるという合意が得られた．日本の上限値は90年排出量の3.8％に相当する1,300万炭素tである．なお，人為活動の中身についての議論は行われておらず，森林計画の対象林分や火災防止努力を行った地域の森林は森林管理に相当すると考える国から，実際に間伐や下刈り，施肥といった具体的な施業を1990年以降に行った森林だけを対象と考える国までさまざまである．

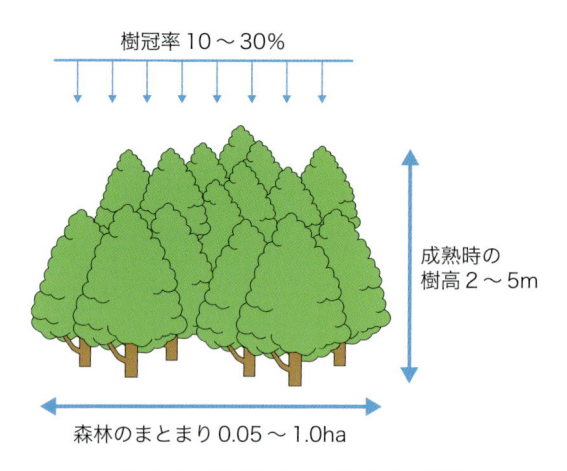

図6-16 UNFCCCによる森林の定義

c．京都議定書における森林の定義

各国は森林の定義を法律で定めたり，土地利用形態で定めたり，あるいは土

地被覆の状態で定めたりとさまざまである．このため，定義が曖昧であると各国の森林による炭素吸収量を算定する際の公平性に欠けてしまう．そこで，図6-16に示したように，各国は樹冠率，成熟時の樹高，森林面積の最小値という3つで森林の定義を定めることとした．ただし，閾値は図6-16に示した範囲内で決めることとなっている．

d．京都議定書で計測する炭素プール

　森林は光合成によって大気中の炭素を吸収し，それを枝葉や幹，根にバイオマスとして貯めておく．一部は落葉や落枝などになって土壌中の炭素有機物として貯えられる．伐採があれば地上部のバイオマス量は一気に減少するが，それだけでなく土壌中に貯えられた有機物のかなりの部分が伐採時の土壌撹乱により微生物の活動が盛んになって分解され，再び大気中に放出されるという指摘が，森林生態学分野の研究者からされた．また，北方林などでは枯死木の炭素固定量も無視できない量になる．さらに，地上部バイオマスに比べ根のバイオマスの推定精度が低いとの指摘もあり，それらを別々に計測することが科学的に望ましいとされた．こうした議論を踏まえ，京都議定書では森林生態系で

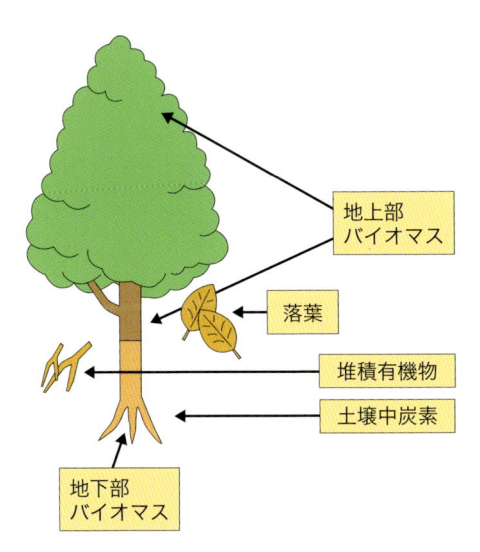

図6-17　5つの炭素プール

炭素が貯蔵される部分を，①地上部バイオマス，②地下部バイオマス，③落葉，④地表の堆積有機物，⑤土壌の5つのプールに分けて炭素の増減量を報告することになった（図6-17）．

(3) 温暖化と森林を通した国際協調の持つ意味

1992年の気候変動枠組み条約は法的枠組みの中で森林管理を問われる初めての経験であり，各国は決められたガイドラインに従って森林の炭素吸収量を条約事務局に報告する義務が生じた．また，京都議定書はさまざまな遵守規定があり，例えば森林による炭素吸収量については，定められたガイドラインに沿って科学的かつ正確に評価した値を提出できない場合，その国は排出権取引やクリーン開発メカニズムといった目標達成のためのオプションに参加する権利を失うことになる．森林管理についても計画は作成したがその通りに実行できるかどうかは，実際に計画期間が終わってみなければわからないというのでは，わが国の6％削減達成を保証できなくなる．このため，実際に計画通りに森林管理を実施する体制を整備するとともに，その結果としての炭素吸収量（森林蓄積の増減）を科学的にモニタリングできる体制を確立することが求められている．このため，わが国では過去半世紀なかったような大規模な森林資源調査体系や調査データ処理システムの変更を行っている．また，適切なモニタリング体制が整っているか，報告された数値が正しいかどうかは，UNFCCC事務局が任命した専門家によって定期的にレビューされている．このように，統一的かつ科学的な調査手法が求められるのは，地球規模で多くの国が協力して環境問題に立ち向かう場合，各国が公平に責務を果たす必要があり，それには透明かつ検証可能な手法での評価が必要なためである．

4) ま と め

温暖化に限らず，熱帯林の減少，生物多様性保全，砂漠化などの地球環境問題の解決には国際協調が不可欠であり，各国が応分の責任を果たす必要があることから，今後は温暖化以外の環境問題でも同様に各国の森林・木材分野が問

題解決に向けてどのように努力したかを報告する義務が生じる可能性が高い．ただし，その場合には生物多様性や砂漠化防止など個別の目標に沿った評価が求められ，現場ではさまざまな調査を並行して行う煩雑さが生じてくる．すでに，温暖化に対しては気候変動枠組み条約（UNFCCC）において法的拘束力を持つ京都議定書が2005年に発効し，アメリカ合衆国，オーストラリアを除いた先進国は削減目標達成のため，森林分野においても具体的な温暖化対策の実施を迫られている．また，UNFCCCが途上国を含めたすべての国に森林の炭素吸収量の報告を義務付けている関係で，森林資源に関する国際的な定義がUNFCCCという森林分野以外のところで決まってきている．森林資源調査も，林業のためというより温暖化対策のための森林の機能評価調査に傾きつつある．オーストラリアのように，温暖化対策部門と既存の森林資源担当部門が2つの独立した森林資源調査を実施している国もあるが，わが国の例でいうと最新の森林資源調査はUNFCCCへの報告を強く意識した設計になっている．

さらに，熱帯林減少によるCO_2排出量は化石燃料からの排出量の1/4に相当することから，京都議定書第2約束期間では，森林減少に温暖化の面から取り組むための協議が始まった．その内容は，途上国が森林減少を回避する努力をした場合は，減少を防止した分だけ，炭素排出権を先進国に売却あるいは売却益に見合う資金を先進国から得る仕組みである．熱帯林減少は本来であれば森林分野で取り組むべき最大の環境問題であるが，森林分野での国際協調の取組みが遅れていることから，地球温暖化分野において取り扱われ出した．しかし，熱帯林減少や劣化に関わる分野には，複雑な生態系，生物多様性，貧困，木材，木材以外の林産物などCO_2吸排出量の評価だけでは解決できないさまざまな問題を抱えており，本来であれば森林を包括的に規制できる体系を作って取り組むことが望ましい．

しかし，森林資源国では国内の林業に新たな規制がかかるのではないかという懸念から，カナダのように多くが公的森林である国を除いては，森林条約問題に対して後ろ向きである．森林管理を担当する各国の行政組織では森林を木材資源として位置付け，その取扱いは国内問題という考え方が強い．このため，

262　第6章　これからの森林の役割

　地球規模での森林減少・劣化が進んでいるにもかかわらず，CSD の下に IPF, IFF, UNFF と繰り返し協議組織が設立されても，森林条約成立に向けての目立った進展はない．

　これとは別に，木材生産と貿易という観点で見ると世界貿易機関（WTO）では，経済合理性を重視した形での木材貿易を促している．木材輸出に関心のある森林資源大国は関税障壁の撤廃を WTO で強く主張している．しかし，森林では経済的評価が困難な有形無形での機能やサービスを維持するための努力も必要であり，木材生産の合理性だけを考えて木材貿易の推進をはかることが正しいとはいえない．逆に森林の環境面のみを強く意識している温暖化や生物多様性という問題を扱う分野では，木材生産を無視した形で森林保全を強く主張しがちである．一般に，森林の持つさまざまな機能やサービスの低下は地球レベルで影響を与え，その解決も1国だけでは困難な場合が多く，木材や木材製品も重要な国際貿易品目であることから貿易の円滑化は避けられない．そのため，国際協調という観点から森林分野に求められているのは，温暖化や生物多様性といった新しい分野と旧来の木材生産，木材貿易を調和の取れた形で推進できる制度作りである．森林に関する個々の分野をばらばらに国際交渉の場で決めるのではなく，森林分野が中心となって森林の持続的管理という概念の基

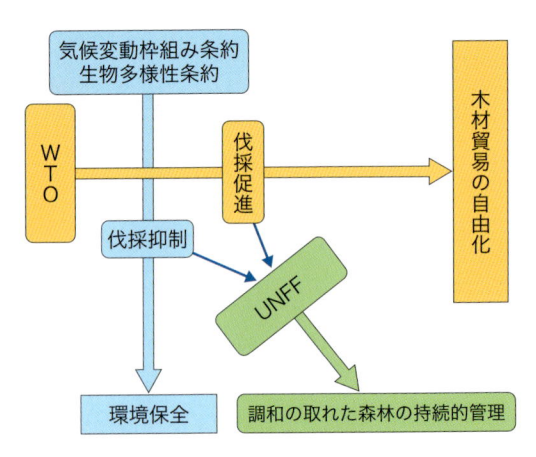

図6-18　森林に関する国際交渉のねじれ

で，さまざまな機能や概念を総合的に取り扱う法的拘束力を持った国際的な枠組みを UNFF で確立することが望まれる（図 6-18）．

第7章 おわりに
－森林科学の体系と課題－

1．定着し始めた用語「森林科学」

　森林科学という用語は研究者の間や学会では定着してきた．一般社会でもある程度は認知され始めた．それと同時に「林学」という用語はすっかり色あせてしまった．今日，大学で森林領域を専攻する学生は「森林科学」を全く抵抗なく受け止めている．森林に関わる研究者の多くも，自分の研究を森林科学の範疇のものとして位置付けている．森林を科学する総合的な研究分野としての用語「森林科学」は，ごく自然に広がり受け入れられているといえる．しかし，林学に対して森林科学の内容がきわだって変化したり，飛躍して確立したわけではない．

　1993年に「林学のあり方」検討委員会が日本林学会に設けられ議論された．それから約15年の時間が経ち，その間に森林科学を標題とした書籍や雑誌が出版され，その範囲と内容について多くの意見が議論された．それと同時に，研究対象である森林自体の社会的な役割や林業の実態が大きく変化してきた．また，隣接する科学領域と共同した総合的な研究プロジェクトが多く生まれ発展し，学際化とグローバル化が進んでいる．

　そこで，あらためて森林科学とは何かについて，その骨格となる構成要素を概説したのが本書である．その終わりとして森林科学の体系と課題についての筆者の考えを整理してみる．

2. 森林科学の体系を構成する3つの研究領域

　本書の目次構成が筆者の考える体系をよく表している．第1は「森林の維持および更新の機構」を対象とする領域で，最も基礎的で生物の生態と生理の仕組みを明らかにすることである．そして，森林の持つ機能を解明して自然そのものとしての森林の性格を明らかにすることである．

　第2に，「人間が森林を利用し，管理するために必要な技術」を扱う領域である．森林の産物の収穫をはじめ環境としての機能の利用について，質を高めて量を増やすことが必要になっている．それを裏付ける技術を発達させると同時に，それが可能な限度を明らかにすることである．持続可能性を将来に保証するための技術面についての研究領域である．

　第3は「森林を評価する人間の価値観」を分析する領域である．それぞれの時代と場所により変化する人間社会の価値観についてである．個人の森林観である．

　別のいい方をすれば，森林科学は「生物の世界としての森林」と「人間社会の価値観で見る森林」とそれを結び付ける「管理の技術」の3つの研究領域で構成されている．これが筆者がまとめた体系である．

3. 森林の維持および更新の機構

　本書の第1章（はじめに－生物圏における森林－），第2章（森林の生態）および第3章（森林の多面的機能）がこれに該当する．自然物としての森林が備えている基本的な特性，特にその維持および更新の機構を解析する分野である．森林が地球上に出現してから自然環境の変化に応じて形態をかえ，あるいは周囲の自然環境を形成してきた．それを永続させるのが維持および更新の機構である．森林の起源，樹木の生理と森林の生態の解析が出発点にあり，植物の同化作用とその養分の循環と生物多様性のメカニズムを明らかにして，な

ぜ森林が生き続けるかを説明することである．

森林の存在に関わる外部の主な環境要因は水と大気であり，それらをつなぐエネルギー循環である（図7-1，7-2）．森林をめぐる水と大気と生物の相互の

図 7-1　水の少ない土地に成立する疎林
草地と樹林とが混在する．水分の多い窪地や降雨のある標高の高い部分に樹木が散在する．アメリカ合衆国・ワシントン州カスケート山脈．

図 7-2　雨量の多いところに成立する多雨林
1年を通して降雨が多く林内は湿潤で苔むした温帯多雨林．アメリカ合衆国・ワシントン州オリンピック半島．

第7章 おわりに

働きの結果が，超長期的に蓄積されたのが土壌である．土壌の生成，変化，移動の機構を含めて，環境と森林との対応を明らかにする分野である．これらの森林をめぐる物質とエネルギーの働きの結果として，森林の機能が存在する．ここでの機能とは人間に有用なものの範疇に留まらず，森林の存在により必然的に生じるすべての機能である．

それらの機能には，階層的な構造があることが提案されている．階層的な構造とは発揮される機能間での関わり方のことであり，ある機能が発現されるには，基盤となる別の機能の存在が必要だとする考え方である．最も基盤にあるのが土壌，その上に生物多様性，そして，その上にあるのがバイオマスを生成する成長である．水源涵養機能や防災機能が発現するには，必ず土壌の存在が必要である．同じように，木材生産機能の基盤としてはバイオマスの成長機能が存在することである．細部については異論もあるが，大枠としては認められる．

森林の維持および更新にとって最も基盤となる必要な環境要因は土壌である

図 7-3　人工林の土壌流出
立木密度が高く，林内の照度が不足して林床植生がなくなると表層土壌の流出が始まる．やがて根が浮き上がる．神奈川県丹沢．（写真提供：大野晶子）

ことを強調したい．手入れ不足により人工林の林内が暗くなり林床植生がなくなり，その結果，土壌が流出する現象が日本のあちこちで見られる．これは，森林の維持および更新とその生存がおびやかされているといえる（図7-3）．

4．森林を利用し管理する技術

「森林を利用し管理する技術」は，本書の第3章の一部および第4章に該当する．人類が出現し，その社会が発展した場所は森林であった．人口が少なくその影響力が森林の維持および更新のエネルギーに比べて小さかった時代は人類の歴史の中で長かった．しかし，次第に人口が増加するに従い，森林が劣化，破壊する場合が生じてきた．そして，全地球的に人口が増加してその影響力が大きくなり，森林の存続が危惧されるにつれて，資源を効率的に利用し，かつ持続されるための技術が求められた．

典型的なものが木材収穫の技術である．重量物である樹幹を山から消費地へ

図7-4　単一樹種の大規模な人工林
ラジアータパインの同齢林．農業的に収穫予定地が計画されている．伐採のあとに再植林される．ニュージーランド・ロトルア．

安く，早く，多くを安全に運ぶ木材伐出の技術を開発する研究である．やがて，天然林資源の枯渇に従い人工林をつくる育成林業のための技術が求められた（図7-4）．それらに付随して必要となる防災と国土保全のため，治山および治水と利水の土木技術が発展した．このような森林資源の収穫技術，森林を育成する植栽と保育技術，防災と利水のための土木技術は伝統的な研究課題であり，それらを開発する研究は長い歴史を持っている（図7-5）．

これらの研究分野は，社会の森林への需要に応じて発展と停滞を繰り返してきた．時代と地域に応じた新しい技術研究が進められた．古くは，日本では，みがき丸太づくり，渓流を利用した運材法，治水工法などローカル色の豊かな技術が見られたが，今では消滅している．これらの古典的な技術に加えて，今日では新しい管理技術が出現している．育種，高性能機械，野生動物管理，景観管理，林産物加工などである．

図7-5 天然林と人工林のモザイク模様
天然林のあとに人工林が計画的に植林され，地域全体としての生物多様性を目指した管理が行われる．北海道．

5．森林を評価する人間の価値観

「森林を評価する人間の価値観」は，本書の第5章と第6章に該当する．ただし，第6章は森林科学の全領域を横断する内容も含まれている．人間が森林に何を求めるか，どのような資源や機能が重要かを評価するのは，社会の需要と個人の価値観である．

木材や薪炭などの日常資材や経済財を供給する場所として必要なのか，防災や水源涵養など地域を守る環境機能を評価するのか．景観や文化，動植物を含めて自然保護を重視するかについては，時代ごとに，そこに住む人間の価値観により左右される．

持続可能な管理の理念に基づき，森林の利用とその限度を明らかにすることは資源や環境についての世代間の倫理に，また，公正な木材貿易や森林についての国際協力は地域間の倫理に関わる．多様な，そして異なる考え方を持つ人たちで構成される現在の社会でどのような森林管理が求められるか，そのための市民参加と合意形成の手続きなどに関する研究の領域が増えている．このためには，それぞれの社会の歴史と長い時間の中で形成される人々の森林観についての理解が欠かせない．

森林科学の体系はこれらの3つの研究領域で構成されるという筆者の説明は，平面的で単純化され過ぎているであろう．それぞれの領域の相互の関係，隣接する科学との間の境界の不明確さと共通性をもっと俯瞰的，重層的に説明すべきであろう．しかし，森林科学の体系には定義しきれないカオスな部分があり，これからの研究者の思いが加わって形成され，移りかわるものであろう．

6．森林科学の課題

すでに述べたように，森林科学は移りかわる人間の価値観を通して評価される森林を対象としている．社会の必要性に応じて解決すべき課題が，絶え間な

く突きつけられている.また,森林科学はほかの科学分野や技術の発展に影響され,支えられている.いわば「社交的」な性格を持つ科学であり,これに関わる者は自らに課されている役割を強く意識しなければならない.

ここでは,次の3つの課題を取り上げる.第1は森林問題の「グローバル化と広域複合化」である.これまでの研究対象のフィールドの空間的な広がりを比べると,面積が無視できるほどの点,ごく限られた面積の林分,林分が数多くつらなるかなり広い森林域,景観域,大流域,国,地球などであるが,現在は広域問題が増えている.また,研究の対象に関わる要因が複数であり,複合的な因果関係を持つテーマが多い.そこでの研究は総合的に解析して,結果を統合する方法と長期的な対応とが必要になっている.異なった領域の研究者と共同する必要性が高くなっている.地球温暖化防止は代表的な課題であり,森林のCO_2吸収排出量の測定,生態系の撹乱,水とエネルギー収支などの気候変動,バイオマス変換など学際的な研究が必要となっている.広域複合化された問題については,あとで丹沢自然再生の例をあげて述べる.

第2の課題は,森林が社会的共通資本としての性格が強くなったことである.人類にとっての生存基盤である森林は,土地,川,大気と同じ自然環境としての社会資本であり,緑地や道路や都市基盤などと同じ公共財である.近代化が進むにつれて森林は,所有者による管理と利用が強まり,私的な経済財としての性格が強くなっていった.しかし,日本では1980年以降の林業衰退により経済的な価値が低くなり,その結果として管理が放棄され始めた.特に,人工林の荒廃が進み,森林の環境的機能が低下してきた.

一方,社会では,まず森林の持つ防災,国土保全,安全な生活の機能に,次に地球温暖化防止に,その次に水源涵養やレクリエーション野外活動の場所としての機能に関心が向けられてきた.この状況の変化は,森林を所有者の経済財から社会全体の共通資本とする流れを推し進めた.

個人が所有する森林としてその資源を豊かにし,環境を維持することはかつての林学においても,現在の森林科学においても研究の大きな動機である.林業家の収入を大きくして総生産量を伸ばすことと森林従事者の所得向上は林業

図 7-6 訪問者のために保護され,利用される国立公園
オールドフェイスフルと呼ばれる間欠泉で有名.アメリカ合衆国・ワイオミング州イエローストーン公園.

図 7-7 野生動物の保護区
厳格な管理体制のもとで生き延びているバッファローの群.アメリカ合衆国・ワイオミング州イエローストーン国立公園.

基本法の目的であり，研究もこれを支えるために進められた．ところが，森林を社会的共通資本として管理する理論と技術は十分には持ち合わせていない．助成金をめぐる林家支援の研究ではなく，環境税をめぐる環境経済学の視点からの課題は，これからの森林科学に課せられた大きなテーマとなる（図 7-6，7-7）．

第 3 の課題は「隣接する科学の影響」への対応である．すでに問題の広域複合化について述べたが，周辺の生物学，生命科学，工学などの発展に応じて森林科学の内容と水準とはかわってきている．ほかの分野の成果を取り入れて，そしてほかの分野にいかに貢献できるかが問われている．

周辺の科学との境界線が明確ではなく，その間を隔てる壁が低くなり，森林問題の解決に他分野から多くの知識と技術が導入されるようになった．分子生物学の知識を使うことにより森林の樹木や動物について，これまでは見えなかったことがわかるようになった．微生物学の成果は樹木の生理および生態の研究や樹病診断に生かされている．リモートセンシング技術により広域の森林の状態を素早く高精度で推測し，解析できるようになった．地球レベルの森林情報の整理を GIS は実現させた．

このように，ほかの科学や技術の発展を利用することにより森林研究は進んでいるが，同時にほかの分野に貢献できるような森林科学が求められている．そのためには，森林分野にある情緒的な事実認識の方法と伝習的な技術の無批判的受入れを改めて，理論的な説明と科学的な根拠が求められる．経験的な知識は現場の実務では大切であるが，それだけでは限界がある．また，森林問題の対応にはローカル性が伴いユニークさが面白いが，独善的でほかの世界に不可解な論理であってはならない．そして，森林科学に内在する思想と節度ある自然観を説明することが大切である．

また，森林に関する情報は，ほかの分野との共通性あるいは互換性が必要である．特に，森林地図には周辺の土地と環境の情報が欠けているので，森林科学の発展を阻害している．森林の情報の多くは，森林の内部については詳細であるのに対し，景観域を構成する要素としての概観性，あるいは共通性に欠け

ているといえる．他分野の人々は森林情報が複雑で非体系的であることに，そして入手の難しさに悩まされていると感じる．他分野との積極的な情報交流が必要となっている．

7．問題の広域複合化の例 －丹沢自然再生－

広域複合化した森林問題として神奈川県の丹沢自然再生を事例として述べてみる．丹沢は東京や横浜に近く，そして原生林と渓流と野生動物に恵まれた豊かな大きな自然であった．1980年頃からここの生態系に異変が起こり，その状況は深刻になってきている．異変とはブナ林の枯死（図7-8），シカの過密化（図7-9），人工林の荒廃（図7-10），渓流環境の悪化，希少種の絶滅，外来種の増加，登山客のオーバーユース（図7-11），そして地域社会の衰退の8つにまとめられる．それらの多くの異変の原因は互いに関連しており，個別の対策ではこれまでのところ効果があがっていない．

図7-8 ブナ林の枯死
大気汚染や虫害，あるいは土壌の乾燥化などにより尾根筋のブナ大木が枯れ始めている．神奈川県丹沢．（写真提供：神奈川県自然環境保全センター）

図 7-9　ニホンジカの過密化
平坦地から追われたシカは森林地帯の林床植生を退行させている．深刻な食料不足と森林破壊が進んでいる．神奈川県丹沢．（写真提供：神奈川県自然環境保全センター）

図 7-10　手入れがされていない人工林
植栽後の間伐がなされないため，立木が細く，長く，もやし状になり，やがて共倒れ状態になる．神奈川県丹沢．

　生態系の異変が急速に進むことの大きな原因は，土壌と土砂の流出である．それにはニホンジカの過密化による採食圧や人工林の手入れの放棄により生じ

図 7-11 登山客により踏み固められた歩道
植生がなくなり，表層土壌が流され登山道は拡大していく．神奈川県丹沢．（写真提供：神奈川県自然環境保全センター）

た林内照度の不足であり，広域にわたり林床植生の衰退が進行した．そのために，植生保護柵の設置による草資源（シカの食料）の配分，頭数コントロールと生息域の分散，人工林の間伐による林床植生回復，天然生二次林の保護，砂防工事と渓流環境の改善などを含めた広域にわたっての土壌と土砂の安定をはかる対応策が必要になっている．

それは，奥山，里山，農地，河川，近隣市街地を含めた景観域での総合的な生態系管理計画である．森林，農地，河川，鳥獣，観光などの行政分野ごとの課題を越えたものであると同時に，土地所有者や地域住民の利害調整を含めたものである．そのためには，要因間の相互作用が科学的な根拠によって説明されなければならない．このほかに，大気汚染対策，地域社会の振興，外来種駆除，登山者のマナーなども含まれる．

これらを長期に，広域にわたり実行し，成果の評価と見直しを行い，関係者の合意のもとで続けるためには，新しい制度がなくては実現しない．この理念で設立されたものが「丹沢大山自然再生委員会」である．

科学的な根拠を得るための調査が，植生，野生大型動物，水生動物，昆虫，

大気観測，土壌分析，水文，社会科学，情報などの幅広い範囲の専門家と行政，地域ボランティアの協力により進められている．その成果に基づく再生計画がつくられ，実行について国，県，自治体，土地所有者，事業者，企業，NPO，専門家が協議してモニタリングを続け，評価と計画見直しの活動が始まっている．この自然再生委員会が，どのような組織として自立し，機能するかについては期待が大きい．自然再生推進法の理念に沿ったこの制度は動き出したが，これまで丹沢の調査に著者が関わった体験からは，広域複合型の問題を解決する方法を見つけることは容易ではないと思う．研究課題をいかに広く体系的に展開し，得られた成果をいかに統合して，社会に生かすかがこの丹沢で問われている．

8．大学教育における森林科学の意義

　森林科学の研究の担い手は日本では主として研究機関と大学であるが，研究機関は行政の必要性と社会的なニーズに応えるのが役割であるのに対し，大学は特に学生教育の役割が大切である．森林に興味を感じて専攻してくる学生にどのように森林科学を教えるか，その意義については筆者の考えをまとめてみる．

　研究，教育に関わる個人としての信念は大切であるが，現在は1つの組織として大学教育が目指すところの学生像，すなわち明確な教育目標が重要である．筆者の大学の教育目標は「社会の期待に応えるだけの実力を備えた森林および林業の専門技術者，すなわち，すぐれた職業人の養成」である．この目標は大学設置の目的からは当然ではあったが，現在は，かなり陳腐化した観念的なものであり，不十分だと感じている．

　学生が何を求めて森林科学の分野を専攻し，どんな教育を期待しているかについては，当然ではあるが，森林や自然環境の勉強と研究に関心を持って入学する学生が多い．しかし，筆者の教える学生のかなりは，森林関連の職業には就けない，あるいは就かないと早くから考え始める．この時点から，森林およ

第7章 おわりに

び林業の専門技術者の育成という教育の目標の空洞化が始まる．

　これに対して著者は，魅力ある森林科学を教え，研究を指導する，そのこと自体が大学教育の目標となると考えている．自然に対する確かな価値観を確立し，自然を大切にして，人間性にあふれた人格を備えた人材を目指すことが大切である．すぐれた森林の専門技術者は，その先にある選択肢の1つである．森林技術者養成のための教育プログラムよりも前に，森林を学ぼうとする知的好奇心に応え，自然への興味を深める教育プログラムが必要である．森林科学の勉強に費やした時間そのものが学生にとって価値のあるものでなければならないと考えている．この意義が社会的に認知されることは容易ではないが，森林科学の根底に関わる．

参 考 図 書

第1章

出村克彦・但野利秋（編）：中国山岳地帯の森林環境と伝統社会，北海道大学出版会，2006.

佐々木惠彦ら：造林学 基礎と実践，川島書店，1994.

畑野健一・佐々木惠彦（編）：樹木の生長と環境，養賢堂，1987.

松井孝典：水惑星と生命，日東電工技報 42:6-9，2004.

Gifford, Jr. E. M. and Foster, A. S.：Morphology and Evolution of Vascular Plants, Freeman and Co., 1996.

Lieth, H. and Wittaker, R. H. (eds.)：Primary Productivity of The Biosphere, Springer-Verlag, 1975.

Raven, P. H. et al.：Biology of plants, 4th ed., Worth Publishers, Inc., 1986.

Sasaki, S.：The Importance of Tropical Forest to Maintain The Sustainability of Biological Productions. Proc. 4th International Workshop of Bio-refor, 1-13. IUFRO XX World Congress, Tampere, Finland, 1994.

第2章

巖佐 庸ら（編）：生態学事典，共立出版，2003.

太田次郎・本川達雄（編）：高等学校生物Ⅱ，啓林館，2004.

菊沢喜八郎ら（編）：森の自然史，北海道大学図書刊行会，2000.

菊沢喜八郎：フェノロジーにもとづいた樹種多様性の緯度・高度勾配，日本生態学会誌 46, 69-72, 1996.

吉良竜夫：陸上生態系，共立出版，1976.

282　参考図書

熊崎　実ら（訳）：P. Thomas・樹木学，築地書館，2001.
河野昭一ら（編）：環境変動と生物集団，海游社，1999.
小林享夫ら（編）：新編樹病学概論，養賢堂，1986.
種生物学会（編）：草木を見つめる科学，文一総合出版，2005.
鈴木和夫（編）：樹木医学，朝倉書店，1999.
鈴木和夫（編）：森林保護学，朝倉書店，2004.
鈴木和夫ら（編）：森林の百科，朝倉書店，2003.
東京大学農学部（編）：生物の多様性と進化，朝倉書店，1998.
日本生態学会（編）：生態学入門，東京化学同人，2004.
日本緑化工学会（編）：環境緑化の事典，朝倉書店，2005.
日本緑化センター（編）：最新・樹木医の手引き，日本緑化センター，2001.
日本林業技術協会（編）：森林・林業百科事典，丸善，2001.
宝月欣二（訳）：R. H. ホイッタカー・生態学概説，培風館，1994.
八杉龍一ら（編）：岩波生物学辞典，岩波書店，1996.
吉川　賢ら：乾燥地の自然と緑化，共立出版，2004.
鷲谷いづみら：保全生態学入門，文一総合出版，1996.
Burley, J. et al. (eds.)：Encyclopedia of Forest Sciences, Elsevier, 2004.
Helms, J. A. (ed.)：The Dictionary of Forestry, Society of American Foresters, 1998.

第 3 章

久馬一剛（編）：最新土壌学，朝倉書店，1997.
蔵治光一郎・保屋野初子（編）：緑のダム，築地書館，2004.
砂防学会（監修）：土砂の生成・水の流出と森林の影響，砂防学講座第 2 巻，山海堂，1993.
森林水文学編集委員会（編）：森林水文学－森林の水の行方を科学する－，森北出版，2007.
武田博清・占部城太郎（編）：地球環境と生態系，共立出版，2006.
端野道夫：水工学シリーズ，森林の水循環と水源かん養機能，土木学会，1997.
塚本良則：森林水文学，文永堂出版，1992.

塚本良則：森林・水・土の保全，朝倉書店，1998.
堤　利夫（編）：森林生態学，朝倉書店，1989.
中野秀章：わかりやすい林業研究解説シリーズ51，森林の水土保全機能とその活用，（財）林業科学技術振興所，1973.
難波宣士：治山事業の推移と今後の課題，砂防および地すべり防止講義集 XVIII，（社）全国治水砂防協会，1977.
藤森隆郎（監修）：陸上生態系による温暖化防止戦略，博友社，2000.
Kohnke, H. and Bertland, A. R.：Soil Conservation, McGraw-Hill, New York, 1959.

第4章

井上由扶：森林経理学，実践森林経理学大系・3，地球社，1974.
今田盛生：森林組織計画，九州大学出版会，2005.
内山　節：森の列島（しま）にくらす－森林ボランティアからの政策提言－，コモンズ，2001.
大塚敬二郎：消えゆく森の再考学－アジア・アフリカの現地から－，講談社現代新書，1999.
木平勇吉：森林計画学，朝倉書店，2003.
佐藤大七郎：育林，文永堂出版，1983.
田中和博：森林計画学入門－1996年版－，森林計画学会出版局，1996.
田中淳夫：『森を守れ』が森を殺す－森林は酸素を増やしてはいない－，新潮 OH！文庫，1996.
南雲秀次郎・岡　和男：森林経理学，森林計画学会出版局，2002.
西川匡英：現代森林計画学入門－21世紀に向けた森林管理－，森林計画学会出版局，2004.
日本大学森林資源科学科（編）：森林資源科学入門，日本林業調査会，2002.
（社）日本林業協会（編）：世界の森林の動向とわが国の森林整備，平成14年度森林・林業白書，2002.
（社）日本林業協会（編）：国民で支える森林，平成18年度森林・林業白書，2006.
緑のダム準備委員会：緑のダム宣言，マルモ出版，2002.

林野庁計画課（監修）：日本の森林資源－全国森林資源調査による－，林野共済会，1964.

第5章

井上　真（編）：アジアにおける森林の消失と保全，中央法規，2003.
井上　真：コモンズの思想を求めて，岩波書店，2004.
井上　真・宮内泰介（編）：コモンズの社会学，新曜社，2001.
井上　真ら：人と森の環境学，東京大学出版会，2004.
内山　節：自然・労働・協同社会の理論，農山漁村文化協会，1989.
内山　節ら：ローカルな思想を創る，農山漁村文化協会，1998.
海上知明：環境思想，NTT出版，2005.
梅原　猛：哲学する心，講談社文庫，1974.
梅原　猛：「森の思想」が人類を救う，小学館，1991.
柿澤宏昭：エコシステムマネジメント，築地書館，2000.
片山茂樹：ドイツ林学者傳，林業経済研究所，1968.
桑子敏雄：環境の哲学，講談社学術文庫，1999.
熊崎　実：地球環境と森林，全国林業改良普及協会，1993.
熊崎　実：林業経営読本，日本林業調査会，1989.
熊崎　実（訳）：A. メーサー・世界の森林資源，築地書館，1992.
熊崎　実（訳）：C. タットマン・日本人はどのように森をつくってきたのか，築地書館，1992.
熊崎　実（訳）：J. ウェストビー・森と人間の歴史，築地書館，1990.
小林傳司（編）：公共のための科学技術，玉川大学出版，2003.
鈴木和夫ら（編）：森林の百科，朝倉書店，2003.
鈴木秀夫：森林の思考・砂漠の思考，NHKブックス，1970.
石　弘之ら（訳）：C. ポンティン・緑の世界史・上，朝日新聞社，1994.
富永健一：日本の近代化と社会変動，講談社学術文庫，1990.
筒井迪夫：森への憧憬，林野弘済会，2000.
辻　信一：スロー・イズ・ビューティフル，平凡社，2001.
中村太士：流域一貫－森と川と人のつながり－，築地書館，1999.

中村太士：森林機能論の史的考察と施業技術の展望，林業技術 753: 2-6，2004.
半田良一：「コモンズ論」を論評する，山林，2006年7月号，p.2-11，2006.
藤垣裕子：専門知と公共性，東京大学出版会，2003.
牧野和春：森林を蘇らせた日本人，NHKブックス，1988.
宮内泰介：環境自治のしくみづくり - 正統性を組みなおす，環境社会学研究，第7号：56-71，新曜社，2001.
安田喜憲：森林の荒廃と文明の盛衰，思索社，1988.
安田嘉憲・鶴見精二（訳）：J. パーリン・森と文明，晶文社，1994.
山畑一善（訳）：A. メーラー・恒続林思想，都市文化社，1984.
吉田文和・宮本憲一（編）：環境と開発，岩波講座環境経済・政策学第2巻，2002.

第6章

有馬孝禮：エコマテリアルとしての木材，全日本建築士会，1994.
宇沢弘文（編）：市場・公共・人間－社会的共通資本の政治経済学，第一書林，1992.
宇沢弘文（編）：社会的共通資本 コモンズと都市，東京大学出版会，1994.
宇沢弘文：宇沢弘文著作集 1 新しい経済学を求めて 社会的共通資本と社会的費用，岩波書店，1994.
宇沢弘文：経済に人間らしさを 社会的共通資本と共同セクター，かもがわブックレット，かもがわ出版，1998.
宇沢弘文：社会的共通資本，岩波新書 新赤版，岩波書店，2000.
宇沢弘文：社会的共通資本としての森林，森林科学 43：58-64，2005.
岡部敏弘（監修）：ウッドセラミックス，内田老鶴圃，1996.
近藤民雄ら（編）：木材化学・上，共立出版，1968.
住環境向上樹木成分利用技術研究組合（編）：住環境向上樹木成分利用技術研究成果報告書，木材・樹木関連研究組合協議会，2004.
樹木生理機能性物質技術研究組合（編）：樹木生理機能性物質研究成果報告書，木材・樹木関連研究組合協議会，1999.
樹木抽出成分利用技術研究組合（編）：樹木抽出成分利用技術研究成果集，木材・樹木関連研究組合協議会，1995.

原口隆英ら：木材の化学，文永堂出版，1985.
船岡正光（監修）：木質系有機資源の新展開，シーエムシー出版，2005.
谷田貝光克：植物抽出成分の特性とその利用，八十一出版，2006.
林業科学技術振興所（編）：ウッドチップ新用途，林業科学技術振興所，1999.
林野庁：森林・林業白書，林野庁，2006.

第7章

木平勇吉（編）：森林科学論，朝倉書店，1994.
木平勇吉（編）：森林計画学，朝倉書店，2003.
木平勇吉（編）：流域環境の保全，朝倉書店，2002.
丹沢大山総合調査実行委員会（編）：丹沢大山自然再生基本構想，丹沢大山総合調査実行委員会，2006.
日本大学森林資源科学科（編）：改訂森林資源科学入門，日本林業調査会，2007.
日本林業技術協会（編）：森林・林業百科事典，丸善，2001.

索引

あ

IFF 253
ITTA 251
ITTO 251, 254
IPF 252
IPCC 160
IUFRO 48
亜高山帯林 18
アジェンダ21 159, 252
アルフレート・メーラー 206
暗反応 50
アンモニア態窒素 94

い

維管束 5, 6, 7
育成天然林 144
育成林業 177, 178, 182, 270
維持呼吸 68
一次生産者 25, 26
一神教的思想 204
一斉開花 38
遺伝的多様性 54
異齢混交林 130
陰　葉 66

う

ウィルヘルム・パイル 205
雨撃層 82
雨滴侵食 101
ウルシ 226

え

エコシステムマネジメント 206, 209
エコトープ 135
エタノール 218
エネルギー収支 52
FAO 250
FSC 191
エンドレスタイラー式 132

お

オーバーレイ 135
奥　山 144
汚濁負荷 196
オペレーションズリサーチ 126
温室効果ガス 256, 257
温帯落葉広葉樹林 18
温帯林 18

か

カーボンニュートラル　9, 121
カール・ガイヤー　206
海域生態系　194
皆　伐　162
皆伐高林作業　124
皆伐低林作業　122
外部経済　48, 55, 56, 244
化学風化　93
花芽分化　38
かかわり主義　212, 213
拡大造林　168, 185
撹　乱　28, 31, 45
撹乱依存戦略　32
カスケード型利用　231
風散布　40, 44
架線集材　132
河川生態系　185, 191, 192
仮想評価法　55
褐色森林土　76
河道侵食　102
ガリ侵食　102
環境教育　144
環境ストレス　31
環境税　274
環境土木思想　205
緩衝林　115
寒帯林　18

き

キーストン種　21, 22, 27
気孔導通性　65
気候変動　29
気候変動枠組み条約　252, 255, 256, 260, 261
基　準　254
基準と指標　253
希少資源　237
基底流出　89
ギャップ　32, 45, 199
休　眠　38
休眠種子　43
共生菌類　47
競争戦略　31
協　治　212, 214
協　働　207
京都議定書　256, 259, 261
魚　道　194
ギルガメシュ　172
ギルド　22
菌床栽培　225
木　馬　131

く

区画輪伐法　122
クラスト層　101
クラブ財　243
クリーン開発メカニズム　260
グリーン購入法　165
グローバルコモンズ　244
グローバル化　180, 211, 265, 272
クロロフィル　50

け

経済主体的判断　242
形成層　6, 7, 8
原生自然保護　246, 247, 249

こ

コア 152
広域複合化 272, 275
合意形成 212
公益的機能 30, 56, 185, 186, 187, 188
公共財 241, 242, 244, 272
光合成 1, 3, 4, 49, 50, 64
光合成機能 6
光合成曲線 67
光順化 66
合成呼吸 68
高性能林業機械 133
恒続林思想 206
恒続林施業 206
合板 140
光飽和 66
国際森林研究機関連合 48
国産材 168, 185
国土保全機能 99
国有林 179
国立公園 179
国連環境開発会議 252
国連環境計画 251
国連人間環境会議 250
湖沼生態系 196
コモンズ 210
Common Pool Resources 244, 245
混雑現象 244

さ

再構成木材 181, 182
再生可能 119, 232
材積平分法 124

最大光合成速度 66
最適化問題 126
細胞内含有成分 215
細胞壁構成成分 215
里山 142
酸性雨問題 93

し

CO_2 施肥 67
シードバンク 43
自己呼吸 68
市場 242
地すべり 107
自然観 202, 204, 274
自然公園 177
自然再生推進法 278
自然資本 236, 237
自然崇拝 203
持続可能 159, 251, 252, 271
　―な森林管理 48, 53, 205
　―な森林経営 155, 165
持続可能性 48, 53
持続的 6, 9, 16, 119
　―な森林経営 161
持続的管理 30, 262
湿地生態系 185, 195, 196
私的財 242, 243, 244
私的資本 237
自動散布 40
指標 254
資本 238, 239, 240
市民団体 211
社会資本 236, 237
社会的共通資本 48, 236, 240, 241, 272

斜面運動　98
斜面崩壊　107
斜面崩壊防止機能　110
斜面ライシメータ　81
収穫規整　122
収穫表　127
集　材　131
集材機　132
集水域　185
集成材　139
重力散布　42
樹液流測定　87
樹冠遮断蒸発　86
樹冠投影面　160
樹冠率　160
種子異型性　43
種子散布　40
種子植物　6，7
種多様性　54
純一次生産　63
純生産　23
純生態系生産　64
順応管理　146
順応的管理　142，207
照査法　130
硝酸態窒素　94
蒸発散　86
蒸発散量　85
消費者　20，23，25，26，46
植生遷移　27
植物精油　229
植物体現存量　25
食物網　21
食物連鎖　10，20，21，192
人工林　144

侵　食　98
深層崩壊　107
薪炭林　120
浸透能　82
深部浸透量　85
森　林
　　―の環境　10，14
森林科学　147，265，266，278
森林観　203，266，271
森林環境税　189，190
森林機能評価　187
森林教育　206
森林協定　184
森林経営　155
森林原則声明　159，252
森林生態系　17，18，27，185
森林ゾーニング　134
森林認証　191，253
森林認証制度　165
森林保全　169
森林・林業基本法　186

す

水源涵養機能　189，247，268
水源税　186
水源地　190
水質浄化機能　94
水土保全　185，186，189
趨勢の反転　175，178
ストックホルム宣言　251
ストレス耐性戦略　31
スリット　194
スローライフ　211

せ

生活史　30, 31
生活史戦略　31, 32
生産者　20, 26, 46
生産要素　238
生態系サービス　17, 29, 55
生態系多様性　54
成長の限界　250
制度資本　236, 237
生物季節　27
生物群集　17
生物多様性　10, 14, 21, 26, 54, 151, 192, 266
生物多様性条約　252
生物地球化学的循環　74
西洋的自然観　202, 204
西暦2000年の地球　250
世界自然遺産　191
施業の自由度　147
折衷平分法　125
セルロース　5, 8, 18, 216, 217, 218
ゼロエミッション　9, 219
先駆樹種　43
線形計画法　126

そ

総一次生産　63
相互作用システム　17
造材　131
層状侵食　102
総生産　22, 23, 26
相対光利用効率　66
造林技術　147

ゾーニング　191
素民　213, 214

た

第1約束期間　256, 258
対照流域法　85
代替法　55
択伐　162
脱窒作用　95
タッピング法　226
WTO　262
多面的機能　30, 55, 186, 246, 266
多目的利用　179
炭素吸収能力　257
炭素収支　255
炭素循環　62
炭素排出権　261
炭素プール　59
短伐期林業　182, 183
単板積層材　140

ち

地域公共財　245
地域住民　185, 208, 210
地球温暖化　4, 256, 272
地球環境問題　250, 251, 260
地球サミット　159
地産地消　210
稚樹バンク　44, 45
窒素固定細菌　24
窒素飽和　95
チップ　232
地表流　82, 101
中間生産物　239
抽出成分　217, 220, 222

292　索 引

直接流出（率）　89
貯食散布　42, 44
地理情報システム　134

つ

通導組織　8

て

適地適木　147
天然下種更新　130
天然更新　151
天然樹脂　228
天然林　144, 145

と

ドイツ林学　179, 183, 205
同化色素　50
凍結融解　114
動物散布　42
東洋的自然観　202, 204
同齢単純林　123
特用林産物　223
都市生態系　185
土砂移動現象　97
土砂災害　99
土砂保全機能　98
土砂流出　188
土砂流出抑制機構　115
土壌侵食　187, 189
土壌保全機能　98
土石流　112, 193
土石流抑制機能　112
トラベルコスト法　55
鳥散布　44

に

二酸化炭素　1, 3, 4, 8, 215
二次林　144
日射遮断効果　192
ニッチェ　22
ニュージーランド　183

ね

熱帯雨林　173
熱帯降雨林　18, 23
熱帯林　18
根萌芽　46

は

パーティクルボード　140, 181
バイオーム　55, 71
バイオマス　6, 7, 8, 18, 47, 215, 217, 231, 259, 268
排出権取引　260
排他性　242
排他的　243
バイテク技術　222
ハイドログラフ　81
ハインリッヒ・コッタ　171, 205
バッファ　152
バッファリング　135

ひ

ピーク流量　82
PDCAサイクル　142
飛砂　116, 187
飛砂抑制機能　117
被子植物　7
被食散布　42

表層崩壊　107, 108
表面流　189

ふ

ファイバーボード　140, 181
富栄養化　196
フォレスター　208, 209
付加価値　238
物質循環　24, 25
不飽和浸透　92
分解者　23, 26, 46
文化相対主義　207
分　期　123

へ

平均降雨強度　91
pH 緩衝作用　93
ヘドニック法　55
ヘミセルロース　216, 217, 219
ペレット　232

ほ

保安林　100, 177, 186
保　育　188
萌　芽　44, 45
萌芽更新　121
法正状態　156
保　全　206
保続生産　53
保続的　156
　―な森林経営　160

ま

埋土種子　43, 44

み

水散布　40
水収支式　85
水ストレス　52
水辺林　192
水ポテンシャル　52
密度管理　147, 188
民族植物学　232

む

無機化　75
ムラ　202, 211

め

明反応　49
面積平分法　124

も

木質バイオマスエネルギー　121
木質複合材料　231
木質ボード類　181
目的関数　128
目標計画法　129
木　部　6
モザイク　22, 154
モザイク構造　19
モニタリング　199, 207, 254, 260, 278
モントリオールプロセス　48, 166, 254

や

焼　畑　157, 200
薬用植物　233

ゆ

ユーカリ　183
有機・無機複合体　80
有　志　213, 214

よ

葉原基　7
葉　脈　6
陽　葉　66

ら

ラベリング　165
ラムサール条約　195
ランドスケープ　22

り

リード化合物　222, 235
リオ宣言　252
利害関係者　146, 153, 210
陸域生態系　60
陸上生態系　119
リグニン　5, 7, 18, 216, 217, 219
リター　61
リター層　103
流　域　185
流域管理システム　190
流域社会　187
流域貯留量　85
流域水収支　84
流量調節効果　90
利用許容性　243
リル侵食　102
林　冠　19, 32, 33
林冠ギャップ　19, 28
林業基本法　186
林業経営　155
林床面蒸発　86
林地保全　146
林内作業車　131
輪伐期　122
林　分　154, 272

れ

レイノー氏病　131
レクリエーション　272
連続雨量　90

ろ

老　化　73
ローカルコモンズ　210, 244
ロジン　226, 227

森 林 科 学		定価（本体 4,800 円＋税）
2007 年 11 月 20 日　初版第 1 刷発行		＜検印省略＞

編集者　佐　々　木　惠　彦
　　　　木　平　勇　吉
　　　　鈴　木　和　夫
発行者　永　井　富　久
印　刷　㈱　平　河　工　業　社
製　本　田　中　製　本　印　刷　㈱
発　行　**文 永 堂 出 版 株 式 会 社**
〒113-0033　東京都文京区本郷 2 丁目 27 番 3 号
TEL　03-3814-3321　FAX　03-3814-9407
振替　00100-8-114601 番

Ⓒ 2007　佐々木惠彦

ISBN　978-4-8300-4113-6

文永堂出版の農学書

書名	編著者	価格	税
植物生産学概論	星川清親 編	￥4,200	〒400
植物生産技術学	秋田・塩谷 編	￥4,200	〒400
作物学（Ⅰ）―食用作物編―	石井龍一 他著	￥4,200	〒400
作物学（Ⅱ）―工芸・飼料作物編―	石井龍一 他著	￥4,200	〒400
作物の生態生理	佐藤・玖村 他著	￥5,040	〒440
緑地環境学	小林・福山 編	￥4,200	〒400
植物育種学 第3版	日向・西尾 他著	￥4,200	〒400
植物育種学各論	日向・西尾 編	￥4,200	〒400
植物感染生理学	西村・大内 編	￥4,893	〒400
園芸学概論	斎藤・大川・白石・茶珍 共著	￥4,200	〒400
園芸生理学 分子生物学とバイオテクノロジー	山木昭平 編	￥4,200	〒400
果樹の栽培と生理	高橋・渡部・山木・新居・兵藤・奥瀬・中村・原田・杉浦 共訳	￥8,190	〒510
果樹園芸 第2版	志村・池田 他著	￥4,200	〒440
野菜園芸学	金浜耕基 編	￥5,040	〒400
花卉園芸	今西英雄 他著	￥4,200	〒440
"家畜"のサイエンス	森田・酒井・唐澤・近藤 共著	￥3,570	〒370
新版 畜産学 第2版	森田・清水 編	￥5,040	〒440
畜産経営学	島津・小沢・渋谷 編	￥3,360	〒400
動物生産学概論	大久保・豊田・会田 編	￥4,200	〒440
動物資源利用学	伊藤・渡邊・伊藤 編	￥4,200	〒440
動物生産生命工学	村松達夫 編	￥4,200	〒440
家畜の生体機構	石橋武彦 編	￥7,350	〒510
動物の栄養	唐澤 豊 編	￥4,200	〒440
動物の飼料	唐澤 豊 編	￥4,200	〒440
動物の衛生	鎌田・清水・永幡 編	￥4,200	〒440
家畜の管理	野附・山本 編	￥6,930	〒510
風害と防風施設	真木太一 著	￥5,145	〒400
農地工学 第3版	安富・多田・山路 編	￥4,200	〒400
農業水利学	緒形・片岡 他著	￥3,360	〒400
農業機械学 第3版	池田・笈田・梅田 編	￥4,200	〒400
植物栄養学	森・前・米山 編	￥4,200	〒400
土壌サイエンス入門	三枝・木村 編	￥4,200	〒400
新版 農薬の科学	山下・水谷・藤田・丸茂・江藤・高橋 共著	￥4,725	〒440
応用微生物学 第2版	清水・堀之内 編	￥5,040	〒440
農産食品―科学と利用―	坂村・小林 他著	￥3,864	〒400
木材切削加工用語辞典	社団法人 日本木材加工技術協会 製材・機械加工部会 編	￥3,360	〒370

食品の科学シリーズ

書名	編著者	価格	税
食品化学	鬼頭・佐々木 編	￥4,200	〒400
食品栄養学	木村・吉田 編	￥4,200	〒400
食品微生物学	児玉・熊谷 編	￥4,200	〒400
食品保蔵学	加藤・倉田 編	￥4,200	〒400

木材の科学・木材の利用・木質生命科学

書名	編著者	価格	税
木質の物理	日本木材学会 編	￥4,200	〒400
木材の構造	原田・佐伯 他著	￥3,990	〒400
木材の加工	日本木材学会 編	￥3,990	〒400
木材の工学	日本木材学会 編	￥3,990	〒400
木質分子生物学	樋口隆昌 編	￥4,200	〒400
木質科学実験マニュアル	日本木材学会 編	￥4,200	〒440

森林科学

書名	編著者	価格	税
森林科学	佐々木・大平・鈴木 編	￥5,040	〒400
林政学	半田良一 編	￥4,515	〒400
森林風致計画学	伊藤精晤 編	￥3,990	〒400
林業機械学	大河原昭二 編	￥4,200	〒400
森林水文学	塚本良則 編	￥4,515	〒400
砂防工学	武居有恒 編	￥4,410	〒400
造林学	堤 利夫 編	￥4,200	〒400
林産経済学	森田 学 編	￥4,200	〒400
森林生態学	岩坪五郎 編	￥4,200	〒400
樹木環境生理学	永田・佐々木 編	￥4,200	〒400

定価はすべて税込み表示です

Bun-eido 文永堂出版

〒113-0033 東京都文京区本郷 2-27-3
URL http://www.buneido-syuppan.com/
TEL 03-3814-3321
FAX 03-3814-9407